中国
能源经济政策
前沿丛书

林伯强 主编

新质生产力
引领下的能源变革

林伯强 著

厦门大学出版社
XIAMEN UNIVERSITY PRESS
国家一级出版社
全国百佳图书出版单位

图书在版编目(CIP)数据

新质生产力引领下的能源变革 / 林伯强著. -- 厦门：厦门大学出版社，2024.8. -- (中国能源经济政策前沿丛书 / 林伯强主编). -- ISBN 978-7-5615-9416-2

Ⅰ.F426.2

中国国家版本馆 CIP 数据核字第 20247SF073 号

责任编辑　潘　瑛
美术编辑　李夏凌
技术编辑　朱　楷

出版发行　**厦门大学出版社**
社　　址　厦门市软件园二期望海路 39 号
邮政编码　361008
总　　机　0592-2181111　0592-2181406(传真)
营销中心　0592-2184458　0592-2181365
网　　址　http://www.xmupress.com
邮　　箱　xmup@xmupress.com
印　　刷　厦门市竞成印刷有限公司

开本　720 mm×1 000 mm　1/16
印张　21.75
插页　2
字数　290 千字
版次　2024 年 8 月第 1 版
印次　2024 年 8 月第 1 次印刷
定价　108.00 元

本书如有印装质量问题请直接寄承印厂调换

林伯强

教育部2007年度"长江学者"特聘教授,厦门大学管理学院讲席教授,中国能源政策研究院院长。以第一作者(少量为通讯作者)在国内经济和管理三大学术期刊《中国社会科学》《经济研究》《管理世界》发表论文37篇,Scopus H指数103,Web of Science高被引和热点论文超过110篇。任国际能源经济期刊 *Energy Economics* 主编、环境期刊 *Environmental Impact Assessment Review* 和信息管理期刊 *Journal of Global Information Management* 副主编。已培养近80名博士生在国内外高校任教职,绝大多数任教于国内985/211和顶尖财经高校,12名博士毕业生入选斯坦福全球2%顶尖科学家名单。任瑞士达沃斯世界经济论坛能源指导委员会执行委员、达沃斯世界经济论坛中国能源社区负责人,曾任中国石油天然气有限公司董事会成员,现为中国海洋石油有限公司董事会成员。

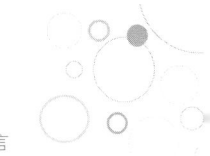

前言

新质生产力是以科技创新为引领的生产力,是符合经济高质量发展的生产力。在新质生产力背景下。能源领域将发挥更重要的角色。一方面,能源产业作为支撑经济社会发展的支柱型产业。在全面发展新质生产力的过程中需要为各行各业提供低碳、稳定、安全的能源供应。能源变革进程中保障能源安全对于支持新质生产力发展至关重要。另一方面,在应对气候变化和构建新型能源体系的过程中,能源变革面临新的挑战,能源系统的不确定性和复杂性与日俱增,亟须培育和发展新质生产力以强化能源安全保障能力。然而,加速能源变革进程中新质生产力的形成并兼顾能源安全这一目标仍面临一系列严峻的挑战。因此,必须厘清新质生产力视角下能源变革的现状、挑战,科学合理地制定对策,以更好地促进能源领域乃至全社会新质生产力的发展。

《新质生产力引领下的能源变革》从中国的实际出发,聚焦于"新质生产力"和"能源变革"两大重要命题,从多个角度深入分析新质生产力背景下能源变革的现状,探讨潜在的挑战,并提出一系列针对性的政策建议。这些政策建议基于对当前局势的深入分析和对未来发展趋势的研判,旨在为理解新质生产力提供新的视角,启发社会各界对新质生产力的思考,促进更深入的讨论和行动,从而推动能源领域新质生产力

的加速形成并通过保障能源安全支撑全社会新质生产力的发展。全书共分为4章,具体内容如下:

第1章"新能源发展:新质生产力的创新引擎"。新能源产业作为能源领域的新兴增长点,体现了典型的新质生产力特征。同时,新质生产力的深刻见解与本质要求为新能源产业的发展指明了方向。当前,新能源行业亟须摆脱传统的经济增长方式和生产力发展路径,加速转向符合新发展理念的先进生产力模式。在新质生产力理念的指导下,本章首先从全产业链的角度讨论了新能源产业发展在筑牢新质生产力"绿色"底色的现状、堵点及发展建议;其次,分别剖析了风电光伏、绿氢、核能、储能等新型能源体系重要组成部分在发展新质生产力过程中面临的挑战,并提供了相关政策参考;最后,讨论了新质生产力视角下电动汽车产业发展及其充电基础设施建设过程中的挑战与对策。

第2章"数智化升级:新质生产力的核心动能"。数字技术作为新时代技术创新的重要载体,对推动能源低碳转型和提升新质生产力起到重要作用。能源领域的数智化升级作为数字化转型的重要领域之一,正是新质生产力的生动体现。本章从产业发展的角度聚焦数字技术推动能源产业链变革与能源电子产业前沿探索的现状、问题与发展策略;从新科技的角度讨论了数字孪生和人工智能(artificial intelligence,简称AI)技术赋能能源系统新质生产力的挑战与对策;从数字金融创新的角度分析了数字技术与碳普惠融合发展对科技创新的助推作用。

第3章"新型电力系统建设：新质生产力的基础支撑"。对于新型电力系统来说，大比例不稳定、难预测的新能源接入使得电力供应充满更多不确定性。在此背景下，如何更好地构建新型电力系统关系着各行各业新质生产力的顺利发展。本章首先探讨了借助智能电网和农村智能微电网打造电网新质生产力的现状、挑战与策略；其次，分别从电力需求侧管理和用户侧储能两个角度分析了加快培育电力系统新质生产力的难点与建议；最后，剖析了新质生产力与电能替代的融合互动关系，并为新质生产力发展背景下推进电能替代提出了针对性的政策建议。

第4章"能源安全：新质生产力的重要保障"。能源安全是"国之大者"，发展新质生产力需要坚持先立后破，必须把保障能源安全放在首位。在发展新技术、新产业以及推动能源新质生产力发展的过程中，除了要加大力度建设新型能源体系，还要确保传统能源产业的稳定运行，保障能源相关产业链、供应链安全，从而确保能源供应的稳定性。立足于能源安全观，本章首先探讨了在不同新质生产力发展阶段下能源安全面临的挑战、能源转型方案以及对策；其次，针对新型电力系统、煤电装机、煤炭保供以及油气资源供应四大关键话题剖析了新质生产力视角下的能源安全问题；最后，分别讨论了全球能源供应安全和清洁能源金属供应安全对新质生产力的影响。

本书是团队合作的结果，厦门大学中国能源政策研究院、能源经济与能源政策协同创新中心以及厦门大学中国能源经济研究中心的滕瑜强、黄晨晨、谢嘉雯、陈逸扬、田为民、王霞、朱润清、关春旭、贾寰宇、乔峤、檀之舟、张冲冲、马瑞阳、时磊、苏彤、王崇好、魏锴、吴楠、周一成、李旻旸、潘婷、王思泉、杨梦琦、张乾翔、刘智威、王优、王志军、谢永靖、徐冲冲、张翱祥、赵恒松、郑丽蓉、兰天旭、刘一达、史丰源、宋奕洁、张宗佑、徐洁、周登利、朱一统和张玺等博士研究生、硕士研究生协助了写作。厦门大学中国能源政策研究院及中国能源经济研究中心的所有教师、科研人员、行政人员、研究生为本书编写提供了诸多的帮助。特别感谢我的学生滕瑜强所做的大量组织和出版协调工作。厦门大学出版社的编辑为本书的出版做了大量细致的工作，深表感谢。我们深知所做的努力总是不够，不足之处，望读者指正。

林伯强

2024 年 4 月于厦门

目 录

第1章 新能源发展：新质生产力的创新引擎 1
1.1 新能源产业链 3
1.1.1 新能源产业与新质生产力的辩证联系 3
1.1.2 新能源产业的发展现状 5
1.1.3 新能源产业发展新质生产力面临的挑战 7
1.1.4 新能源产业发展新质生产力的政策建议 12
1.2 风电光伏产业 16
1.2.1 新质生产力与风电光伏产业发展的内在逻辑 17
1.2.2 风电光伏产业的发展现状 21
1.2.3 推动风电光伏产业进一步发展的若干挑战 24
1.2.4 孕育风电光伏产业新质生产力的政策建议 26
1.3 分布式光伏 29
1.3.1 分布式光伏与新质生产力的内在逻辑 29
1.3.2 中国光伏产业的发展现状 32
1.3.3 构建分布式光伏产业体系所面临的挑战 35
1.3.4 统筹中国分布式光伏布局的政策建议 39
1.4 绿氢产业 42
1.4.1 培育绿氢产业新质生产力的现实意义 43

1.4.2 绿氢产业的发展现状 …………………………………… 45
1.4.3 绿氢产业中长期发展可能面临的挑战 …………………… 48
1.4.4 推进绿氢产业新质生产力形成与发展的政策建议 …… 53
1.5 核能行业 …………………………………………………… 56
1.5.1 新质生产力视角下核能行业高质量发展的重要意义 … 57
1.5.2 中国核能行业发展历程及现状 …………………………… 59
1.5.3 新质生产力视角下核能行业高质量发展面临的挑战 … 62
1.5.4 新质生产力视角下核能行业高质量发展的政策建议 … 65
1.6 储能行业 …………………………………………………… 69
1.6.1 储能行业在新质生产力发展中的关键角色 …………… 70
1.6.2 中国储能行业的发展现状 ………………………………… 72
1.6.3 新质生产力视角下中国储能行业发展面临的挑战 …… 75
1.6.4 新质生产力视角下中国储能行业发展的政策建议 …… 78
1.7 电动汽车产业 ……………………………………………… 82
1.7.1 电动汽车成为新质生产力发展的典型代表 …………… 83
1.7.2 电动汽车产业的发展现状 ………………………………… 86
1.7.3 新质生产力视角下电动汽车发展面临的挑战 ………… 88
1.7.4 新质生产力视角下电动汽车发展的政策建议 ………… 93
1.8 电动汽车充电基础设施 …………………………………… 96
1.8.1 新质生产力视角下充电基础设施建设的重要意义 …… 97
1.8.2 新质生产力视角下充电基础设施的发展前景 ………… 99
1.8.3 新质生产力视角下充电基础设施建设的问题与挑战 … 103
1.8.4 新质生产力视角下充电基础设施建设的政策建议 …… 107

参考文献 ……………………………………………………………… 110

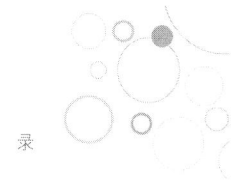

第 2 章　数智化升级：新质生产力的核心动能 …………… 115

2.1　数字技术与能源产业链 …………………………… 117
2.1.1　数字技术与能源产业链变革在新质生产力发展中的定位 …… 117
2.1.2　新质生产力视角下数字技术与能源产业链变革的现状和意义 ……………………………………… 120
2.1.3　新质生产力视角下数字技术与能源产业链变革的挑战 ………………………………………… 123
2.1.4　数字技术与能源产业链变革助推新质生产力发展的政策建议 …………………………………… 126

2.2　数字孪生与新型电力系统 …………………………… 129
2.2.1　新质生产力视角下数字孪生对电力系统的重要性 … 130
2.2.2　数字孪生在电力系统的应用场景与现状 ………… 132
2.2.3　数字孪生助力电力系统形成新质生产力面临的挑战 …… 136
2.2.4　数字孪生助力电力系统形成新质生产力的政策建议 …… 139

2.3　人工智能技术与能源转型 …………………………… 142
2.3.1　AI、新质生产力与能源转型间的逻辑联系 ………… 143
2.3.2　AI 赋能能源领域新质生产力发展的背景与现状 …… 146
2.3.3　AI 赋能能源领域新质生产力发展的问题与挑战 …… 151
2.3.4　AI 赋能能源领域新质生产力发展的政策建议 ……… 155

2.4　数字金融与碳普惠合作网络 ………………………… 159
2.4.1　碳普惠合作网络是推动新质生产力发展的需求端驱动力 …… 160
2.4.2　碳普惠合作网络的发展现状与发展趋势 ………… 162
2.4.3　新质生产力视角下构建碳普惠合作网络面临的挑战 …… 164
2.4.4　新质生产力视角下搭建碳普惠合作网络的政策建议 …… 168

2.5 能源电子产业 ·· 172
  2.5.1 能源电子产业与新质生产力的战略互动 ············ 173
  2.5.2 能源电子产业发展现状 ································ 175
  2.5.3 能源电子产业面临的形势与挑战 ···················· 177
  2.5.4 能源电子产业新质生产力发展的政策建议 ········ 181

参考文献 ·· 185

第3章 新型电力系统建设：新质生产力的基础支撑 ············ 191

3.1 智能电网 ·· 193
  3.1.1 关于智能电网与电网新质生产力的探讨与阐释 ···· 193
  3.1.2 智能电网的发展现状 ·································· 196
  3.1.3 智能电网发展面临的挑战 ···························· 198
  3.1.4 助推智能电网形成电网新质生产力的政策建议 ···· 200

3.2 农村智能微电网 ·· 204
  3.2.1 新质生产力视角下农村智能微电网的角色定位 ···· 205
  3.2.2 国内外智能微电网发展现状 ························· 209
  3.2.3 新质生产力视角下农村智能微电网发展面临的挑战 ···· 211
  3.2.4 推进农村智能微电网发展的政策建议 ·············· 214

3.3 电力需求侧管理 ·· 217
  3.3.1 新质生产力助推需求响应机制发展 ················· 218
  3.3.2 需求响应机制的发展现状 ···························· 221
  3.3.3 需求响应与新质生产力融合发展的现实挑战 ······ 223
  3.3.4 新质生产力视角下推动需求响应的政策建议 ······ 227

3.4 用户侧储能 ·· 230

3.4.1　用户侧储能在培育电力系统新质生产力中的角色定位 ⋯⋯ 231
　　3.4.2　用户侧储能实施现状与发展机遇 ⋯⋯⋯⋯⋯⋯⋯⋯ 233
　　3.4.3　新质生产力视角下用户侧储能发展面临的挑战 ⋯⋯ 238
　　3.4.4　用户侧储能支撑电力系统新质生产力发展的政策建议 ⋯ 241
3.5　电能替代 ⋯⋯⋯⋯⋯⋯⋯⋯⋯⋯⋯⋯⋯⋯⋯⋯⋯⋯⋯⋯ 245
　　3.5.1　新质生产力与电能替代的融合互动关系 ⋯⋯⋯⋯⋯ 246
　　3.5.2　电能替代的发展现状 ⋯⋯⋯⋯⋯⋯⋯⋯⋯⋯⋯⋯⋯ 248
　　3.5.3　新质生产力视角下电能替代面临的挑战 ⋯⋯⋯⋯⋯ 251
　　3.5.4　新质生产力视角下推进电能替代的政策建议 ⋯⋯⋯ 255
参考文献 ⋯⋯⋯⋯⋯⋯⋯⋯⋯⋯⋯⋯⋯⋯⋯⋯⋯⋯⋯⋯⋯⋯⋯⋯ 259

第4章　能源安全：新质生产力的重要保障 ⋯⋯⋯⋯⋯⋯⋯⋯ 263
4.1　能源结构转型 ⋯⋯⋯⋯⋯⋯⋯⋯⋯⋯⋯⋯⋯⋯⋯⋯⋯⋯⋯ 265
　　4.1.1　碳中和进程下中国能源系统约束带来的潜在能源
　　　　　安全问题 ⋯⋯⋯⋯⋯⋯⋯⋯⋯⋯⋯⋯⋯⋯⋯⋯⋯⋯ 266
　　4.1.2　面向潜在能源安全问题的能源转型方案 ⋯⋯⋯⋯⋯ 268
　　4.1.3　不同阶段兼顾能源转型与能源安全的政策建议 ⋯⋯ 271
4.2　极端天气与新型电力系统 ⋯⋯⋯⋯⋯⋯⋯⋯⋯⋯⋯⋯⋯⋯ 273
　　4.2.1　新型电力系统安全稳定供应与能源领域新质生产力
　　　　　的内在逻辑 ⋯⋯⋯⋯⋯⋯⋯⋯⋯⋯⋯⋯⋯⋯⋯⋯⋯ 274
　　4.2.2　极端天气导致电力短缺的现状 ⋯⋯⋯⋯⋯⋯⋯⋯⋯ 275
　　4.2.3　极端天气对能源领域新质生产力发展的挑战 ⋯⋯⋯ 277
　　4.2.4　针对培育能源领域新质生产力应对电力短缺的政策建议 ⋯ 280
4.3　煤电装机 ⋯⋯⋯⋯⋯⋯⋯⋯⋯⋯⋯⋯⋯⋯⋯⋯⋯⋯⋯⋯ 285

4.3.1 煤电装机支撑新质生产力发展的内涵 ………………… 286
4.3.2 煤电装机支撑新质生产力发展面临的挑战 …………… 289
4.3.3 调整煤电装机支撑新质生产力发展的政策建议 ……… 291

4.4 煤炭保供 ……………………………………………………… 293
4.4.1 新质生产力、能源安全与煤炭保供之间的内在逻辑 … 293
4.4.2 新质生产力视角下中国煤炭供需现状 ………………… 298
4.4.3 新质生产力视角下保障中国煤炭供应安全面临的挑战 … 302
4.4.4 保障煤炭供应安全和促进煤炭新质生产力发展的
政策建议 ……………………………………………… 305

4.5 油气资源供应 ………………………………………………… 308
4.5.1 新质生产力保障油气资源安全供应的实现方式 ……… 309
4.5.2 中国油气资源供应现状 ………………………………… 311
4.5.3 新质生产力赋能油气资源安全供应的现实挑战 ……… 313
4.5.4 新质生产力赋能油气资源安全供应的政策建议 ……… 314

4.6 全球能源供应 ………………………………………………… 316
4.6.1 全球能源供应不稳定的原因分析 ……………………… 316
4.6.2 全球能源供应不稳定给中国能源领域新质生产力
发展带来的挑战 ……………………………………… 319
4.6.3 应对全球能源供应不稳定的政策建议 ………………… 320

4.7 清洁能源金属供应 …………………………………………… 323
4.7.1 清洁能源金属与新质生产力:协同发展与价值提升 … 323
4.7.2 中国清洁能源金属供应链现状 ………………………… 325
4.7.3 中国清洁能源金属供应安全面临的挑战 ……………… 328
4.7.4 保障中国清洁能源金属供应安全的政策建议 ………… 332

参考文献 ……………………………………………………………… 335

第1章

新能源发展:
新质生产力的创新引擎

　　新能源发展已成为驱动新质生产力提升的重要引擎,不仅革新了能源生产和消费方式,更在深层次上重构了全球产业链、价值链和创新链,有力推动了经济社会的绿色转型和高质量发展。作为新能源产业的核心支柱,风电和光伏产业发展正面临一系列挑战。在新质生产力的引导下,风电和光伏产业该如何实现变革以应对上述挑战?为支撑新能源汽车快速发展,绿氢和充电基础设施应如何在新质生产力的框架下进行建设?核能行业的一举一动都会牵动国际国内民众的高度关注,作为新能源产业中的战略性领域,核能行业应如何在新质生产力的视角下实现高质量发展?随着新能源装机和发电量的持续增长,为保障电力系统的安全、高效和稳定,储能行业能否借助新质生产力进行破题?

第1章 新能源发展:新质生产力的创新引擎

1.1 新能源产业链

2024年1月,在中共中央政治局第十一次集体学习中,习近平总书记提出了"绿色发展是高质量发展的底色,新质生产力本身就是绿色生产力"的深刻论断。在随后的中共中央政治局第十二次集体学习中更是以新能源技术与中国的能源安全为主题,指明了要通过"大力发展新能源"来应对能源转型过程中的一系列挑战。这既为新质生产力赋予了深刻内涵,又给能源产业的发展指明了方向。一方面,新能源产业作为能源产业的新兴增长点,是一种典型的新质生产力。它既是技术进步的产物又适应新的社会需求,因此大力发展新能源产业就是在推动形成新质生产力。另一方面,新质生产力的深邃洞见与本质要求为新能源产业的发展指明了方向。新能源行业亟须在此指引下摆脱传统的经济增长方式、生产力发展路径,形成符合新发展理念的先进生产力质态。这要求新能源产业在立足当下的基础上构建适配的新兴产业关系,在筑牢"绿色"底色的同时,提升"高科技、高效能、高质量"的特性。

1.1.1 新能源产业与新质生产力的辩证联系

新能源不仅是新质生产力的典型代表,也是经济高质量发展的强劲支撑[1];而新质生产力既对新能源产业提出了更高的要求,又为其指明了"绿色"底色的发展方向。二者之间的关系如图1.1所示,是内容与形式的辩证统一关系,具体包括以下三方面。

(1)新能源产业是新质生产力下的具体表现形式。中国由于地域资源禀赋的限制,形成了以"煤"为主的能源供应体系。近年来,新能源

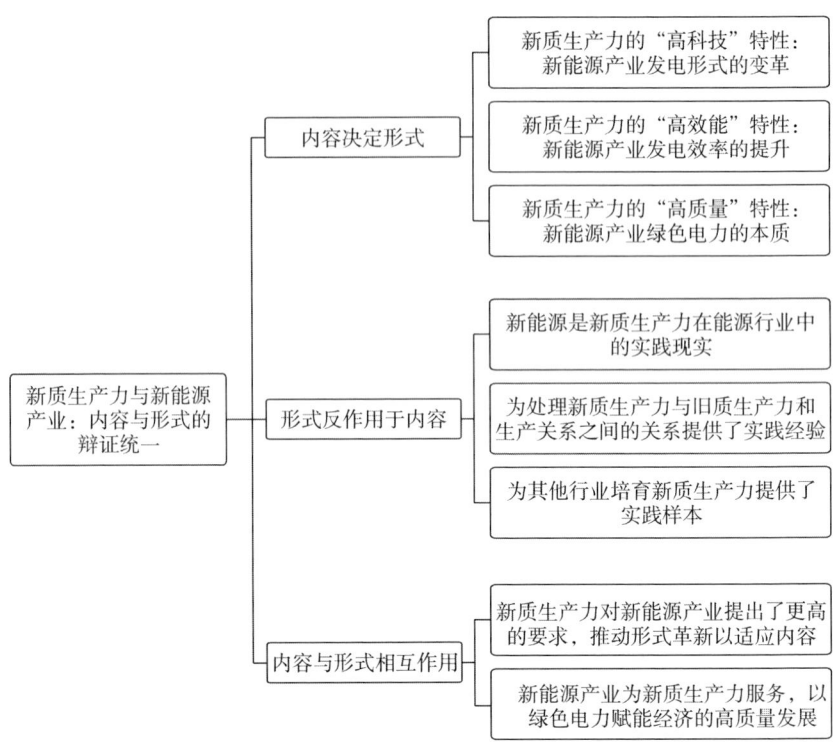

图 1.1　新能源产业与新质生产力的逻辑关系

技术不断进步,初步形成了"高科技""高质量""高效能"三大特性,逐渐成为能源领域发展新质生产力的"排头兵"。因此,在能源领域构建以新能源为核心的新质生产力是推动能源产业高质量发展的关键落脚点。

(2)新能源产业的发展方式既依赖于新质生产力的指导,又为新质生产力服务。尽管新能源产业作为新质生产力已初步具有三方面典型的特征,但是矛盾的同一性和斗争性是贯穿于事物发展的,先进生产力的质态是不断跃升的[2]。在新发展理念的实践要求与中国能源系统的现实需求下,新能源产业更应该在不断的自我革命中加速领跑。因此,推动新能源产业链具有新质生产力特征就是能源产业高质量发展的重

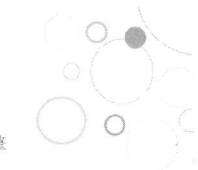

要着力点。

(3)新能源产业和新质生产力围绕"绿色"底色辩证发展。在绿色低碳的时代背景下,新能源产业凭借其清洁特性迅猛发展,并广泛助力企业降低碳排放,提升其"绿色"属性。新能源以清洁电力赋能产业是形式作用于内容,有力地促进了各行各业新质生产力的发展[3]。然而,新能源产业链也曾经历过阶段性的粗放式发展过程,如光伏、风电组件制造过程所消耗的大量电力,稀有金属开采及回收过程可能对土地和水资源造成污染,为了匹配下游发电站布局与用电中心的不均衡所造成的资源损耗等。因此,新能源产业需要进一步以"绿色"底色为内在要求,在后续发展中不断自我革新与提升,在实践中成为符合新发展理念的新质态。

1.1.2 新能源产业的发展现状

中国的风电与光伏产业在多年的政策驱动下实现了高速发展,但大批的风电、光伏电站也即将面临设备退役浪潮。截至2023年12月底,风电和光伏发电的装机总量已经突破了10亿千瓦。目前,在存量不容忽视、增量持续增长的背景下,新能源产业链中制造环节的碳排放,设备生产与清洁电力使用的匹配过程中带来的碳排放和资源损耗,以及早期风电、光伏设备退役可能带来的环境污染问题也随之而来[4]。根据现有装机进程测算,至2035年中国每年退役的光伏和风电装机预计达到1.1亿千瓦和0.7亿千瓦,将进一步带来巨量的废弃组件——在核心部件中,光伏产业将产生105万吨废弃组件,而风电产业将产生

100万吨废弃叶片[①]。这在造成可再生资源浪费的同时也会给环境治理带来一定的负担,不符合其作为新质生产力的内涵。2023年7月21日,国家发展改革委等六部门发布的《关于促进退役风电、光伏设备循环利用的指导意见》中提出了对全产业链回收体系的指导,包括联合新能源设备生产商对退役设备进行回收、鼓励形成第三方专业回收产业等,同时对各个回收环节的责任主体进行了明确归属。此外,相关部门还提出要加大中央预算内对风电、光伏设备循环利用项目的税收优惠力度,提供更多的金融产品与服务来畅通其融资途径,并鼓励地方政府为其设立专项政策支持。2024年2月9日,国务院办公厅发布的《关于加快构建废弃物循环利用体系的意见》中进一步强调了要健全风电、光伏退役设备的处理责任机制。

除了首批设备带来的退役问题,新能源产业的快速扩张还带来了一个直接的隐患,即产业界可能利用清洁电力的形象来掩盖其组件制造过程中的污染问题。传统的化石能源产业链包括化石能源的产出、转移和发电,其中主要的碳排放都发生在发电过程。在新能源行业中,光伏电站或者风电机组安装后,将太阳能或者风力转化为电力的这个过程是相对清洁。但由于光伏电站和风电机组本身属于技术密集型的制造业产业,其中用到的诸如多晶硅、铝材等材料的制造过程都会产生碳排放。因此,从全产业链的角度而言,这个问题在新能源产业加速形成新质生产力的过程中是值得警惕的。对此,国家发展改革委等五部门于2023年11月13日发布《关于加快建立产品碳足迹管理体系的意见》,明确提出要通过加强碳足迹管理水平来促进行业的绿色转型升级。

---

① 数据来源:全球能源互联网发展合作组织《中国2060年前碳中和研究报告》。

此外,从国际环境上看,2023年10月,欧盟首先以3年过渡期正式开启碳边境调节机制,目前仅需报告商品的相关碳排放信息及其支付的碳价,过渡期结束后则需对生产地以及欧盟碳市场之间的碳价差额进行补缴。欧盟作为气候变化政策的大力倡导者,其政策导向所带来的各方面影响不容小觑。此后不久,英国也宣称将于2027年对从气候规则制定不足的国家进口的商品采取碳边境调节机制。除此之外,美国、加拿大、日本等发达国家皆存在隐形的碳关税壁垒。中国的新能源产品目前迫切需要出口,这些绿色贸易壁垒的设立给行业带来了急迫的减碳压力,同时也是新质生产力赋予该行业新的时代要求。

1.1.3 新能源产业发展新质生产力面临的挑战

在上述背景下,新能源产业链的各环节亟待摆脱传统经济增长方式与生产力发展路径,形成符合新发展理念的先进生产力质态。因此,本节聚焦于新质生产力"高科技、高效能、高质量"三大特征,进一步剖析新能源产业链面临的新挑战。

1. "高科技"属性下的新要求

"高科技"是新能源行业的一大特征,也是其保持新质生产力属性的内在要求。目前,新能源产业已经在关键部件具有领先优势,但在细分领域缺乏专业化的技术。具体来说,中国新能源产业的主要环节已经达到较高的技术水平且具备大型规模化生产的能力,但是仍需加大力度,促进与配套产业链的融合,以弥补行业发展中的不足。在外循环上,中国的新能源产业作为"新三样"的代表之一,已经成为世界的引领者。在内循环上,作为新型战略产业的一个重要组成部分,光伏和风电的平准化度电成本已经大幅度降低[①],且二者装机的度电成本早已低于煤电的度电成本。然而,新能源消纳难的问题逐渐凸显,关键就在于发电的不稳定性对电网造成的隐性成本。因此,将目光进一步聚焦于配套产业的技术发展已经刻不容缓。其主要体现在以下两方面:

一方面,随着光伏行业的发展,其对现有体系带来的困扰主要有两点。其一是出于自然资源禀赋与地价的考虑,早期光伏装机大都集中在"三北"(西北、华北及东北)地区,使得发电端与用电端在空间上匹配不足,过去的十年通常是通过延展电网来解决该问题。当下,分布式光伏的快速发展让光伏具有了更宽阔的应用场景,可以分布于"东中南"地区,有效缓解了上述问题。其二是光伏发电的不稳定性。光伏发电主要凭借当地的光照条件,而光照条件和云层厚度的变化往往比风速的变化更快。因此,配套光伏电池成为当下解决该问题的主要方案。尽管过去能够依赖降低煤电的利用小时数进行调峰,但随着光伏装机占比的逐步提升,该策略难以成为主要的应对手段。在这个发展困境中,中国当下的光伏电池却未得到应有的重视,而仅仅是作为新能源汽车电池的一个附属产业。光伏电池在产业细节以及运用场景上与储能电池存在着差异化的路线,而如何推动光伏电池行业的发展,已经成为制约新能源行业符合新质生产力"高科技"特征的一个阶段性挑战。

另一方面,风电产业作为新能源产业的另一大重要组成部分,其技

---

① 光伏行业装机的平准化度电成本 2010 年为 0.3310 美元/(千瓦·时),2022 年为 0.0372 美元/(千瓦·时),降低了 88.76%。风电行业装机的平准化度电成本 2010 年为 0.0874 美元/(千瓦·时),2022 年为 0.0272 美元/(千瓦·时),降低了 68.88%。数据来源:国际可再生能源署(International Renewable Energy Agency,IRENA)。

术发展较早①。风电产业早期的迅猛发展与技术进步带来了显著的成效,其新增装机量也保持了平稳增长,直至2022年风电累计装机容量才被光伏所超过。上述发展历程既说明了风电产业"高科技"的特性,也说明了风电产业的技术仍需进一步推动。尽管海上风电是填补这一缺口的适宜技术,但是中国的海洋工程模式仍存在阻碍,在海上风电技术上也缺乏关键的技术与设备,如半潜式风电平台的搭建技术以及漂浮式风机技术。因此,这将是风电行业形成适应于新质生产力内容的另一大掣肘。

2. "高效能"标志下的新挑战

"高效能"是新能源产业与新质生产力辩证发展的重要体现形式,更是新质生产力指导新能源发展的重要方向。

一方面,在产业链下游的布局上,以新建大电网来匹配早期的西部集中式新能源基地不利于资源的高效利用。中国的新能源产业链大多集中于中部及东部的工业基地,这些地区往往是用能中心,但集中式风电场和光伏电站主要建设在自然条件更为优越且地域广阔的西北地区。因此,不仅新能源设备需要长途运输到西北地区,而且大量的新能源电力又需要新建或者改造现有电网线路,通过跨区传输回以东部为主的负荷中心。那么,这将不仅在物资的运输过程中产生大量的碳排放,更会给电网的运输线路带来负荷压力,同时远距离输送还会造成电力损耗。总之,这种不平衡配置不仅降低了资源的利用效率,也产生了

---

① 风电在中国的规模化使用可追溯至20世纪,其2000年的平准化度电成本为0.1578美元/(千瓦·时),而2010年就达到了0.0874美元/(千瓦·时),此时的平准化装机成本已经是同期光伏发电站的26.40%。数据来源:国际可再生能源署(IRENA)。

更多的碳排放。

另一方面,在退役设备的回收及利用上,早期建设的风电光伏设备退役将给西部脆弱的生态环境带来严峻挑战。风电机组和光伏组件的寿命范围通常为20~25年,但考虑到极端天气频率的上升,光电转换效率降低后所带来的经济效益损失,预计在2025年需要面对大量光伏组件及风电机组的退役浪潮问题。现阶段,退役的风电和光伏的相关零部件作为新型固体废物,其循环利用不仅对回收行业的标准规范、技术手段等具有较高要求,在市场上也未能形成对应的产业链,导致回收的经济效益不高,无法有效激活相关主体进行循环利用的积极性。另外,即将退役的设备如果仅仅按照普通废弃物的处理办法进行焚烧或者掩埋,则会给生态系统本就较为脆弱的西部带来巨大的环境治理压力。如设备中的铅、汞、镉等这些有害物质很容易通过风沙和雨水的侵蚀进入周边的土壤和地下水中,进而会对植被、农作物以及人畜安全构成严重威胁,违背新质生产力的本质要求。

3. "高质量"导向下的新考验

高质量是"绿色"底色下新能源与新质生产力相互作用的关键特征。在具体的实践表现上,新能源产业面临着国外低碳要求、国内产能升级的双重考验。中国在新能源产业上的投资自2013年超越欧盟后逐步成为全球的引领者,尽管其中的光伏产业和风电产业遭遇了大规模的国际贸易壁垒,但仍无法动摇其在全球的产业地位。一个关键的指标是,2022年中国在新能源产业链上所生产出的关键零部件(包括光伏组件、风力发电机、齿轮箱等)占据了全球超过70%的市场份额[1]。

---

[1] 数据来源:中国国家能源局。

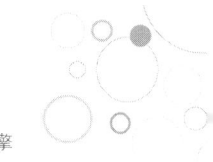

尽管如此,新能源产业在"高质量"的要求下需要面临两大考验。

一方面,新能源是在全球气候变暖的大环境下应运而生的,其核心目标是通过能源转型赋能其他产业形成"绿色"底色下的新质生产力。在这个使命下,新能源产业链上各环节本身的碳排放将更引人注意。传统的化石能源利用煤炭、石油等原材料进行发电,并在发电过程中产生大量的碳排放[5]。而新能源利用光照、风力等清洁的自然资源进行发电,但是其组件的生产本身才是产业的核心组成部分。产业链在生产硅料、光伏组件、风力发电机等过程中也会产生大量碳排放,仅仅因为排放环节的改变而将新能源视为清洁的电力难以达到碳中和的实践要求。因此,当下应当转变思维,对具备制造业属性的新能源中上游企业进行"降碳"。尽管目前新能源产业在能源系统中不是主导,但更应当将之视为新能源在"高质量"发展之路上的关键突破口,这样才能牢牢把握住新能源的低碳优势并造就新能源企业长期发展的新质生产力。

另一方面,国际贸易壁垒的设立曾对中国的新能源产业造成了影响。新能源以其环保"正外部性"成为孕育于旧能源体系中的新质生产力。也正是因为新质生产力的"绿色"底色与溢出效应使得该产业发展所带来的社会效益远高于需要付出的经济成本,所以经济学界往往认为需要针对这种"正外部性"施展产业政策。现实中也确实如此,欧盟在21世纪初曾大力补贴新能源产业,前两年美国颁布的《通胀削减法案》中更是对新能源产业提出了大幅度的经济刺激策略。这些现实说明以往的"双反"(反倾销和反补贴调整)是一种针对中国新能源产业崛起的无理且无力的贸易保护策略。在以往经验教训的基础上,欧盟最新推出的"碳边境调节税"等贸易保护主义政策将进一步限制中国新能源产业的发展[6]。这些外部环境的改变既能给新能源产业的扩张提供新的机遇——迫使其他企业尤其是注重出口的企业加速使用清洁能源,促使其率先进行全产业链清洁化的改造,同时也可能给新能源产业链带来新的压力,导致新能源组件出口面临新的危机[7]。

1.1.4　新能源产业发展新质生产力的政策建议

(1)以点带面筑牢"高科技"的本质属性,精细化发展新能源产业与配套产业。针对新能源产业链在高科技方面的堵点,一是继续鼓励光伏、风电产业保持优势,稳固"新三样"(电动汽车、锂电池、光伏产品)地位的同时加大研发力度。据国际可再生能源署统计数据显示,尽管中国光伏、风电的平准化度电成本(leveliaed cost of energy,LCOE)在2010年至2022年间下降很快(分别下降了88.76%、68.88%),但是这个下降速度与全球发展光伏和风电的主要国家相比差异不大(如美国的光伏和风电分别下降了75.44%和73.59%),中国并没有具备重大的领先优势。中国只有在细分技术路径上专业化、精细化发展,才能巩固在新能源产业链上的领先地位。二是在政策引导上加强对光伏电池以及海上风电的关注,从粗放式的新能源产业政策(或光伏、风电产业政策)转向精细化的产业政策,聚焦于精细化的堵点[8]。在具体的指导方向上,需要引导传统光伏组件行业与光伏电池行业有机结合,推动光伏电池跃迁为光伏产业链的关键一环,在政策上将其落实于竞争性上网的配储要求与配储方案中。三是围绕海上风电的困境,加强海洋工程产业与风电产业的结合,并同步推动相关产业的科研进步。以产、学、研一体的方式推动新能源行业率先发力,持续引领全球。四是不仅仅聚焦于新能源产业当下所面临的堵点,更需要着眼于未来,开创性地

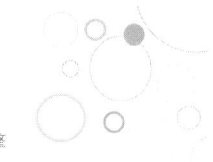

推动下游的其他产业有机结合。围绕新能源这一有代表性的新质生产力,加速布局电动车、绿色建筑、无碳工业园区、智能微网与新能源产业的协同发展。围绕新能源的高科技属性,加速赋能相关产业,提升产业链供应链韧性,让产业发展适应新能源的特性,如地域布局特性和间歇性特性,从而弥补新能源不足的同时提高能源自给率,以提高能源自给率。

(2)统筹兼顾打造"高效能"的核心标志,立足产业布局、协调产业周期。针对新能源产业链在"高效能"方面的堵点,一是统筹兼顾,处理好新质生产力与旧生产模式之间的关系,以新发展方式布局新能源产业。二是立足长远,推动新质生产力的革新,通过人与生态和谐共处的理念协调新能源产业的全生命周期。具体来说:

新能源设备制造与电力供应区域分布不均衡所引起的资源利用问题,实质上是新质生产力与旧生产模式之间的相互发展问题,在协调发展的过程中既不能放弃旧生产模式,又要防止一哄而上仅发展与新质生产力相配套的新模式,形成泡沫化。首先,考虑在东部大规模发展分布式新能源电站以降低长距离运输带来的碳排放,在对全国范围内的新能源资源进行统筹调配的同时引导产业转型。其次,通过配套储能设备或是风光电解氢技术降低新能源的并网压力。近年来,分布式光伏发电和风电的迅速发展为资源的有效利用提供了新手段。分布式新能源"就地生产、就地消费"的优良特性可以较好地平衡不同区域的供需关系,减轻跨区域配置带来的调用成本以及大规模集中式发电和跨区输电对电网的压力[9]。与此同时,加配储能设施并且利用风光电解氢技术也可以缓解电力的消纳问题。最后,相关部门应进一步优化新能源的布局规划,最大限度发挥各地区的比较优势来促进资源的合理配置。推动分布式新能源与大型电网和电力市场的有效对接,在减少对西部光伏、风电基地依赖的基础上形成新能源多点并网的新格局,充分实现新能源产业所带来的减碳意义。

由风电、光伏设备退役引发的对当地生态环境污染的担忧,以及对退役设备不当处理所导致的资源浪费问题,实质上是新质生产力形成过程中所存在的认识与实践的非统一。这意味着亟须加快认识新能源产业中新质生产力的本质特征,且有必要通过实践推动新能源产业满足新质生产力的特征。

首先,加快推进针对新型新能源设备循环利用产业链的形成。在《关于促进退役风电、光伏设备循环利用的指导意见》的基础上,相关部门有必要尽早制定风电、光伏电站退役及资源化利用的具体政策和标准细则,包括评估处理过程中对环境可能造成的危害、对拆解物的有效分类及对应的处理方式规范,以及建立针对性的监督部门对企业的回收责任进行有效督促和管理。其次,将新能源产业链末端的废物回收处理过程也纳入碳排放核算体系。对退役设备回收过程进行碳排放核算,可以促进企业将其纳入全产业链范围来对该环节进行协同优化。最后,对生态修复类新能源项目加大推广力度与政策支持。在借鉴现有的"光伏治沙""光伏羊"等成功践行的案例基础上,进一步对诸如采煤沉陷区等生态脆弱地区如何与新能源形成互助形式进行探讨,以示范性产业园区的形式逐步落实推广。另外,通过加大对相关科研课题的支持,加深新能源与生态环境结合的科学认知,对生态修复类新能源项目的设计、运维、评估等过程设立统一标准,并为该类新能源项目提供专项的财政补贴和税收减免。这可以为新质生产力与旧发展模式之间的相互作用关系打下基础,推动生产关系与新质生产力的辩证发展。

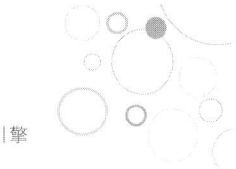

(3)从上至下贯彻"高质量"的发展导向,形成全产业链低碳发展。针对新能源产业链在高质量方面的堵点,则要以"绿色"这一新质生产力的底色要求来推动新能源行业全生命周期的高质量发展。这不仅可以降低新能源产业本身的碳排放,更有助于凭借"绿色"这张名牌提升中国企业在国际上的受信任程度,获得国际市场的认可并规避可能的贸易壁垒风险。具体而言:

一是加快建立行业间的碳足迹背景数据库以及相关产品的碳标识认证制度。《关于加快建立产品碳足迹管理体系的意见》指明要把碳足迹管理体系的建立及拓展相关应用场景作为重点任务,那么,无论是作为应对国际绿色贸易壁垒的对策还是顺应低碳转型的必然趋势,新能源产业都应率先对其各环节的碳足迹进行量化,且量化方法和标准应尽量与国际保持一致。通过量化的数据,企业一方面可以针对碳排放高的环节进行重点节能升级改造,另一方面在未来面对欧盟等国家要求提供碳足迹时能把握主动。而产品上的碳标识信息不仅可以促使消费者形成低碳意识从而提高对环保的关注度,而且之后也可以作为银行等金融机构为企业提供绿色贷款时的重要依据。

二是在上述碳足迹管理的基础上进一步使用好"碳标签",尤其是通过市场机制来使用。该政策的关键在于通过新能源的竞争性上网机制来实施。现有的竞争性上网机制仅初步将光电转化率、配套储能比例等纳入,已经是一个良好的开端。建立成熟的"碳标签"机制后则可以进一步将其纳入竞争性上网的要求中。通过实施于产业链下游的政策倒逼产业链中上游的改革,这样可以降低政策成本,并且让企业通过市场机制筛选出高质量的中游组件商和上游原料商。

三是全面梳理新能源产业链上的高碳制造环节,在有针对性识别的基础上推出指导性的"降碳"方案。同时,对新能源企业开展的低碳制造相关技术研发和产业链改造升级应给予充分的政策支持,通过提供专项的财政补贴、针对性的税收优惠等方式来对企业的低碳投入起到激励作用。

1.2 风电光伏产业

在"双碳"(碳达峰和碳中和)目标引领下,中国的新能源系统建设取得了阶段性成就,为全球绿色可持续发展贡献了重要力量。在迈向新发展阶段的过程中,以风电光伏为首的新能源系统建设正面临着需求减弱、回报递减等问题。2023年底,中央经济工作会议提出加快形成新质生产力,增强发展新动能的重要决议,为中国各产业的发展掌舵领航,指引方向[10]。以风电光伏为首的新能源产业,站在新的发展起点上,迎来了新的历史机遇。发展风电光伏产业中的新质生产力,不仅可以推动风电光伏产业变革,还能为经济社会的绿色可持续发展贡献重要力量。其具体逻辑关系如图1.2所示。

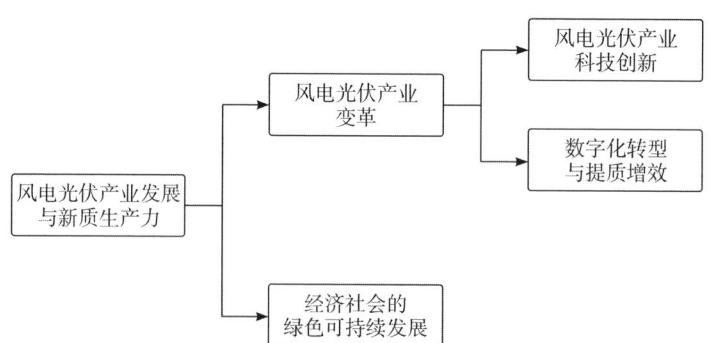

图1.2 风电光伏产业发展与新质生产力的逻辑关系

1.2.1　新质生产力与风电光伏产业发展的内在逻辑

1. 铸造风电光伏产业的新质生产力就是要加大风电光伏产业科技创新，以推动风电光伏产业变革

新质生产力的要义就在于科技创新，在于技术的革命性突破。科学技术是第一生产力，创新是第一动力[11]。发展风电光伏产业新质生产力的核心在于科技创新。新质生产力通过颠覆性技术和前沿技术推动风电光伏产业的效率提升，将逐步解决风电光伏产业的供求失衡问题。2023年，全国风电光伏累计装机容量超过10亿千瓦，占总发电装机量的36%。然而，从发电规模来看，据国家能源局统计，风电光伏总发电比例只有17%，其中风电发电占比9%，太阳能发电占比8%。当前，制约风电光伏产业进一步发展的底层原因在于风光电能无法有效地并入电网[12]。以风电光伏为代表的新能源由于其波动性与电网的稳定性需求不一致，在实际并网过程中面临着需求和供给不匹配的问题，导致风电光伏产业的需求端弱于其供给端。为实现风电光伏产业稳定地进行能源供应，首先需要从提高风电光伏产业发电效率的技术层面进行创新。以光伏产业为例，据德国哈梅林太阳能研究所（ISFH）最新认证报告显示，目前以隧穿氧化层钝化接触（tunnel oxide passivated contact，TOPCon）电池、硅异质性电池和钙钛电池为代表的先进太阳能电池发电效率仍只有不到30%。

除了能源效率问题，如何实现风电光伏的稳定供电是风电光伏进一步高质量发展的要义所在。受制于气候等因素，风电光伏发电有着波动性的物理特点，发展风电光伏产业的新质生产力，需要在新能源系统中实现技术突破，发展包括"风光+"储能、制氢以及预测等技术与平台,充分利用好数字化、人工智能以及数字孪生等技术,以科技创新推动风电光伏产业创新,实现整个风电光伏产业的变革。

2. 引入先进生产要素,为风电光伏产业发展提质增效

新质生产力的关键在于质优,发展高质量的风电光伏产业新质生产力就是要不断提高产业链的生产工艺和品质,迈向产业链和价值链的高端化,促进整个风电光伏产业的智能化与绿色化。面向2030年的"碳达峰"目标与2060年的"碳中和"目标,依赖传统的政府补贴所带来的粗放式增长模式只能实现量的增长,却不能带来真正的电力效益。为达成"双碳"目标,需要从质态和质效两个方面推动光伏产业的生产力发展。

首先,为解决新能源系统未来长时间可能存在的波动性、间歇性问题,以风电光伏为首的新能源产业要抓住"数据要素"这个新质生产要素,从质态的角度发展风电光伏产业的新质生产力。由于数据要素具有流动性和虚拟性的特点,采用"数据要素×"风电光伏产业模式可以打破传统生产要素的质态,提高风电光伏全产业的全要素生产率。具体来说,探索"数据要素×"的新能源系统建设,一方面要发展包括风光火等互补的动态发电功率预测方法,建立新能源基地发电和储能系统的高精度仿真模型,提出新能源基地容量规划与优化方法;另一方面要积极研究风光火储氢等多能互补的协同规律,提出源网荷储一体化新能源系统调控策略和经济运行模式,实现零弃风弃光的新模式,实现对"双碳"目标的倍增支持效应。

其次,新质生产力的内涵包括提升生产工艺和产品品质。迈向产业链和价值链的高端,发展风电光伏产业的"质效"就是要提高生产效率、降低生产成本、提升产品质量,发挥风电光伏产业在支撑"双碳"目

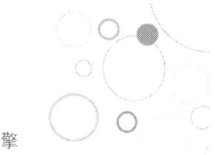

标过程中的关键作用。随着可再生能源装机容量历史性地超越火电装机,风电光伏产业已经实现了成本的经济性,除了提高生产效率、降低生产成本等生产效率问题,整个新能源系统更应该重视产品质量提升,包括TOPCon电池、硅异质性电池和钙钛电池等电池质量。此外,要重视发展风电光伏产业链条以及风光产业同电能及其他一次能源的协调并进,加强负荷侧的调节响应能力、电源结构和电网调节能力。以新质生产力发展风电光伏产业,就是要重视包括源网荷储一体化项目、低碳智慧园区、风光氢储氨一体化零碳产业园等一系列依托于风电光伏产业的相关产业的发展,提高风电光伏产业的附加价值。在"双碳"目标的战略引领下,中国在能源转型的道路上高速迈进,风电光伏产业作为中国能源转型过程中的重要组成部分,迫切需要"质优"的先进生产力,以优化其生产要素投入与资源配置效率。

提高风电光伏产业的"质效",优化其生产力的"质态",意味着需要提高风电光伏发电效率,降低制造过程中的能耗和排放,并增强风电光伏系统的可靠性和稳定性。同时,还要积极提升风电光伏产业的绿色低碳水平,才能为以风电光伏为核心的整个新能源系统提供质量和效率保障。在这一过程中,引入先进生产要素将成为发展新质生产力的关键所在,为风电光伏产业的发展带来质量和效率的提升,推动其向更加智能、绿色、可持续的方向发展。

3. 新质生产力的引入成为风电光伏产业深度转型升级的重要动力,也为经济社会的绿色可持续发展贡献了新的动能

风电光伏产业的新质生产力是通过技术颠覆性突破、生产要素创新性配置和产业飞跃性升级带来的能源领域的先进生产力;这种先进的生产力不仅推动着风电光伏产业本身的变革,也为经济社会的绿色可持续发展贡献了重要作用。

(1)以风电光伏为主的新能源系统工程是构建现代化国家物质基础的重要产业体系之一,是深度服务于实体经济的绿色可持续发展工具。风电光伏产业作为重要的战略性产业,是实现产业绿色化的关键力量。目前,中国能源行业仍处于传统的增长模式。从整体上来看,中国风电光伏产业中的大部分企业仍然受限于传统能源行业的特点而难以实现破局。在数字经济和数字技术的高速推动下,发展风电光伏产业新质生产力能够解决数字化人才缺乏、数字化战略顶层设计不足、光伏自动化设备的衔接程度不高等问题,以进一步推进传统产业新兴产业协调发展,不断推动实体经济增长朝着创新、绿色、可持续的方向迈进。

(2)通过培育高水平的劳动者发展风电光伏产业新质生产力,促进教育、科技、人才的良性循环。新质生产力的发展作为一项系统的经济和社会工程,要求打造一支善于学习新知识、掌握新技术,创新能力强的新型劳动者队伍。随着风电光伏产业的高速发展,据国际可再生能源署《2023可再生能源与就业年度报告》统计,每年风电光伏产业可以带来超过10万个的新增就业岗位。以新的生产力理论指导新的生产力实践,塑造适应新质生产力的新型生产关系,结合人工智能、机器人、虚拟现实等新型生产工具,为风电光伏产业提供更高素质的劳动者,尤其是具有交叉学科背景的高质量复合型人才。经济靠科技,科技靠人才,人才靠教育。培育风电光伏产业的新质生产力,就是培育风电光伏产业的新型人才,深入实践科教兴国战略,助力人才强国战略,推动创新驱动发展战略,助力风电光伏产业的教育、科技、人才的良性循环。

(3)新质生产力的引入促进风电光伏产业与传统产业融合,助力传

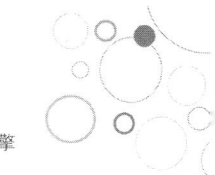

统产业智能化、绿色化转型。发展新质生产力不是忽视、放弃传统产业，而是用新技术改造、提升传统产业。发展风电光伏产业的新质生产力就是要推动风电光伏产业与传统产业的融合发展，实现"1+1＞2"的复合效能。

具体来说，首先，风电光伏产业与物流园区的结合能够有效减少碳排放，提高物流行业的能源效率，也能为整个经济社会的绿色转型提供有力支持。其次，在高耗能行业中，光伏的应用帮助其他行业减少对传统能源的依赖，实现了产业的低碳化、智慧化转型，从而在保证产业高质量发展的同时，减少了环境污染。此外，风电光伏产业与交通基础设施，尤其是高速公路的结合，不仅优化了能源结构，还提高了道路运输效率，展现了新能源与传统行业融合的新模式。在教育和政府机关领域，光伏项目的实施不仅节约了能源消耗，也提升了公共机构在能源管理方面的示范引领作用。更重要的是，风电光伏产业的发展和应用，促进了新质生产力的形成和发展，满足了人民对高端化、多样化消费的需求，同时为打造高品质的生态环境、提升供给质量、推动产业转型升级提供了坚实的能源保障和技术支持。通过科技力量的不断创新，风电光伏产业正在帮助社会经济实现从数量扩张向质量效益和生态效益并重的转变，为构建人与自然和谐共生的现代化建设贡献了重要力量。风电光伏技术与各个领域如物流园区、高耗能行业、交通基础设施、教育机构及政府机关等结合，形成了多样化的应用模式，展现了风电光伏产业在促进绿色转型和低碳发展中的巨大潜力。

1.2.2　风电光伏产业的发展现状

2023年，发展可再生能源成为全球可持续发展的共识，风电光伏产业因技术及成本上所持有的优势，成为支持新能源系统建设、实现能源结构转型的重要新兴产业和未来产业。在"双碳"目标引领下，中国可再生能源发展迅猛，新增装机规模庞大。2023年9月底，中国可再生能源装机规模达到13.84亿千瓦，历史性地超越了火电装机规模，迈上了新的阶梯。其中，以风电光伏为主的新能源系统新增装机规模庞大，风电累计装机4.4亿千瓦，新增装机7590万千瓦，同比增长20.7%；光伏累计装机6.1亿千瓦，新增装机21688万千瓦，同比增长55.2%，风、光共计新增装机约300吉瓦。总体来看，2023年，全国光伏发电装机量占比21%，风电发电装机量占比15%，总发电装机比例达36%。然而，风电光伏总发电比例只有17%，其中风电发电占比9%，太阳能发电占比8%，风电光伏发电量占风电光伏装机容量的一半左右。具体数据如图1.3和图1.4所示。

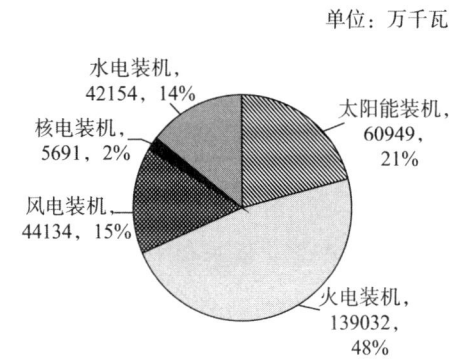

图1.3 中国2023年电力装机结构
数据来源：中国能源统计年鉴。

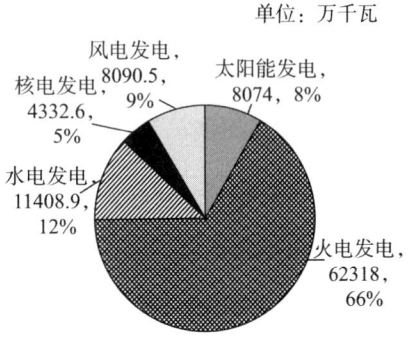

图1.4 中国2023年电力发电结构
数据来源：中国能源统计年鉴。

2023年，中国风电光伏产业累计投资额突破万亿。其中，全年风电完成投资额超3800亿元，而光伏完成投资额超6700亿元。同时，风电产业投资加快释放，辽宁、甘肃、新疆等地陆上以及海上风电加速从近

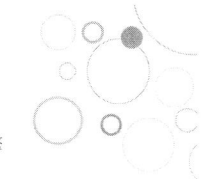

海向深远海、从单体项目向大基地转变。而光伏产业以隆基绿能、晶科能源、天和光能、TCL中环、通威股份等为代表的龙头企业产能不断提高,累计投资额更是接近了3000亿元。

此外,在世界范围内,中国风电光伏产业已达到了世界领先的地位。据国家能源局统计,截至2023年9月底,中国风电累计并网容量超过4亿千瓦,占全球市场一半以上,累计出口额达334亿美元。过去14年中,中国风电装机量实现稳步增长,累计装机容量更是连续13年稳居全球榜首。而作为中国外贸出口"新三样"商品之一的光伏产业,累计出口额达2453亿美元,光伏装机量、发电量、产品产量连续10年位居全球首位,产业链遍布全球200多个国家和地区。具体来说,中国风电机组生产量占全球市场2/3以上,铸锻件及关键零部件产量达到全球市场70%以上。风电设备不仅能够满足国内市场的需求,更是出口到了49个国家和地区。而作为世界第一大光伏生产国,2023年中国光伏组件出口达190吉瓦,12月出口增速更创下56%的历史新高。国际能源署(International Energy Agency,IEA)的统计数据表明,2023年,全球对太阳能的投资将首次超过对石油的投资,这是一个重要的转折点。在这场能源变革中,中国的光伏产业扮演了至关重要的角色。中国生产的太阳能板、电池和硅片在全球的市场份额分别达到了80%、85%和97%,光伏产品作为中国外贸出口"新三样"商品之一,成为中国外贸增长的重要力量。可见,风电光伏产业方兴未艾,是能源结构转型的重要新兴产业和未来产业,具有高度的战略地位。

2024年3月,国家能源局印发《2024年能源工作指导意见》(以下简称《意见》),指出作为"十四五"规划目标任务的关键一年,要持续推动能源绿色低碳转型和高质量发展,保证能源安全。《意见》指出了新的一年里能源转型的主要目标,持续优化能源结构,将非化石能源发电装机占比提高到55%左右。其中,风电和太阳能发电量比重要达到17%以上。在保证能源安全供应基础之上,大力推进非化石能源高质量发展,巩固扩大风电光伏良好发展态势,包括大型风电光伏基地建设,分散式光伏与分布式光伏发电开发。中国的新能源系统产业虽取得了长久的发展,然而面向"十四五"规划目标,以风电光伏为首的新能源系统在建设过程中面临着需求减弱、回报递减等问题,风电光伏产业的建设任重而道远。

风电光伏产业的发展与中国经济社会变革并行一致,面临增长速度换挡、结构调整阵痛、前期刺激政策需要消化、改革攻坚克难需要推进等诸多困难与挑战。传统的以低生产要素成本为基础的能源产业发展方式相对优势见底,新旧动能的转换呼之欲出。积极推动发展风电光伏产业的新质生产力,正是点燃风电光伏产业增长引擎的重要举措。

1.2.3 推动风电光伏产业进一步发展的若干挑战

2023年是中国新能源产业取得长足成就的一年,在新增新能源装机规模加持下,中国由传统能源向新能源系统转型迈出了重要一步,包括风电光伏在内的可再生能源装机容量更是历史上首次超过火电。然而,风电光伏产业的进一步发展却存在诸多的挑战与困难。

(1)新能源系统的发展受供求关系的影响,供给端不断扩张,而需求端却相对疲软。供给端,随着大量竞争者的加入以及下游原料成本的降低,风电光伏产业的生产能力得到了显著提升。低廉的原材料价格降低了生产成本,使得生产商能够以更低的成本扩大产能,促使市场上的风电光伏供应量急剧增加。需求端,尽管风电光伏产业作为新能源的重要组成部分,在全球范围内得到了积极推广,但需求的增长速度未能跟上供给量的扩张。部分原因在于市场对风电光伏产品的吸纳能力有限,或是风电光伏发电项目的落地速度不足以消化快速增加的供给。更重要的是,由于风电光伏发电的不稳定性,"弃光、弃电"现象也制约着光伏产业的进一步发展。风电光伏产业的规模一直处于动态平衡而周期性相对过剩的状态,这种状态能够为未来的发展进行很好的铺垫。这种周期性相对过剩的状态侧面反映出社会对新能源发电系统需求的相对疲软。相较于同样作为中国外贸出口"新三样"商品之一的新能源汽车,风电光伏产业需求端的潜力迟迟没能得到释放。中国碳达峰目标要求,在2030年非化石能源占一次能源消费的比重达到25%左右,其中风电、太阳能发电总装机容量预计达到12亿千瓦以上。这说明中国在战略目标上对风电光伏存在着巨大的需求。然而,中国对稳定的风电光伏有着巨大的发电需求,这正是中国新能源系统建设的深层次挑战。风电光伏产业在没有进行充分的市场研究和自身能力评估下,过度扩张产能或者大规模复制低端产品,不仅无法实现企业自身的规模效应,更可能导致新一轮的行业波动。

(2)补贴退坡导致国内风电光伏产业的发展减缓。过去,政府补贴是推动风电光伏产业快速发展的重要手段之一,通过补贴降低了风电光伏发电的成本,激励了市场和投资者的积极性。政策补贴夯实了包括国家能源集团、国电投等国有企业的风电光伏制造能力,也推动了隆基绿能、晶科能源、天和光能、TCL中环、金风科技、明阳智能、运达股份等为首的风电光伏龙头企业。但同时,也给了许多钻政府补贴空子的企业以可乘之机。自2013年到2020年,光伏补贴下调了6次。2021

年集中式光伏实现"平价上网",2020年陆上风电、2021年海上风电补贴相继终止。2022年起,对新增风电项目中央财政不再给予任何补贴。随着政策的调整,风电光伏补贴已经被大幅削减或取消,这虽然有力地提高了整个风电光伏产业的产品质量与竞争水平,但同时也在一定程度上打击了对依赖政策支持实现盈利的企业。

与此同时,风电光伏产品的国际化进程也面临着挑战与不确定性。出海受到的各种限制,包括贸易壁垒、技术标准的不统一以及海外市场的政治和经济不确定性等因素,增加了中国风电光伏企业在国际市场上的运营难度和成本,进一步加剧了产业的挑战。2023年以来,欧盟、美国、印度与土耳其等贸易保护势力争相抬头。无论是土耳其宣布对华光伏组件反倾销案启动反规避调查,还是欧洲光伏行业协会试图重建欧洲制造的措施以限制太阳能产品进口,这都给中国风电光伏产业的海外出口蒙上了层层阴霾。风电光伏产业作为有着重要战略地位的新兴产业,迫切需要新质生产力为其注入新的增长动能。

1.2.4 孕育风电光伏产业新质生产力的政策建议

"千里之行始于足下。"通过新质生产力发展风电光伏产业需要综合运用多种策略,构建一个学习型、创新型、协同型的产业生态,充分利用人工智能、机器人等先进生产工具,推动数据要素的自由流动,再通过市场导向和产学研用的深度融合,一体化推进创新链与产业链的发展,以打造风电光伏产业的新质生产力。

(1)牢牢抓住人工智能、机器人和数据等生产工具、要素优势,推动风电光伏产业的质效升级。能源产业的发展与其所处的时代密不可分,风电光伏产业的进一步发展也应当顺应历史的潮流。当前正值大数据、人工智能的数字经济时代,积极调动这些新型信息技术对风电光伏产业的技术演进至关重要。首先,抓住人工智能、机器人和数据等关键生产工具、要素促进劳动对象数据化和劳动工具智能化,是实现风电光伏产业发展的重要一步。目前,据路透社预测仅在光伏领域,2030年80%的工作岗位将与安装相关。采用自动化技术,包括机器人技术和人工智能,可以使光伏和风力发电系统的安装更加高效、快捷。为实现数字化推动风电光伏产业进一步发展,不仅要求实现数据量上的突破,包括全量数据的收集和承载,也要求企业打通数据壁垒,进行全数据链贯通,形成数据之间的对话能力,真正提升风电光伏产业的生产效益。风电光伏产业应积极实现智能化和数字化发展,通过引入物联网、大数据、云计算等工业智能技术,提升劳动资料的技术含量,推动产业的质效升级。此外,风电光伏产业还应积极推动与数字产业的深度融合,将智能传感器、智能机器人、数字孪生技术、智能电网技术、能源大数据与区块链技术、能源物联网技术等具有新型技术特点的能源发展模式大力推广,为风电光伏产业打造新质生产力,促进其数字化、智能化发展,提高其生产效率和产品质量。综上,只有牢牢抓住人工智能、机器人和数据等这些先进生产工具、要素,推动能源产业升级和结构优化,才能为中国能源转型和可持续发展注入强劲动力。

(2)推动风电光伏产业产学研深度融合,打通教育—科研—人才三要素的良性循环。

未来,更高素质的劳动者是打造风电光伏产业新质生产力的重要驱动因素,也是实现整个新能源系统良性循环的关键因素。随着风电光伏产业的不断数字化与智能化所形成的人才替代,风电光伏产业需要更高素质的劳动者(包括战略型人才、应用型人才与研发型人才)。

这一路径不仅要求高等教育机构、研究院所与风电光伏产业企业之间建立更加紧密的合作关系,还要通过创新体制机制,促进知识与技术的有效转移和共享。具体而言,高校应根据风电光伏产业的发展需求,优化和调整课程设置,引入企业实践经验,开展针对性的培训项目,为学生提供更多接触先进技术和实际操作的机会。同时,企业可以通过建立实习基地、共建研发中心等方式,为高校学生提供实践平台,促进学生理论与实践能力的双重提升。此外,政府和行业协会也应发挥桥梁和纽带作用,搭建产学研用信息交流平台,组织定期的技术研讨和成果展示活动,加强跨界合作,形成教育、科研与产业深度融合的良性循环,为风电光伏产业培养更多高素质、创新型人才,推动产业持续健康发展。

(3)不断推动风电光伏产业供应链和产业链的优化升级,构建良好的产业生态。这要求在全产业链条中实现高度的协同,从原材料供应、设备制造、产品研发到最终的应用和服务,每一个环节都需紧密连接,共同推进技术创新和产能提升。首先,加强产业链协同与创新,鼓励光伏产业链上下游企业加强合作,促进信息共享与技术互补。其次,促进国际合作与市场多元化:在维护全球产业链、供应链稳定的同时,积极参与国际能源治理,推动建立更加公正、开放的国际贸易规则。支持企业开拓国际市场,增强对外合作,特别是在"一带一路"共建国家的光伏项目投资与建设,促进光伏技术与产品的国际交流与合作。再次,强化绿色低碳转型支持,支持光伏产业向绿色低碳方向转型,包括推动光伏电站建设中的环境保护、生态恢复,以及光伏产品生命周期管理。鼓励企业采用清洁生产工艺,提高资源利用效率,推进光伏废弃物的回收利用和资源化处理。最后,应完善政策支持与服务体系,建立健全光伏产

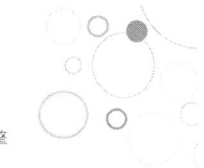

业发展的政策支持体系,提供包括财政补贴、金融服务、土地使用优惠等在内的全方位支持。同时,加强人才培养和技术研发平台建设,为产业发展提供坚实的技术支撑和人力资源保障。

1.3 分布式光伏

在十四届全国人大二次会议中,党中央提出"要牢牢把握高质量发展这个首要任务,因地制宜发展新质生产力"。分布式光伏在新的社会需求与行业的技术创新下应运而生,成为能源行业发展的新质态与新质生产力的典型代表。因此,理解并推动分布式光伏的发展既有助于能源领域形成新业态,又能进一步认识新质生产力所带来的新挑战。此外,习近平总书记强调:"生产关系必须与生产力发展要求相适应。发展新质生产力,必须进一步全面深化改革,形成与之相适应的新型生产关系",这也为如何统筹发展分布式光伏这种新质生产力指明了前进方向。一方面,新质生产力的发展意味着革新现有的产业关联,这需要分布式光伏与现有的电网规划进程以及储能格局相适应;另一方面,新质生产力的发展意味着要发展相适配的新兴产业关系,这需要充分意识到分布式光伏所面临的新挑战并培育新兴配套产业。

1.3.1 分布式光伏与新质生产力的内在逻辑

中国的能源系统历经了数次革新,自化石能源供应系统至新能源供应体系,再到目前的分布式光伏新质态,这一发展历程逐步培育出了分布式光伏这一典型的新质生产力[2],正如图 1.5 所呈现。

在上述历程下,新能源行业作为战略性新兴产业的重要组成部分,

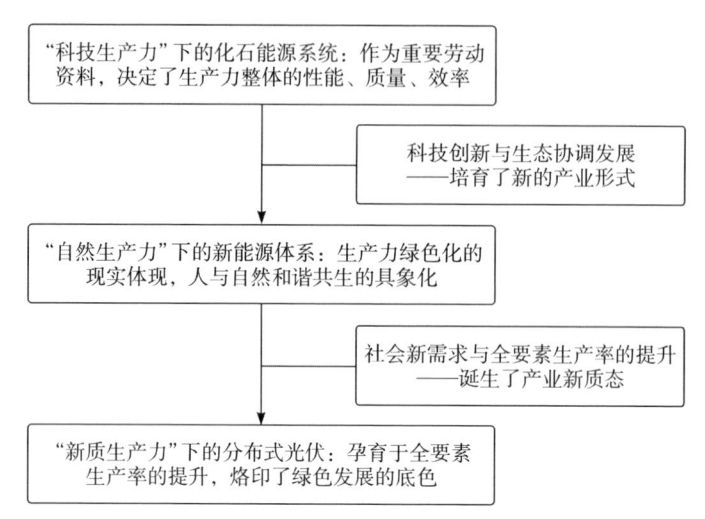

```
┌─────────────────────────────┐
│ "科技生产力"下的化石能源系统：作为重要劳动 │
│ 资料，决定了生产力整体的性能、质量、效率   │
└──────────────┬──────────────┘
               │    ┌─────────────────────────┐
               ├────│ 科技创新与生态协调发展       │
               │    │ ——培育了新的产业形式       │
               │    └─────────────────────────┘
┌──────────────┴──────────────┐
│ "自然生产力"下的新能源体系：生产力绿色化的 │
│ 现实体现，人与自然和谐共生的具象化       │
└──────────────┬──────────────┘
               │    ┌─────────────────────────┐
               ├────│ 社会新需求与全要素生产率的提升 │
               │    │ ——诞生了产业新质态         │
               │    └─────────────────────────┘
┌──────────────┴──────────────┐
│ "新质生产力"下的分布式光伏：孕育于全要素 │
│ 生产率的提升，烙印了绿色发展的底色       │
└─────────────────────────────┘
```

图 1.5　分布式光伏作为新质生产力的发展历程

以其高科技、高效能、高质量的特征成为能源系统转型的重要一环[1]。其中，分布式光伏作为引领行业新装机增长点的重要力量，既应当做好"排头兵"的引领作用，更应当以"新"提"质"加速领跑。

首先，新质生产力代表了适应社会新需求的生产力，而分布式光伏是在新的社会需求下诞生的行业新质态。能源是经济发展的引擎，绿色能源更是经济高质量发展的重要支撑。中国在光伏行业取得的成就是有目共睹的，在早期主要体现为集中式电站的建设，且这些电站大多分布于具有光照优势和地价优势的西部地区。然而，随着这些新形式能源占比的不断提升，其不稳定性对电网造成的冲击愈加强烈，跨区域输送电力的成本愈加升高。这导致现有的集中式光伏发电模式既难以满足中国庞大的能源需求，也难以适应电力消费地区与发电地区之间存在的空间错配。而在中国广袤的东中南地区聚集着大量的先进制造业，对电力的需求高且面临着低碳转型的要求。因此，产业格局为分布式光伏这种因地制宜的新质生产力提供了发展空间。

其次,新质生产力是对传统生产力的提升,它以全要素生产率提升为核心标志。分布式光伏脱胎于集中式光伏,光伏行业全要素生产率的提升推动了其诞生。政策的引导和产业的迅猛增长推动了光伏技术的进步,光电转化率呈现出不断提升的状态,产业的成本也越来越低。从 2010 年至 2022 年,中国光伏装机的平准化度电成本已经下降了 88.76%[①]。此外,小型集成化的光电转化设备技术不断涌现,光伏建筑一体化技术也不断创新,这有效支撑了分布式光伏的经济化发展。

本节后续部分将紧紧围绕生产力与生产关系的联系,辩证看待分布式光伏作为新质生产力面临的挑战,正如图 1.6 所示的逻辑关系。

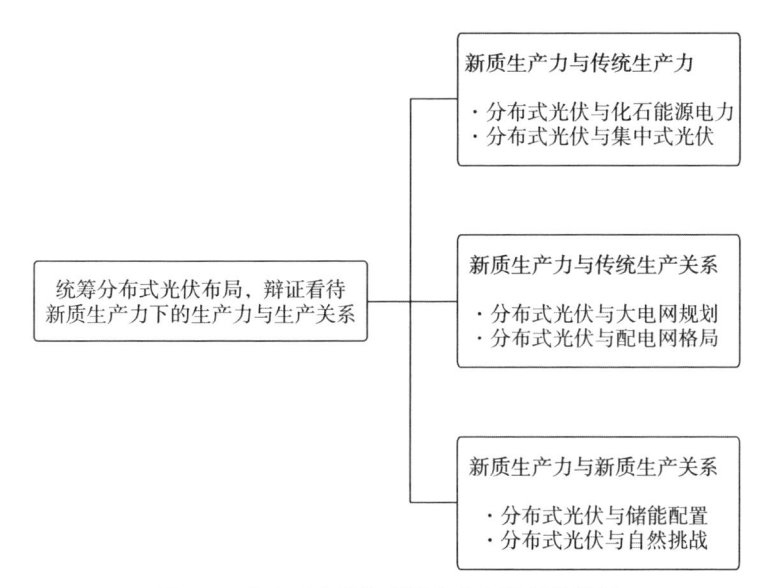

图 1.6 分布式光伏与新质生产力的逻辑关系

---

① 数据来源:国际可再生能源署(IRENA)。

1.3.2 中国光伏产业的发展现状

中国光伏产业的发展历程始于西部地区供电的特殊性，主要是在电网难以覆盖的地区作为能源供应的补充。这在早期是一个有效的应对策略且推动了光伏发电技术的发展。其后，在2009年至2013年间，"金太阳"工程的有效实施为光伏建设的稳步增长提供动力，早期的技术积累与产业规模化也促成了中国光伏原料与组件的出口。然而，自2012年起，美国和欧盟等纷纷出于贸易保护主义施行"双反"政策，这导致了中国光伏产业的急剧萎缩。面对恶劣的国际贸易形势，政府在2013年出台了"国八条"等17部文件扶持光伏产业，开启了上网电价与装机规模大力补贴的时代[13]。此时，大范围扩张光伏产业不仅可以支持产业的循环，同时也是应对气候变化的有效探索。从《新能源和可再生能源产业发展"十五"规划》(2001年)至《"十四五"可再生能源发展规划》(2022年)，更是从政策的顶层设计角度提出了明确的装机目标，释放了远景需求。在这一背景下，分布式光伏模式的发展为新质生产力发展提供了基础条件。

在光伏行业迅猛发展的早期，分布式光伏大多扮演着地面电站附属品的角色。这尤其体现在2014年之前，彼时光伏组件的功率还不足300瓦，且具有零散化装机特点的分布式光伏难以产生足够的电量。与此同时，由于企业的涌入与粗放型的发展模式，低效、劣质的组件充斥于光伏产业，市场的秩序尚有待规范。大型光伏电站的建设往往通过批量采购组件、集成化管理的方式来剔除劣质产品，两个子行业间的此消彼长更加剧了分布式光伏的困局。最近的10年间，两方面因素促使分布式光伏经历了突飞猛进的发展。一方面，2014年中央政策的顶层

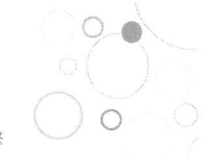

规划中推出了0.42元的度电补贴政策,这激发了市场活力并推动了光伏组件的技术进步。短短几年间,光伏组件市场就进入了300瓦的时代,从而使得分布式光伏在经济上具备了盈利能力。另一方面,集中式光伏的弊端不断显露。这主要是由于早期集中式光伏在"三北"地区的大规模安装,电网难以通过电力转移来进行消纳的问题逐渐凸显,进而导致了"弃风弃光"的困扰以及配套产业的跟进困难。在当前的社会发展趋势和产业深刻变革背景下,分布式光伏作为一种新质生产力得到了迅速发展。

从2021年起,分布式光伏在政策引导和市场活力充分释放的背景下[8],其新增装机量已经开始超过集中式光伏。这意味着分布式光伏已经开始在能源供给的舞台上崭露头角。中国政府敏锐地意识到了装机形式改变背后的逻辑以及接踵而至的新问题,于2022年发布的《关于促进新时代新能源高质量发展的实施方案》文件中提出,将分布式装机所呈现出的新形势问题作为要点。此外,该文件还为分布式光伏的探索指明了方向,提出通过建筑与光伏行业相结合来推动光伏建筑的一体化,通过分布式光伏与工业园区相结合来推动使用场景的多元化,以及通过分布式光伏与工业企业相结合来推动产业配套的协调发展。随后的一年,各地方政府与能源局为分布式光伏推出了针对性的指导方针,其中有代表性的是2023年国家能源局发布的《分布式光伏接入电网承载力及提升措施评估试点实施方案》。文件将进行相关试点的探索作为重要的指导方向,以应对光伏产业发展的新形势、新变革。2024年的《政府工作报告》首次写入了"分布式能源",这意味着分布式光伏将作为新质生产力跃然而生且持续壮大。那么,如何引领分布式光伏迸发出更大的生机则需要贯彻新质生产力的理念,并在已有生产力和产业关联的基础上理解其所呈现出的多方面新态势。

（1）光伏产业的装机区域呈现出了"新"的变化——由"三北"地区走向"中东南"地区。分布式光伏之所以成为典型的新质生产力是因为其适应了新的社会需求，形成了新的发展业态。以往中国的光伏电站大多集中于西北地区，这是由两方面的原因导致的：一方面，中国政府在《可再生能源发展"十二五"规划》和《可再生能源发展"十三五"规划》中分别提出，要在2015年达到2100万千瓦的装机目标和2020年达到1.05亿千瓦的装机目标。这一顶层设计所释放出的装机需求是有限的，所以光伏发电企业都集中去地域资源禀赋更好、地价更低的地区建设电站。另一方面，光伏的发展不同于风电或水电等技术路径已经成熟的清洁能源，它的后期维护成本较高且具有较强的规模效应。《可再生能源发展"十四五"规划》对于2030年风光合计装机计划提升到了12亿千瓦以上，这在充分释放了远景需求的同时，也推动着光伏发电走向中东部最需要电力的省份。此外，光伏组件集成度上升和电网跨区域运输电力成本上升，直接从成本效应上推动了光伏装机地域的改变。

（2）光伏产业链的下游表现出了"新"的形式——由集中式电站走向"千家万户"。新质生产力不仅意味着新的生产要素，也意味着新的发展动力。对于分布式光伏而言，零散化的特征使得其既可以存在于成片的平原丘陵，又可以存在于工业园区以及居民屋顶。任何发电设备的购买者均可以视为光伏产业链的下游，而不再仅仅是发电企业。大量的电力消费者既自给自足又潜在地成为电力的供应者，多元化主体在激发新的活力的同时，又加剧了产业链市场的复杂化，而这恰恰是理解新质生产力形成的关键。

（3）分布式光伏给配套产业提出了"新"的要求。理解分布式光伏

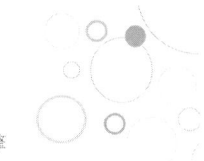

作为新质生产力重要载体的关键是，理解与之相适应的新质生产关系。无论是传统的化石能源发电还是集中式光伏电站发电，都显著地呈现出电力单向运输的特点，即电力从发电站进入电网，再从电网进入千家万户。然而，正由于分布式光伏的下游所表现出的"新"形式，千家万户的电力消费者将成为潜在的电力供应者。对于电网而言，这意味着从跨区域输电的压力转为双向传导电力的压力。对于储能产业而言，这意味着从大规模集中配储转化为分布式配储。此外，需要进一步考虑热管理、设备的规模与存放场地等。

在上述背景下，理解分布式光伏所带来的行业新态势是首要任务。分布式光伏以其更适应于社会需求和更高的技术含量的特征成为一种典型的新质生产力，在理解其本质的基础上，更需要处理好新质生产力与传统生产力之间的关系，处理好新质生产力与关联产业之间的关系。正如习近平总书记在2024年全国两会上所强调的，"发展新质生产力不是忽视、放弃传统产业，要防止一哄而上、泡沫化，也不要搞一种模式"。

1.3.3 构建分布式光伏产业体系所面临的挑战

新质生产力既孕育于传统生产力，又高于传统生产力；既是对传统生产力的科学提升，又是适应社会发展的新质能。因此，推动新质生产力的形成既需要辩证地看待新质生产力与传统生产力之间的竞争性，又需要基于同一性来革新与新质生产力相适配的新型生产关系。

（1）从新质生产力与已有产业的地域布局的适配关系出发，分布式光伏的发展进程与电网以及集中式电站的规划进程不一致，这会给现有的格局带来冲击。早期的光伏电站多选在资源禀赋优越且地域广阔的西北地区,因此多是以集中式光伏电站的形式来布局,在其接入电力系统时可以集中进行总体的协调优化。但由于跨区域电力输送造成的损耗以及光伏供电的不平稳特性,集中式光伏电站一度面临着并网消纳问题。根据国家能源局2015年以及2016年的数据,全国的弃光率曾超过10%,而在甘肃、新疆等地弃光率甚至一度达到了30%[①]。在电网还无法完全消纳集中式光伏电站的电力之际,分布式光伏又将走上高速发展的道路。这带来了新质生产力、传统生产力和传统生产关系之间的冲突,让人不得不思考其与集中式光伏电站以及电网三者之间该如何携手共进。作为集中式光伏电站的补充,分布式光伏零散的特性虽然为其布局带来了很大的灵活性,但这种零散的电力对于电网消纳而言是一个较大的挑战。

(2)从新质生产力与已有产业运转关系的适配问题出发,分布式光伏的加入会改变配电网和储能配置的格局。在以化石能源为主体的能源供应系统,能源系统的构成需要考虑资源所在地、运输成本以及能源需求所在地等因素。依托于中国成熟的铁路运输系统——运量大且运输成本较低,电网密度往往与地区的工业发展水平有较大的关联。在过去的10年间,出于光照条件以及土地价格等因素的考虑,集中式光伏电站往往大量部署于"三北"地区。尽管高耗能企业的分布存在向西迁移的趋势,但仍主要分布于中东部地区。在发电地区变化的形势下,电网也相应进行了扩张,发挥了将电力从大西北运往其他省份的重要作用。但随着分布式光伏装机的不断增长,这一配电格局又将面临新

---

① 中国弃风率超过10%的年份为2013年(10.74%)、2015年(15%)、2016年(17.2%)、2017年(12.1%),弃光率超过10%的年份为2015年(10%)和2016年(10.4%)。数据来源:国家能源局。

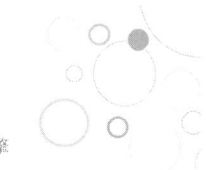

质生产力发展要求下的新挑战。

首先,分布式光伏正是由于适应了新的社会需求而成为新质生产力,但这也意味着要有适配的新生产形式。具体而言,分布式光伏可与现有建筑紧密结合,能够广泛安装于东中南地区,这意味着电网公司无须基于此再大量扩张电网。但同时分布式光伏是零散地分布于东中南地区而不是集中分布,从而需要在同一个地区多点接入电网,这给现有配电网的大型化、集约化特性带来了挑战。

其次,零散化装机的特点也给地区电网保障电力供需平衡提出了新的要求。集中式光伏电站的发电曲线存在更高的可预测性,因此电力上网时间存在更高的可调配性。而现有的智能电网系统难以做到有效预测各分布式光伏装机点的发电时间与强度,更难以平衡多个电力输入点与多个电力消费点之间的瞬时关系。

最后,正是分布式光伏的装机零散化的特点,使得适配于这种新质生产力的储能系统也将面临更大的挑战。集中式储能系统与分布式储能系统的选择是首先要考虑的。集中式配储的一大关键问题是安全性与地方政府对配储地的选择,其次是核算承受电力不稳定性的成本与配储成本之间的经济性。分布式配储则意味着缺乏规模效应且质量标准难以统一的困境。因此在新形势下,挑战不仅仅聚焦于强制性配套储能的比例以及是否加强有源配电网,更要对整体的规划问题进行重新考量。

(3)从新质生产力面临的自然挑战出发,分布式光伏装机由于其大量集中在东部,还需要考虑到气候灾害的影响。以煤电为主的能源供应系统既能保障能源的稳定,又不需要考虑极端天气以及自然灾害频发所带来的冲击。随着光伏装机容量的不断提升,使用不稳定的能源供给来应对越来越极端的天气变化已成为不容忽视的挑战。一方面，虽然集中式光伏电站需要暴露于室外，但统一管理维护的优势可以让光伏板的寿命延长。另一方面，集中式光伏电站的装机地区大多位于"三北"地区，而这些地区的空气湿度较低且降雨量少，因此相关零配件不需要过多考虑防潮以及气候变化的问题。但是分布式光伏的安装地区将更多处于东中南地区，这些地区受到恩索（厄尔尼诺与南方涛动现象）循环的影响，可能遭受台风和洪涝灾害。具体来说，这些气候灾害将在三方面给分布式光伏行业带来挑战：

首先，分布式光伏的相关配件需要更多地考虑在空气湿润地区的使用寿命，且需要面临更加严峻的小尺度气候袭击，这是新质生产力直接面临的新形势挑战。因此，分布式光伏的组件制造需要进一步提升工艺水准，达到高质量、高科技的要求。

其次，复杂多变的天气使得本就难以预测的分布式光伏发电曲线变得更加困难，这将从新质生产力的配套产业上加剧其面临的挑战。尽管在中国的"中东南"地区普遍有着更好的气候检测系统，且在东部沿海地区有着更好的小尺度气象观测系统，但是预测光伏发电曲线需要在地理位置上获得更小的尺度光照参数并进行预测，再结合安装环境进行判断。

最后，东南地区常常面临台风等小尺度气候的袭击，这可能导致分布式光伏设施遭受破坏，进而造成本地区或更大范围的停电事故。这种情况不仅危害电网安全稳定运行，也影响着灾后电力供应的恢复。同时，又因为分布式光伏有着不同于集中式光伏电站的散落布局，安装环境的多样化意味着设备的维护与修复都更为困难。

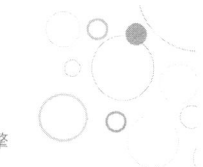

1.3.4 统筹中国分布式光伏布局的政策建议

推动产业升级和经济高质量发展需要发展新质生产力,但是发展新质生产力需要立足于"新"并解决新的挑战。习近平总书记指出:"各地要坚持从实际出发,先立后破、因地制宜、分类指导,根据本地的资源禀赋、产业基础、科研条件等,有选择地推动新产业、新模式、新动能发展"。这为如何统筹发展分布式光伏这种新质生产力指明了前进的方向。

(1)依托现有工业产业布局和电力系统布局来规划分布式光伏的装机布局。首先,对于分布式光伏的布局而言,需要依托已有的电网布局与集中式光伏布局,从顶层设计的角度规划。这具体体现在两点:一是需要在电网集中且对光伏发电不确定性有更大承受能力的地区进行较多的装机;二是在已有电网系统薄弱或主要依赖于外地电力输入的地区进行较少的分布式光伏规划。

其次,要让新质生产力在不断成长的过程中发挥出更大的效用,故依托已有的大型工业园区鼓励分布式光伏的接入与融合是必要的。尽管大型的工业园区往往需要更加稳定的电力,但在当前技术水平下,分布式光伏与配储系统的布局还是可以有效降低电力成本的,配合工业园区的持续扩张可以减少电力系统延展的成本。除此之外,大型工业园区的地价往往不高且容易开展分布式光伏的相关维护,这能够为大型集中式光伏走向千家万户提供良好的阶段性借鉴经验。

最后,在发展新质生产力时亦不能操之过急、一哄而上,在各地安排上网保有余量的前提下再稳步推进分布式光伏的进程。以往集中式光伏在"三北"地区的迅猛扩张曾导致严重的"弃光"问题,这个历史教训中的经验是值得吸取的。当下分布式光伏所表现出的新的装机形式变化意味着中东南的优势资源区将被快速抢占,而放任市场在利润导向下发展分布式光伏会给电网带来负担,并且会给相关的配储带来新的问题。因此,需要重视分布式装机所伴随的配储质量,严格选定装机的地址。

(2)围绕新质生产力的特性对关联行业进行产业升级,提升关联产业的适配性。分布式光伏有其新的发电特性,逐步探索适配于分布式光伏的配电网形式和配储格局是亟须推动的,以此形成新质生产力和新兴产业关系之间的配对。集中式光伏相对于以往发电形式而言可能仅需要在电网中加入少量接入点,而分布式光伏走向工业厂区和城镇屋顶则意味着在大量的电网覆盖区将出现电力的双向传输。应对这种新形式的方式应当逐步探索、因地制宜[9]。

首先,中国的工业发展呈现出较强的产业集群特性,这些产业园区的诞生源于地方政府的支持以及供应链的市场机制[3]。大型产业园区的存在为分布式光伏试点提供了极佳的探索环境,这既是新质生产力是否达到高质量的"试金石",又是新质生产力发挥效能的新起点。具体而言,大型产业园区存在完整且稳定的电力配套设施,可以为分布式光伏的接入提供良好的基础。另外,大型产业园区具有电力需求大、减碳压力大、与当地政府关联更紧密的特性,因此企业更易于接受分布式光伏且便于检测可能出现的问题。综上,通过在大型工业园区中建设大的微电网作为试点,初步且细致地探索其中可能出现的现实问题是值得尽快推进的。

其次,不同的产业类型与产业所在地对电力的需求不同,且自然资源禀赋存在较大的差异。在大型产业园区推广分布式光伏的经验可以

有效迁移至其他类型的产业和其他地区。在推广过程中既能承接已有的实践经验，又能够通过这些差异化和小型化的用电企业来进一步积累经验，这个过程同时可以推进分布式光伏成为高质量、高效能与高科技的新质生产力。此外，一个重要的同步推进方式是，在企业安装分布式光伏、政府更新配电网形式的同时，引导各个企业将光伏电力视为新的生产资源，而不仅仅是取之不尽的低价电力。这可以让企业发展出更适配于分布式光伏的新质生产力。

最后，分布式光伏在企业中的配套经验可以有效推广至千家万户的实践中。这个阶段需要根据两方面特性来梯次推广——既需要考虑各个地区现有的电网密度等，又需要考虑用电特征和地价因素。

(3) 构建与新质生产力对应的新兴配套产业，推动分布式光伏装机和智能电网系统的协同发展。首先，尽管分布式光伏的增长速度快，但其作为新质生产力也有着新的特点。在这个阶段，需要更深刻地理解光伏建筑一体化技术等的技术特点以及可适用的建筑范围，并据此在建筑建设初期做好规划。此外，摸排现有存量建筑，根据建筑的使用类别、安装地区的自然资源条件初步划分出适用于加装光伏的建筑。一个实践经验，即按照光照条件等对光伏上网划分为四类资源区。类似的方式也可以运用至分布式光伏行业中，但需要纳入更多的划分依据。采取这种方式可以为后续的预测发电曲线、配套智能电网提供充分的前期保障。

其次，分布式光伏走进千家万户不但意味着更高水平的要求的有源配电网，也同时对相匹配的检测系统提出了更高的要求。以往集中式光伏系统的运行环境使得其折旧寿命基本一致，结合云层和光照情况下可以有效地预测整体的发电量。然而，分布式光伏意味着系统内的装机所在地千差万别,光照角度也不尽相同。因此,试点分布式光伏时的一个重点是聚焦于相配对的智能电网系统的检测水平,这就意味着要培育与新质生产力相配套的新兴产业。

最后,分布式光伏装机所表现出的新的地域装机趋势,意味着这种新质生产力将面对更为复杂的天气变化与用电需求变化。一方面,不同于以往"三北"地区的集中式光伏电站更多面对的是高温且干燥的气候条件,分布式光伏装机将大量部署在东部发达地区,而这些地区具有更加潮湿的气候,南太平洋暖流也将带来更为充沛的雨水,且所需要应对的小尺度气候灾害也更为频发。这意味着分布式光伏需要更进一步考虑组件的寿命和光电转化率,以及监测设备的使用寿命等。因此,需要推动与之相匹配的新型智能电网的发展,包括联动小尺度气候预测以实现发电量的检测、对分布式光伏发电效率和系统运行情况的检测。

1.4 绿氢产业

发展新质生产力是推动中国能源结构绿色低碳转型与保障能源安全稳定供应的重要路径。绿氢正以新产业、新业态和新模式的形式出现在能源变革进程中,为能源低碳转型与经济高质量发展注入强劲动能。绿氢新质生产力是未来中国新型能源体系建设不可或缺的重要环节,同时也是用能终端实现深度脱碳与绿色转型的关键载体,具有可持续性利用能源资源、减缓气候变化、促进经济增长和改善生态环境等多重现实意义。

一直以来,中国政府高度重视绿氢技术规模化应用及其产业融合发展布局。2023年6月,中国新疆库车绿氢示范项目正式投入运营。

该项目是中国首个万吨级光伏绿氢项目,同时也是目前全球规模最大的光伏发电生产绿氢项目。该项目的全面建成投产标志着中国在绿氢规模化工业应用方面实现了零的突破。2023年8月,国家发展改革委等部门联合印发《绿色低碳先进技术示范工程实施方案》,立足以煤为主的基本国情,从加快能源结构绿色低碳转型的要求出发,明确将绿氢减碳示范作为源头减碳的重点项目。《产业结构调整指导目录(2024年本)》也将"可再生能源制氢"列入鼓励类产业方向。政策的大力支持促进了绿氢生产力的加快释放,作为未来能源领域不可或缺的新质生产力,绿氢的发展与应用的重要性越来越受到关注。随着对绿氢行业的商业机遇、路径以及挑战的认识不断深入,围绕绿氢产业的全价值链投资逐渐活跃,针对技术研发、商业化应用的资源投入也不断增多。然而,目前该行业仍处于初步发展阶段,还面临着政策、市场和运营等方面的诸多挑战,需要以系统性思维统筹规划绿氢产业生产力的良性形成与发展。

1.4.1 培育绿氢产业新质生产力的现实意义

培育绿氢新质生产力在能源结构绿色低碳转型进程中具有重要的现实意义(见图1.7),具体表现在以下几方面。

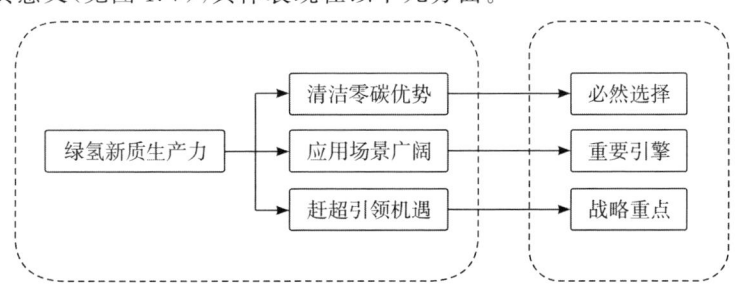

图1.7 绿氢产业发展与新质生产力的逻辑关系

(1)绿氢新质生产力的形成高度契合新质生产力绿色可持续发展的内在特征,是能源新质生产力建设的必然选择。习近平总书记强调:"绿色发展是高质量发展的底色,新质生产力本身就是绿色生产力。"由此可见,新质生产力不仅与效率提升、要素变革有关,还涉及绿色发展理念的系统化、具体化实践。由于具备清洁低碳、高热值、多种能源转换载体等特点,氢能被誉为"终极能源"。绿氢的"零碳"属性使其成为氢能应用最为理想的形态。具体来说,经由可再生能源电力与电解水工序结合制取的绿氢才是一种真正意义的零碳能源,在氢源侧也实现了零碳排放。而相较于可再生能源制氢,由化石燃料制取的灰氢在制取过程中会产生大量的二氧化碳排放,并不适合实现净零排放;蓝氢作为在灰氢的基础上采用碳捕集、碳封存技术实现的低碳制氢,仍然存在逃逸性甲烷排放,且其制取成本还受到二氧化碳捕集、利用与封存(carbon capture,utilization and storage,CCUS)技术的成本影响。绿氢的清洁、零碳优势决定了持续推进绿氢替代是必然趋势,也是最终目标。

(2)绿氢新质生产力是摆脱传统经济增长方式与生产力发展路径的先进生产力,是促进经济高质量发展的重要引擎。由于兼具能源和工业原料属性,绿氢在推进传统高耗能领域深度脱碳方面具有广阔的应用场景,其应用对于电力、工业、交通、建筑等传统高耗能领域的绿色改造起到关键作用。对于电力部门而言,电解水制氢与氢储能技术的发展为可再生能源电力的规模化消纳与存储提供有效的解决方案。"绿电+绿氢"策略有望成为拓展电能利用、解决可再生能源随机波动的重要形式,同时有效提升电网的灵活性与安全性。而对于炼油、化工、钢铁等高耗能工业行业而言,绿氢既可以取代化石燃料,同时也可

以作为清洁化工原料和还原剂,从而减少工业生产过程中的碳排放。此外,氢燃料电池、加氢站的发展使绿氢在长途卡车运输、航运等交通场景的应用成为可能,氢能建筑近年作为一种绿色建筑新理念也正逐渐发展起来。绿色低碳转型目标为绿氢的深化应用释放了巨大的市场需求。

(3)绿氢新质生产力为中国产业实现赶超和引领发展创造新机遇,是增创新能源国际合作与竞争新优势的战略重点。在气候行动的驱动下,全球能源结构逐渐向减碳加氢方向演变,传统国际分工格局正在发生深刻变化。绿氢作为全球新能源产业的重要战略方向,技术密集、产业链价值庞大,对经济发展具有较强的带动性。中国是目前全球最大的氢能生产与消费国。丰富的可再生能源资源与大规模的市场需求空间赋予中国不可替代的绿氢产业链竞争优势。把握机遇加快绿氢新质生产力建设,是值此能源革命与科技革命深度演变之际的重大发展机遇与关键战略选择。培育绿氢新质生产力使其成为关键技术自主可控、更具主导性和话语权的国际竞争新优势产业,从而为全球价值链重构背景下中国在新能源国际分工格局中赢取先发优势提供新的机遇。

1.4.2 绿氢产业的发展现状

1. 全球氢能行业迎来需求繁荣时期,绿氢新质生产力将成低碳转型重要支撑

氢作为一种用途广泛同时也是零碳能源载体,在应对气候变化与能源转型挑战方面具有广阔潜力。全球氢能行业需求繁荣的时机已然趋于成熟,据国际能源署(IEA)估计,到2050年,氢基能源占全球最终能源消耗总量将达到13%左右①。受技术与成本限制,低碳氢的发展仍处于初步阶段。2022年的低碳氢气产量不到100万吨,仅占全球产量的0.7%,且几乎全部来自化石燃料生产配套二氧化碳捕集、利用与封存(CCUS)技术,而水电解氢的产量仍然相对较小,2022年仍低于1吨②。中国是全球最大产氢国,同时可再生能源装机量居全球首位,优越的资源禀赋与巨大的市场潜力赋予中国绿氢广阔的发展前景。根据中国氢能联盟统计预测,未来中国对绿氢的需求量将大幅提高。随着政府对可再生能源制氢的政策支持力度增大以及重点行业的深度脱碳目标约束,绿氢作为在经济绿色低碳转型过程中扮演关键角色的能源新质生产力,其规模化、商业化应用将是不容忽视的重要环节。

2. 绿氢成战略竞争高地,各国积极展开围绕绿氢的战略部署

绿氢新质生产力为经济发展赋予绿色新动能,放眼全球,绿氢已然成为战略竞争高地,关于绿氢产能、技术以及贸易的竞争正在展开。过去两年全球绿氢行业发展逐步由设想变为现实,多个地区对绿氢项目的支持政策和目标规划陆续开始部署实施,以提升其绿氢产业生产力。美国于2022年通过《通胀削减法案》,引入了绿氢项目的投资税收抵免与生产税收抵免。此项政策的落实有望支撑美国低碳氢相较于化石能源制氢的补贴优势与竞争实力。2023年,欧盟提出借助氢能银行来实现对欧盟境内氢能产业融资政策和工具的全面整合,从而形成政策合力,进一步提高氢能投资效率。其核心目标在于深化欧盟对氢能投资的支持,在弥合投资需求和可用资金之间缺口的同时,优化欧盟内外部的氢能供需关系,进而推动欧盟实现绿色能源和净零排放的产业目标。

---

① 数据来源:https://www.iea.org/reports/net-zero-by-2050。
② 数据来源:https://www.iea.org/reports/global-hydrogen-review-2023。

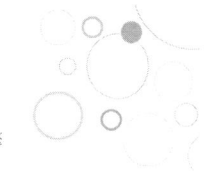

此外,绿氢背后潜在的巨大发展机遇也引起了全球范围内除发达经济体以外的新兴市场及发展中经济体的关注(表1.1)。绿氢发展与应用成为全球净零路线中不可或缺的一环。

表1.1 2022—2023年除中国以外其他主要新兴市场及发展中经济体的绿氢发展规划

国家/地区	年份	政策	内容
印度	2023	National Green Hydrogen Mission	印度联邦内阁于2023年批准了"国家绿色氢能计划",旨在开发每年至少500万吨的绿色氢能生产能力,同时在印度增加约125千兆瓦的可再生能源产能,从而在2030年前减少每年近5000万吨的温室气体排放
土耳其	2023	Hydrogen Technologies Strategy and Roadmap	土耳其能源和自然资源部于2023年1月发布绿色氢气的国家战略和路线图。第一个目标是到2035年,绿色氢气的成本为2.40美元/千克,到2053年低于1.20美元/千克。为了到2053年实现碳中和,该战略的第二个目标是到2053年电解槽装机容量达到70千兆瓦,同时加强国家在氢气生产、储存、分配和使用方面的能力
罗马尼亚	2022	EUR 148 Million for Green Hydrogen Projects	罗马尼亚能源部推出一项总预算为1.48亿欧元的国家援助计划,为可再生氢生产能力的投资提供资助。符合条件的受益人(天然气生产商、电力生产公司、氢气生产或消费公司以及地区单位)可根据该计划提取高达5000万欧元的资金

续表

国家/地区	年份	政　策	内　　容
哥伦比亚	2022	+H2 Colombia	由非常规能源和高效能源管理基金（FENOGE）牵头，得到了矿产和能源部的支持，其与国家氢气路线图相一致。该倡议旨在为氢气整个供应链上的项目投资前研究（预可行性研究和可行性研究）提供资金，包括绿色和蓝色氢气从生产到分配和使用
南非	2022	Hydrogen Society Roadmap	路线图计划到2030年部署10千兆瓦的电解能力，每年至少生产500千吨氢气；到2040年，电解能力将增至15千兆瓦。在需求方面，短期重点是运输部门和工业技术示范，而长期目标则是在电力部门实现氢气的安全耦合和使用

数据来源：国际能源署。

1.4.3　绿氢产业中长期发展可能面临的挑战

1. 绿氢发展受限于高成本

发展绿氢新质生产力意味着打破原有的要素结构，投入更高成本的技术、人才等新要素。而在企业经营决策过程中，成本是一项关键的驱动力。就氢气制取成本而言，其主要取决于所使用能源的技术和成本。绿氢行业可持续发展的一项重要前提是经济性得到满足。可再生能源电解水制氢是目前制取绿氢的主要方式，而使用可再生能源电力电解制氢气的成本主要由电解槽的投资运营成本以及电力成本构成。其中，电价是可再生能源制氢成本的关键因素。据测算，近几年来随着

风电光伏发电成本的下调以及电解槽技术与制造工艺的进步,电解水制取绿氢成本已有所下降,在 17.9～32.27 元/千克之间[14]。由于风电发电成本低于光伏,同等技术条件下风电制氢略低于光伏制氢成本。其中,碱性(alkalinity,ALK)电解槽制氢方案中耗电成本高达 50% 以上,而在质子交换膜(proton exchange membrane,PEM)电解槽制氢方案中除耗电成本外,电解装置也需要较高的资本投入。而目前灰氢凭借成本优势在氢能生产中占据主导地位,其成本主要来自煤炭、天然气等化石能源。其制氢成本的调整主要取决于原料成本。中国拥有丰富的煤炭资源,目前工业部门中的氢气主要来自煤制氢,而在美国、欧盟等地区主要以天然气制氢为主。据测算,煤制氢的制氢成本在 9.04 元/千克左右[15],天然气制氢成本约为 13.48 元/千克[16]。相比之下,目前灰氢制取成本是远低于绿氢的。在不考虑补贴与碳排放约束的情况下,对于氢能的消费端而言,不同氢源产品均是在同一价格体系下进行竞争,因而缺乏价格优势使得绿氢难以被消费端接受。

由上述分析可知,氢源侧的可再生能源制氢的市场竞争优势受限于其较高的用电成本。而除用电成本以外,设备利用率与能源转换效率显然也会影响到制氢成本的优化。当前中国的可再生能源制氢行业仍处于初步发展阶段,设备利用率与能源转换效率仍有较大的优化空间。此外,结合中国的可再生能源资源与能源需求中心地理分布不均衡的特征,绿氢的成本还将因后续较为高昂的氢能储运成本而进一步推高。成本成为制约绿氢行业新质生产力培育的重要因素。

2. 绿氢的环境价值尚未实现有效转化

新质生产力是环境友好型、资源节约型的先进生产力。绿氢为能源系统绿色低碳转型发挥作用的重要优势在于加速推动氢源侧的低碳、零碳发展。绿氢的环境价值主要体现在其作为清洁能源的潜力。然而，当前绿氢范畴和相关标准不一，使其绿色价值的有效转化受到一定程度限制。这具体表现在以下几方面：

其一，尽管氢能市场目前是一个新兴且不断增长的潜在市场，但当前国内乃至国际市场上还没有形成成熟的商业模式或认证标准，在排他性和竞争性特征下产生的生产、交易、分配等难题对绿氢新质生产力发展造成掣肘。针对氢供应和利用过程的认证标准尚未统一，不同地区和组织可能采用不同的评估标准和方法以评估绿氢的环境价值。这种不一致性使得很难在全球范围内建立起一致的环境标准。这不仅增加了政策制定者在支持绿氢生产时面临的挑战，也将限制氢能在各国市场之间的贸易。具体而言，缺乏统一的评估标准与产业准则使得政策制定者难以建立清晰的政策框架来支持绿氢的生产和使用，从而支持政策难以落到实处，同时由此产生的不公平竞争等将限制绿氢转变为全球清洁能源的潜力。一些不公平竞争包括对清洁氢的定义含糊不清，如一个国家或地区将清洁氢定义为低碳方式制取的氢气，而其他一些国家或地区可能将清洁氢定义为无碳绿氢。清洁氢标准模糊定义使得不同国家或地区清洁氢市场门槛不一，不利于发展国际清洁氢市场贸易。

其二，排放认证标准的制定是构筑绿氢新质生产力亟须化解的难题。由于存在多种潜在的分配路线，针对绿氢全生命周期排放的计算与评估具有挑战性。从氢源侧看，中国当前的绿电认证体系尚处在初步发展阶段，尚未完善对制氢的可再生能源电力来源施加配备绿证的要求。从供应侧看，温室气体排放可能发生在氢供应链的所有阶段，而当前国内尚未将绿氢的下游行业完全纳入温室气体排放报告与核查工

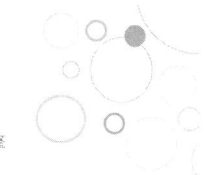

作范围内。此外,当加之对最终用途和技术效率影响的考量时,复杂性将会进一步增加。

其三,绿色氢能的环境价值难以明确核算与度量,增加了投资者和消费者准确评估绿氢的潜在价值的难度,不利于绿氢新质生产力发展。一方面,标准的不确定性增加了投资者的顾虑。在绿氢产业尚未建立统一的标准和认证体系的情况下,投资者可能面临更高的风险和不确定性。缺乏清晰的行业标准和规范使得投资者难以准确评估市场前景和投资回报,进而降低了他们对于绿氢产业的信心和积极性。另一方面,在无法准确衡量绿氢的环境价值的情况下,市场对其需求的预期变得模糊不清。在不考虑低碳环保约束的情况下,绿氢成本无法有效疏导至下游消费端,那么可再生能源制氢成本将难以与其他传统化石能源制氢方式竞争。

3. 氢能基础设施的不完善不利于绿氢的规模化与商业化应用

绿氢新质生产力的发展需要以基础设施建设作为切入点。形成完备的设施网络与管理高效的有机整体是绿氢下游应用的重要保障。当前国内绿氢的发展尚处于初步阶段,支撑绿氢产业链各环节基础设施建设不够充分,存在技术难点、卡点,这制约了绿氢的进一步规模化与商业化应用。

从制取环节来看,电解水制氢的技术突破与成本优化对绿氢新质生产力发展至关重要。长远来看,电解水制氢易与可再生能源结合,规模潜力更大,更加清洁可持续。在这方面,中国已经取得了一定的技术进展。目前,中国的碱性电解技术已经与国际水平相接近,国产化碱性电解制氢设备出货量达到了80兆瓦,且规模化制氢成本接近传统化石能源制氢成本[17]。相对低廉的成本及较高的技术成熟程度使其能够在当前电解水制氢行业的商用电解领域中占据主导地位。然而需要注意的是，尽管碱性电解技术在商业应用中取得了成功，但其未来的降本空间相对有限。而质子交换膜电解水制氢设备在当前阶段成本较高，其部分关键装置依赖进口，国产化程度不足。另外，固体氧化物电解水制氢技术应用在国际上已开始进入商业化阶段，在绿氢产业中的潜在地位开始逐渐显现；但在国内固体氧化物电解技术仍处于追赶阶段。

从储存环节来看，储氢技术的突破与发展是实现绿氢规模化应用与保障绿氢新质生产力发展的重要前提。目前在国内，高压气态储氢是最常用的储氢技术，且已经能实现一定规模的商业化应用。但其储氢密度相对其他形式较低，且存在泄漏风险，并非长期储氢的最佳方案。而低温液态储氢受限于技术与成本，在国内仍未实现商业化应用。此外，低温高压储氢、固态储氢、加氢反应储氢等技术也尚处于研发阶段。

从运输环节来看，考虑到资源和需求的地理差异，氢能输送是构建绿氢新质生产力过程中不容忽视的重要环节。中国能源需求与能源资源具有显著的地域不平衡特征，可再生能源资源丰富的中西部地区距离位于东部的需求中心较远。这种不均衡的特征制约了绿氢产业的发展。中西部地区固然拥有丰富的可再生能源资源，能够生产足够的氢气来支持未来氢经济的能源需求。然而当前氢气输送与分配的基础设施不完善，较多氢能的使用模式为就地消纳，这在客观上限制了氢能的广泛使用。

从加氢环节来看，交通运输部门是未来绿氢应用的重要场景，作为交通领域布局的重要基础设施，加氢设施建设也是构建绿氢新质生产

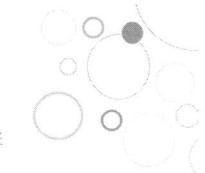

力的重要着力点。交通领域是氢能作为绿色能源的多元化应用场景之一。而加氢站是氢燃料电池汽车应用必要的配套设施。据 EVTank《中国加氢站建设与运营行业发展白皮书》，截至 2023 年上半年，中国加氢站数量已达到 351 座，是全球范围内加氢站保有量最大的国家。然而当前国内在加氢技术与装备方面仍有待突破，核心技术与国外相比仍存在差距，在加注压力与加注能力方面均落后于国外发达国家。同时，部分核心零部件的国产化程度有待提高。

1.4.4 推进绿氢产业新质生产力形成与发展的政策建议

加快形成绿氢新质生产力为能源结构绿色低碳转型培育新动能，是现代能源体系建设的关键环节。发展绿氢新质生产力应深刻把握当前绿氢发展面临的难点与堵点，严格遵循整体设计、重点突破的原则，结合稳步推进绿氢产业各环节的提质增效，为绿氢新质生产力的长期发展蓄力。

1. 明确针对性的补贴激励制度设计

新质生产力的形成需要建立在新技术的发展上，在产业发展初期应着重支持绿氢供应侧技术突破，从而推动可再生能源制氢环节企业的降本增效，加速形成绿氢行业的新质生产力。当前风电光伏发电成本的下调与电解槽技术与制造工艺的进步为可再生能源制氢的发展初步创造了条件。然而就目前而言，其与煤炭、天然气等传统的化石能源制氢方式在成本方面相比仍有较大差距。为了推动绿氢的深化应用，亟须解决高额成本的问题。首先，应当持续推动风电光伏的成本下降。风电光伏的发电成本主要由设备成本以及土地、融资、税费等构成。一方面可以进一步优化可再生能源发电系统以提升风光发电效率，如充分利用风能与太阳能之间的互补性合理设计风光互补耦合发电制氢系统;另一方面当发电设备技术趋于成熟、成本下降空间趋于有限时,应该更加关注可再生能源项目用地成本与融资能力等方面的改进,如可再生能源用地审批流程的优化等。其次,应当强化针对电解制氢设备成本优化的财政激励政策。随着可再生能源发电成本的持续下降,电解槽作为制氢端成本另一重要构成正在引起人们越来越多的关注。当前在电解水制氢领域的主要商业化解决方案为碱性电解水制氢,其规模化成本有望接近传统化石能源制氢。在其他电解制氢设备高成本的情况下,推动碱性电解水制氢的进一步规模化与集约化发展十分重要。而另一正在快速发展的质子交换膜电解水制氢方案具备优于碱性电解水制氢方案的性能与效率,其关键技术的国产化发展应是政策支持的重要方向。

2. 完善绿氢相关认证标准

作为能源新质生产力,绿氢以一种新型能源形式和概念发展起来,在国内外尚未形成统一的氢能绿色认证标准。因此,积极推进国内外绿氢相关认证标准建设、形成有效规范指引是促进中长期清洁氢商业化与规模化发展的重要保障。首先,应积极参与绿氢领域国际标准的制定。中国是全球最大的产氢国,同时拥有丰富的可再生能源资源,积极参与氢能行业国际标准的制定有助于提升中国在国际氢能市场的竞争力与话语权。国际贸易可能成为绿氢市场发展的重要推动力,因此推动构建统一的绿氢国际认证标准能够通过促进绿氢的国际贸易加速绿氢行业的发展。贸易为低碳氢气生产资源有限的国家从拥有充足、低成本资源的地区进口氢气,以满足国内能源系统脱碳的需求。因此,出口国可以从出口氢气或氢气生产的产品中获得经济利益;而对于进

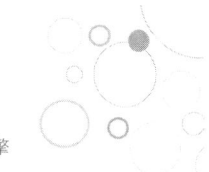

口国来说,氢气贸易可以通过减少化石能源进口和使氢气进口供应国多样化来改善能源安全。中国在绿氢领域的发展具有领先地位,积极推动绿氢产业国际认证标准制定不仅有利于国内绿氢行业的快速高效发展,也将为全球绿氢产业的加速发展作出贡献。其次,应进一步优化绿氢市场与碳市场及绿证市场之间的耦合机制,促进绿氢绿色价值的转化。完善国内碳市场建设以及碳价机制设计,将更多的氢能下游行业纳入碳交易市场中,将碳价维持在合理区间内以使绿氢的高生产成本能够向下游疏导。同时,完善国内绿证市场建设至关重要。绿证是证明可再生能源电量环境属性的唯一方式,通过绿证对绿氢供应的环境属性进行认证,也是促进绿氢绿色价值转化的重要手段。

3. 推动绿氢产业链各环节基础设施建设

产业链是新质生产力发展的重要载体,因此完善优化绿氢全产业链的完备性是布局绿色氢能新质生产力的重要环节。绿氢新质生产力的发展需要产供储销各环节基础设施联动赋能。加强绿氢从生产到运输、储存以及终端消费的产业链供给和配套能力,加强全产业链基础设施建设,可以创造经济效益与环境效益的"双赢",推动绿氢产业体系由"量"的增长向"质"的提升转变。首先,应加强制氢侧的技术创新与突破,注重国有化程度提升。短期内绿氢的发展固然离不开补贴支持,但补贴需要与行业技术水平的发展相适应以避免产能的盲目扩张。近两年来全球范围内的清洁氢项目部署持续增长,中国作为最大的氢能生产国与消费国,应该积极把握可再生能源制氢的发展先机,明确可再生能源制氢领域的有关战略部署。充分调动产学研与相关行业协会等各方资源参与到绿氢领域的关键技术创新,推动创新示范工程与商业化试点建设。其次,应优化氢能储运设施建设。中国的可再生能源资源主要分布于中西部地区，而能源消费中心却位于东部地区。绿氢储运是在上游制氢端与下游用氢端之间不可避免的重要环节。因此，绿氢的存储与运输基础设施建设是提高绿氢在下游产业中的竞争力与大规模发展的一项重要前提。而氢气是一种易燃易爆气体，同时由于氢分子直径小、质量轻，与其他气体或液体燃料相比更容易泄漏与扩散，这也对氢能的储运环节提出了更高的安全保障要求。因此，应根据市场与技术发展水平制定适应短期与中长期的不同阶段需求的储运方案，在此基础上有序推进含氢储能的综合能源利用工程示范、产业园区以及氢能运输网络设施建设。最后，加强加氢装备与技术的自主研发水平，进一步完善加氢站的建设审批流程与技术标准制定。在可再生能源资源丰富的区域积极探索制氢加氢一体化的氢能综合利用示范项目，推动建设具有更高经济与运营效率的绿氢加注方案。

1.5 核能行业

习近平总书记指出，要"整合科技创新资源，引领发展战略性新兴产业和未来产业，加快形成新质生产力"。作为一项战略性产业，核能行业已成为发展新质生产力的重要阵地。在新质生产力发展背景下，核能行业扮演着以下三重关键角色：一是作为典型的技术密集型行业，核能行业的高质量发展有利于提高中国装备制造业水平，为中国新质生产力发展注入新动力；二是作为中国新型能源体系建设的重要支撑，核电的发展有助于弥补可再生能源在稳定性方面的不足，提升能源供应的稳定性和可靠性[1]，为新质生产力发展提供可靠的能源保障；三是习近平总书记强调"绿色发展是高质量发展的底色，新质生产力本身就是绿色生产力",作为低碳能源,核能发电不排放二氧化硫、烟尘、氮氧化物和二氧化碳等污染物和温室气体,在推进绿色高质量发展、实现"双碳"目标的过程中扮演着重要角色。

因此,核能行业高质量发展对于推动新质生产力形成和发展具有重要意义。据中国核能行业协会预计,到2060年,中国核电装机容量将达4亿千瓦,约为目前装机容量的7倍。在实现"双碳"目标和发展新质生产力的要求下,未来核电技术的不断革新以及核电的规模化建设至关重要。然而,目前核能行业在市场竞争力、行业标准规范、公众接受度、数字化转型等方面仍存在一些挑战,这些问题的出现不利于核能行业的长期健康发展,难以为中国新质生产力发展提供持续动力和可靠保障。因此,有必要深入理解新质生产力背景下核能行业高质量发展的重要意义,明确核能行业发展面临的挑战,提出推动中国核能高质量发展的政策建议,以促进核能行业在推动新质生产力发展中扮演更加重要的角色。

1.5.1 新质生产力视角下核能行业高质量发展的重要意义

核能高质量发展与新质生产力的逻辑关系如图1.8所示。首先,核能高质量发展表现为自主研发水平的不断提高,这符合新质生产力对创新驱动发展的要求,有助于推动中国核电设备制造和项目建设水平的提升,形成核能行业持续发展的新质生产力;其次,核电具有高效能、稳定出力的特征,能够保障电网安全运行,为新质生产力背景下战略性新兴产业和未来的发展提供稳定可靠的能源保障;最后,核电具有绿色低碳的特征,在新型能源体系建设中发挥着关键作用,有助于推动电力系统低碳转型和"双碳"目标的实现,促进绿色生产力的发展。以下是对新质生产力视角下核能高质量发展意义的详细阐释。

新质生产力是创新起主导作用,具有高科技、高效能、高质量特征的新型生产力。发展新质生产力要围绕推进新型工业化和加快建设制造强国等战略任务科学布局科技创新和产业创新。核电工业属于高技术产业和战略性行业,发展核电是落实制造强国战略、推进新型工业化的关键举措[18]。核电设备设计与制造的技术含量高,质量要求严,产业关联度高[19]。加快核电自主化研发与建设,有利于推进高新技术应用,带动全产业链生产能力的提升,对提高中国制造业整体工艺、材料加工水平具有重要作用。"十三五"期间,中国核电技术自主创新能力显著提升,"华龙一号""玲龙一号"等核电设备关键技术取得重大进展,关键设备和关键材料国有化率大幅提升。中国核能行业的设计、制造和建设水平已具备迈向世界领先的基础优势,在推动国家装备制造业水平提升、促进基础科学技术进步等方面发挥着越来越重要的作用,将成为推进新质生产力形成和发展的重要动力。

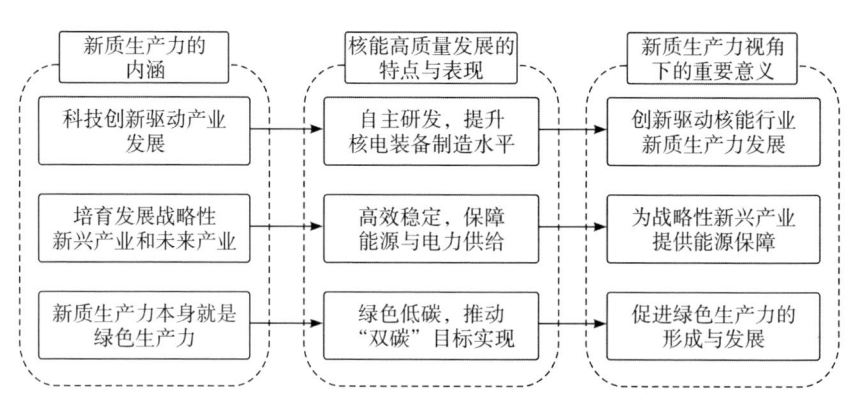

新质生产力的内涵	核能高质量发展的特点与表现	新质生产力视角下的重要意义
科技创新驱动产业发展	自主研发,提升核电装备制造水平	创新驱动核能行业新质生产力发展
培育发展战略性新兴产业和未来产业	高效稳定,保障能源与电力供给	为战略性新兴产业提供能源保障
新质生产力本身就是绿色生产力	绿色低碳,推动"双碳"目标实现	促进绿色生产力的形成与发展

图1.8 核能行业高质量发展与新质生产力的逻辑关系

新质生产力是代表新技术、创造新价值、适应新产业、重塑新动能的新型生产力,发展新质生产力需要积极培育发展人工智能、空天技

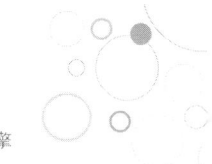

术、新材料、先进制造等新兴产业和未来产业。而这些行业的发展均需要充足的能源保障。在"双碳"目标下,中国积极推动能源转型,可再生能源装机量和发电量实现了快速增长。但风电、光伏发电仍存在能量密度低、发电不稳定等劣势,而核能具有稳定出力的特征,能够提供稳定的电力供应,弥补可再生能源波动性的不足,保障电网安全运行。未来,核电将与可再生能源协同发展,构建多元化、可持续的能源体系,为新质生产力发展提供可靠的能源和电力保障。

绿色发展是高质量发展的底色,新质生产力本身就是绿色生产力。发展新质生产力,旨在走出一条资源配置效率高、资源环境成本低、经济社会效益好的高效能发展路径。核电作为一种低碳、高效的电源形式,在减少碳排放方面具有显著优势[20]。据国际原子能机构统计,核电全生命周期内每生产1度电的碳排放量为5.7克。同口径下,光伏发电全生命周期内每生产1度电的碳排放量为74.6克,水电为64.4克,风电为13.3克。相比之下,核电具有显著的低碳特征[21]。因此,核电发展在电力系统低碳转型与绿色生产力形成方面发挥着关键作用。

1.5.2 中国核能行业发展历程及现状

中国的核能发展经历了从无到有,从小到大,从适度发展到积极发展,再到安全高效发展的过程。2005年,中国将核电政策由"适度发展"调整为"积极推进",见表1.2。在政策推动下,2000年到2010年,秦山核电站、岭澳核电站、田湾核电站等相继并网发电,推动了中国核能行业的高速发展。2011年日本福岛核事故的发生给中国核能行业带来了巨大冲击,中国政府宣布暂停核电项目建设,加强核安全监管和风险评估。随着时间的推移,福岛事件的影响逐渐减弱,中国逐步恢复了核电项目的建设,但也更加重视核电安全和技术创新。"十三五"规划、"十四五"规划中均明确了核电项目的安全性原则,并鼓励自主设计研发和建设核电项目工程,体现了国家在确保安全的前提下持续发展核电的决心。近年来,核电项目建设的推进为新质生产力发展提供了重要的保障。随着政策支持力度的加强,中国核能行业有望形成稳定发展的新质生产力,在全球核能发展中扮演更加重要的角色。

表1.2 核电相关政策

时　间		政策文件	政策概述
"十五"时期	2001—2005年	《电力工业"十五"规划》	适度发展核电
"十一五"时期	2006—2010年	《核电中长期发展规划》	积极推进核电建设
"十二五"时期	2011—2015年	《核电安全规划》	提高准入门槛,必须符合三代安全标准
"十三五"时期	2016—2020年	《电力发展"十三五"规划》	坚持安全发展核电的原则,加大自主核电示范工程建设力度
"十四五"时期	2021—2025年	《"十四五"现代能源体系规划》	在确保安全的前提下积极有序发展核电

数据来源:笔者根据公开资料整理。

在规模方面,中国核电保持了稳定的发展势头。据中电联统计,2023年,全国规模以上电厂核电设备利用小时数为7670小时;自2018年以来,中国核电设备利用小时数保持在7500小时左右,体现了核电稳定出力的特征。如图1.9所示,近10年来,中国核电装机容量和发

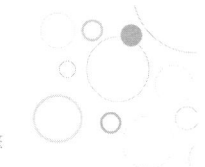

电量持续增加,截至 2023 年末,全国核电装机容量约为 5703 万千瓦,同比增长 2.4%;规模以上电厂的核电发电量同比增长了 3.98%,达到 4333.71 亿千瓦·时。同时,核电审批进程也在加速,2023 年新核准核电机组数量达到 10 台,与 2022 年持平,远多于 2021 年的 4 台。在核电技术方面,中国核能行业积极吸收国外先进技术经验,并在此基础上推进自主创新。中广核自主研发的三代核电技术"华龙一号",目前已在福建福清、广西防城港、福建漳州开工建设[22]。在核电产业链方面,中国已建立了完整的核电产业链,且在核电设备制造方面已经取得了一些重要的进展,扶持发展了一批核电装备和零部件生产企业,形成了完整的供应链,已拥有每年制造 8 至 10 台核电设备的生产能力,核电关键设备和材料国产化率已超过 85%[23]。在国际合作方面,中国积极参与国际核能合作,与巴基斯坦、土耳其、阿联酋、英国等多个国家合作共同建设核电站。其中,"华龙一号"核电机组已通过了英国 GDA 认证,近 20 个国家表达了采用该技术的意向[24]。未来,核电技术的突破和核电项目建设的推进有助于为中国新质生产力发展提供更强有力的支撑。

图 1.9 中国核电装机容量与发电量

数据来源:笔者根据公开资料整理。

1.5.3 新质生产力视角下核能行业高质量发展面临的挑战

(1)核电尚未被纳入绿电体系,不利于发挥核能在发展绿色生产力中的作用。绿色化是新质生产力的重要特征,也是实现"碳中和"和"碳达峰"的重要途径。加快形成新质生产力,需要加强核能与可再生能源的协同互补,构建多元化、低碳化的能源体系。中国已初步建立起绿证交易、绿电交易两种市场机制。绿证核发范围已包括水电在内的全部可再生能源,但尚未纳入核电。在能源转型中,核电的重要性往往与风电、水电、光伏发电等被同时提及,但在绿证、绿电交易体系中,核电的绿色低碳属性尚未体现[25]。在可再生能源消纳责任权重政策要求下,电网企业、售电公司和电力用户承担消纳责任,核电未被纳入绿电核发范围,将导致这些主体在销售或购买核电时,并不能获得可再生能源电力消纳凭证,没有体现核电的低碳属性和减排贡献,降低了核电企业的收益和用户购买核电的积极性。近年来,中国政府积极推进电力市场化改革,市场化售电量比例持续提高。随着风电、光伏度电成本的逐步下降以及电力市场化改革的推进,核电将面临较高的市场竞争压力[26]。若核电的市场竞争力不足,则不利于提升核电在能源结构中的比重,难以发挥核电在支撑绿色生产力发展和推动能源转型中的重要作用。

(2)核电规模化建设还存在挑战,不利于为新质生产力发展提供能源保障。新质生产力背景下,人工智能、新材料、航空航天等战略性新兴行业的用能需求将大幅提升。为满足电力系统低碳转型和安全保供的需求,中国将会持续推进核电站的建设工作。随着未来装机规模的持续增长,中国沿海地区厂址资源将日趋紧张,核电站建设计划延伸到内陆地区,而居民抵触情绪可能会影响核电站的建设进程[27],[28]。当公众担心核电站可能带来的安全隐患、辐射污染以及其他环境影响时,可能会采取抗议行动,这将导致核电站建设的法律风险增加和工程进度延误。例如,在2011年日本福岛核事故后,德国爆发大规模"反核"运动,导致德国政府最终彻底放弃了核电。近年来,国内发生的江门鹤山反核事件以及连云港反核废料事件等,说明核电站的建设运营仍然存在挑战。面对公众的抵触情绪和阻力,建设者可能需要花费更多的时间和精力来与公众沟通、协商,延误项目的进度。公众的负面情绪可能影响到项目的政策支持和资源保障,也可能导致项目推进的困难。核电的规模化进程受阻将不利于其为新质生产力发展提供可靠的能源保障[29]。

(3)行业标准体系和法律法规尚不完善,不利于为核能新质生产力发展提供制度保障。新质生产力同传统生产力相比,对产品制造的技术含量、质量、性能要求更高,需要更加完善的行业标准体系和监管机制。尽管中国核能行业在自主研发、项目建设等方面取得了一定成绩,但核电标准体系和法规体系尚不完善,不利于核电项目质量和安全性能的提升[30],影响核能行业新质生产力的形成和发展。

首先,中国不同核电机组的堆型和机型具有较大差异,对标准体系的制定形成挑战。中国已建及在建的核电机组采用了多样化的技术路线,按堆型分类,有压水堆、沸水堆、重水堆和高温气冷堆;按机型分类,有美国AP1000、中国CAP1400、法国EPR、俄罗斯VVER以及"华龙一号"等机型。由于不同电站技术路线不尽相同,中国核能行业仍存在多国标准并存的现象。标准不一致可能导致设备设计、建造和运行方面存在漏洞,影响核电安全运行,也会影响核电设备自主生产和走出国门的进程[31]。

其次,核领域顶层法律《原子能法》尚未出台,将导致核能相关法律法规和部门规章制度缺乏统一的监督和引导。从国外核能行业发展经验来看,健全的原子能法对核能行业的有效监管和持续发展至关重要[32]。原子能法的缺乏可能导致核能行业监管混乱。没有明确的法律依据和监管机构,可能会导致监管责任不清、执法不力,降低对核能行业的监管效率。此外,部分国家可能会对缺乏法律保障的核能行业持保留态度,《原子能法》的缺乏可能会影响国际合作和技术交流。因此,建立清晰的监管体系和完善的法律体系,明确监管职责,确保核电安全,有助于推动核能行业新质生产力的形成和发展。

(4)核电数字化转型面临多重挑战,对核能新质生产力的长期发展形成阻碍。加快推动核电工程数字化转型,是推进当前形势下核电高质量发展、形成核能行业新质生产力的重要举措[33]。但目前,核电数字化转型尚属起步或探索阶段,仍存在挑战。

首先,缺乏明确目标和顶层设计。数字化转型的核心在于业务和组织转型。实现"转型"的关键不仅在于技术本身,更在于利用数字化技术打破传统工作边界和流程,将数字化理念融入各个业务阶段中[34]。目前,数字化转型缺乏自上而下的理念传导和驱动力,导致业务层面仅仅停留在"数字化",而未实现真正的"转型"。云计算、大数据和人工智能等技术为核电数字化转型提供了技术支持,但数字技术的应用仅仅是开发了一些新型数字化业务和改进了内部信息系统,而未能实现全面的组织变革。

其次,各板块信息传递和数字交互存在隔离。产业链各环节单位在建立信息化标准规范时仅考虑本单位的业务需求,而未能形成核电全产业链协同一致的数字化标准和制度,导致各环节数字化转型标准的建设与系统建设进度不协调。再次,数字化技术不适应行业发展。核电数字化转型涉及核电站的各个方面,包括设备控制、监测系统、数据管理等。核能产业链的数字化转型仍处于探索阶段,与传统行业相比,在数据要素共享利用、数字化设备制造、全产业链数字化监管等方面仍较为落后。多项核工业数字化软件存在技术瓶颈,智能监测设备等硬件技术基础也与核电数字化转型的需求存在一定差距。

最后,核电数字化转型人才缺失。核电数字化转型亟须具备业务能力和数字技术专业能力的复合型人才。目前,仍存在数字化和智能化专职人员缺失、技术能力与高质量数字化转型不匹配、数字化业务部门积极性不足等问题,这些问题阻碍了核电数字化转型的推进,不利于核能行业新质生产力的发展。

1.5.4　新质生产力视角下核能行业高质量发展的政策建议

(1)将核电纳入绿证核发范围,逐步提升核电市场竞争力,促进绿色生产力发展。

一方面,随着核能行业的复苏和发展,其在推动能源转型和保障能源安全等方面的作用愈发重要,将核电纳入绿色电力体系具备必要性和可行性。未来,应将核电纳入绿色电力证书体系,为核电的绿色低碳属性提供官方证明,使核电企业通过绿电或绿证获得合理收益,同时提高用电企业购买核电的积极性,协同推进能源消费侧和供给侧低碳转型[35],充分发挥核电在推动绿色新质生产力发展和实现"双碳"目标中的重要作用。

另一方面,对于核电企业来说,需要进一步提升经济性,以适应电力市场化改革。未来在核电建设阶段需要采用更加先进的工程管理手段对核电工程质量、造价和进度进行有效控制。在运行阶段,保持核电在相对较高的可利用小时数平稳运行,能够发挥效率优势和规模优势,实现核电良好的经济性[36]。随着数字化技术的不断完善成熟,未来可以利用数字化技术降低核电站建设成本,引入先进的数字化技术和智能化系统,优化工程流程,提高建设效率,降低建设成本。在运营阶段,核能行业应基于综合成本优势,积极拓展核能应用场景,如核能供热、供气、同位素生产、制氢等。通过有序推动这些应用领域的发展,核能行业可以进一步提升自身在市场上的竞争力,实现产业多元化和可持续发展。

(2)妥善处理"邻避效应"问题,稳步推进核电项目建设,为新质生产力发展提供能源保障。为满足新质生产力发展的能源需求以及电力系统低碳转型和安全保供的要求,政府应积极破解"邻避效应",持续推进核电站的建设工作。政府应建立专门的沟通平台,及时回应社会各界对核电站建设的疑问与建议。政府通过建立专门的协调机制,引导企业、学界、居民之间的有效沟通,积极解答核电站建设运营全过程中出现的问题,减少核电站周边居民的焦虑和不安情绪。核电站可以成立专门的咨询委员会,定期召开会议,沟通项目相关信息,接受咨询和建议,促进项目信息沟通从"应急式"向"常态化"转变。积极向大众普及核电知识,降低核电站建设的"神秘感"。通过短视频软件、公众号、社交媒体等平台宣传核安全知识,提升全社会核安全知识水平。此外,应建立和完善信息公开制度,提升公众对发展核能行业的信心。政府和企业应加强对核电项目的信息披露和公开,向公众传递真实、准确的信息,消除谣言和误解,增强公众对项目的了解和支持,减少"邻避效应"的可能性。及时公开信息可以促进公众参与核电监管。核电站及

监管部门等应定期发布相关数据,使公众了解电站运行现状。核电信息公开也应从"法定公开"向"全程公开"转变,逐步构建互信体系。最后,对于受到核电项目建设影响的周边居民和社区,政府可以建立合理的补偿机制,保障居民的合法权益。合理的补偿安置方案可缓解"邻避效应"可能带来的负面影响,增强社会的接受度和支持度。

(3)完善行业标准和法规体系,推动核能行业新质生产力稳定发展。自主化的行业标准体系是推动核电设备自主设计、制造和建设的基础[37]。在新质生产力要求下,中国核电设备需要依靠自主研发不断提高产业竞争力。未来,需要开展自主标准体系的研究和制定,对国产设备的安全、性能指标进行细致的验证评估,丰富自主标准体系的内容,不断提高自主标准的科学性和合理性。政府、企业、学界等应积极沟通合作,在前期国产核电标准化成果的基础上,提高自主标准在行业标准体系中的占比,为中国核能行业的长远发展奠定坚实基础。在制定自主标准时,应充分考虑国际标准和国内核电发展的最新发展动态,吸收先进经验,结合中国核能行业的实际情况,制定符合中国国情和产业需求的标准体系,为核电技术发展和新质生产力形成提供制度保障。同时,加强与国际核安全标准对接,确保核能发展符合国际规范和标准要求,这有利于提高中国核电产品的国际竞争力和认可度,推动中国核能行业形成长期的新质生产力优势。为了确保自主标准的质量和有效性,建议加强标准化研究机构的建设,培养一支高水平的标准化研究团队,推动标准研究工作深入开展。在法律层面,亟须将《原子能法》立法提上议程,以明确监管机构的分类设置和职责划定,提高核能行业的监管效率。在立法进程中,应注重细化监管措施,强化监督机制,确保核能行业安全稳定发展。

(4)借助数字孪生推动全产业链数字化转型,提升核电产业链韧性,巩固新质生产力优势。核能行业规模的不断扩大将持续带动上下游产业实现高质量发展,未来需要利用数字化技术,对核能行业进行全方位、全链条数字化改造,提升产业链韧性,形成发展新动能、新活力,推动核能行业新质生产力发展。在研发设计环节,利用大数据、云计算、人工智能等数字化技术提升研发能力,建立专业化的决策模型,促进研发过程集成化、自动化;在装备制造和施工环节,通过建立需求模型,实现采购和施工的无缝衔接,提高供需匹配率;在施工安装环节,需满足多项目施工管理需求,实现数字化信息交互,通过建立统一的数字化平台,实现施工进度、资源分配、质量控制等方面的数字化监管和协调,提高施工效率和质量;在电厂运维环节,全面应用数字孪生技术,实现对电厂设备和系统的实时监测、预测和优化管理,提高设备利用率和运行效率,建立全面的数据分析和人工智能系统,实现设备寿命评估和预防性维护,推动电厂运维的数字化转型和智能化管理;在退役环节,应推动交付内容数字化及标准化,建立数字化设计体系,实现退役过程的高效、精确执行。此外,建立核能行业产业链的数字化标准体系至关重要,有助于明确各环节的产业数字化转型标准,使核电数字化转型有规可依。推动核电全产业链协同数字化转型,不断加强产业链韧性和产业国际竞争力,巩固中国核能行业新质生产力的长期优势。

(5)完善核电数字化转型配套制度和人才体系,为核能新质生产力发展提供保障。核能行业的数字化转型和智能升级是发展核能新质生产力的重要途径。为了确保数字化转型的顺利进行,需要在配套制度和资源保障方面做出努力。在制度方面,应推动数字化转型制度建立,推进组织变革,构建常态化的数字化转型部门,明确转型流程和制度,

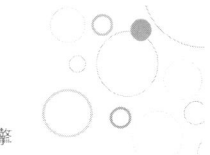

建立覆盖研发、设计、建设和营运的全产业链沟通渠道和平台，确保顶层规划的执行和贯通。在人才保障方面，建立培养与激励机制，培养掌握核能业务知识与数字化知识的复合型人才，形成数字化人才队伍，积极引进专业人才并开展学术合作，着力铺建数字化人才的职业发展道路。不断完善核电数字化转型配套制度和人才体系，为核能行业新质生产力的长期发展提供保障。

1.6 储能行业

"新质生产力"这一概念的提出[3]，不仅是对中国经济发展进程中新变化、新特点的深刻洞察，更是对推动经济高质量增长、实现绿色可持续发展的明确指引。在新质生产力发展背景下，储能技术将在其中扮演着重要角色。一方面，与其他战略性新兴产业一样，储能同样属于典型的新质生产力范畴；另一方面，在推动绿色发展、实现能源转型的背景下，储能技术能够解决新能源的间歇性和不稳定性问题，实现能源的高效利用，从而为构建绿色低碳的能源体系提供有力支撑[38]。

为了推动储能产业的快速发展，中国政府出台了一系列支持储能产业发展的政策，为其创造了良好的发展条件。在这些产业政策的刺激下，中国储能产业的规模得以持续壮大。图1.10总结了2017—2023年中国储能累计装机功率的变化趋势，这些数据充分显示了中国储能产业发展的强劲势头和巨大潜力。

然而，相比于西方发达国家，中国储能产业的发展相对滞后，当前在价格机制、标准体系、技术成本、安全保障及污染控制等方面还面临着一定的困境。鉴于此，通过厘清储能产业与新质生产力发展的互动关

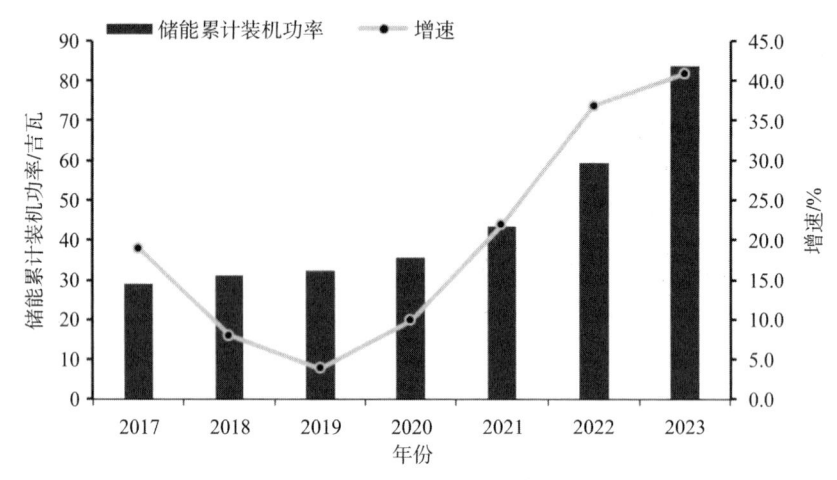

图 1.10　2017—2023 年中国储能累计装机功率

数据来源：中国化学与物理电源行业协会、中关村储能产业技术联盟。

系，进而深入剖析中国储能产业的发展现状，从新质生产力的视角下识别其所面临的关键挑战，并提出切实可行的对策措施，对于加快推动中国发展方式的绿色转型，充分发挥储能作为新质生产力的价值具有重要意义。

1.6.1　储能行业在新质生产力发展中的关键角色

在阐述新质生产力与绿色发展的紧密关系时，习近平总书记强调，新质生产力本身就是绿色生产力，必须加快发展方式的绿色转型，以实现"双碳"目标。储能系统的特点决定了其在促进电力系统绿色转型、推动新质生产力发展中具有不可或缺的地位。如图 1.11 所示，储能产业在推动新质生产力发展中的关键角色主要体现在以下几个方面：

（1）新质生产力强调要积极培育包括新能源在内的新兴产业。储能作为新能源领域的重要组成部分，其技术发展有助于新能源突破发展瓶颈。储能技术的应用可以有效解决新能源的间歇性和不稳定性问

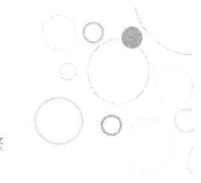

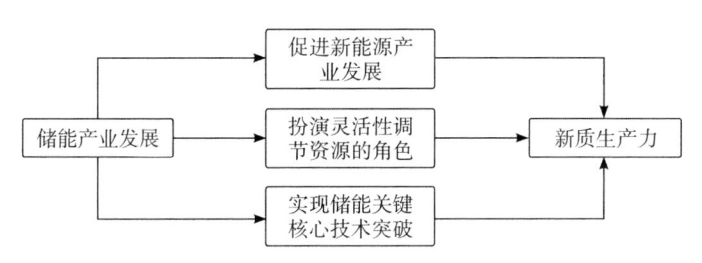

图 1.11　储能行业发展与新质生产力的逻辑关系

题,从而促进新能源的消纳。例如,太阳能和风能等新能源发电受天气条件影响较大,导致出力不稳定。而储能系统能够在用电低负荷时储存多余的电能,在用电高负荷时释放电能,从而实现电力系统的供需平衡,提高电力系统的稳定性和可靠性。这有助于减少对传统能源的依赖,实现新能源的大规模应用。

(2)推动传统产业高端化、智能化、绿色化转型被认为是加快发展新质生产力的重要举措。在传统电力系统中,为了应对高峰期的用电需求,需要维持大量备用发电机组,但这种方式效率低下且成本高昂。储能技术的快速响应和配置灵活性使其成为电力系统调峰调频的理想选择。储能系统可以快速启动并提供所需的电能,从而减少对传统调峰设备的依赖,提高电力系统的调度能力,推动电力系统向更加高端化、智能化、绿色化的方向发展。

(3)科技创新是新质生产力发展的核心要素。为了培育发展新质生产力的新动能,需要打好关键核心技术的攻坚战。在这方面,中国在以锂离子电池技术为代表的新型储能技术领域取得了显著突破,不仅形成了完整的产业链,而且电池产业规模已跃居全球首位。诸如宁德时代、比亚迪、中航锂电等企业,在全球市场中占据了较高的份额,进一步彰显了中国在储能领域的强大竞争力。

综上所述,储能产业作为新质生产力的重要组成部分,在推动绿色发展和构建新型能源体系中发挥着关键作用。随着技术的不断进步和市场的持续扩大,储能产业将为新质生产力的发展注入新的动力。

1.6.2 中国储能行业的发展现状

1. 储能产业链布局现状

推动产业链优化升级被认为是促进新质生产力发展的重要举措。从产业链结构来看,中国储能产业已经形成了较为完整的上、中、下游产业链[39]。如图1.12所示,上游主要包括原材料供应和设备制造。以新型储能为例,涵盖了储能电池、电池管理系统、储能变流器等关键设备和材料。近些年来,锂电池的技术水平和成本效益均得到了显著提升。中游则包括系统集成和电站建设。系统集成环节是负责将不同种类的储能部件进行集成,形成符合各类场景需求的储能系统。目前,中国已经涌现出了一批优秀的系统集成商,能够提供定制化的储能系统解决方案,满足不同应用场景的需求,如阳光电源、海博思创、库博能源等。电站建设的代表企业包括中国电建、安徽建工、吉电股份等。下游则是储能运营,主要包括发电侧储能、电网侧储能、工商业分布式储能和家庭用户储能等多个应用领域。随着新能源的大规模接入和电力系统的智能化升级,发电侧和电网侧储能需求持续增长。同时,随着电动

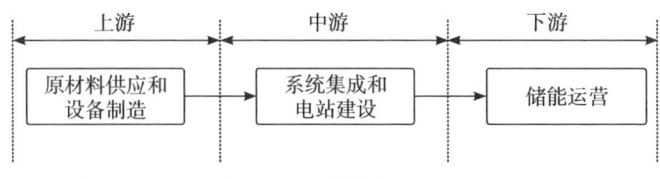

图1.12 储能产业链

汽车和分布式能源系统的普及,工商业分布式储能和家庭用户储能市场也在逐步打开。

2. 储能技术发展现状

新质生产力强调要实现技术革命性突破。储能技术作为能源转型的关键技术之一,对于保障能源安全和促进新质生产力发展具有重要意义。如图 1.13 所示,中国储能技术主要包括五大类:(1)机械储能:主要包括抽水蓄能、压缩空气储能和飞轮储能等。抽水蓄能作为最成熟的机械储能技术,在中国得到了广泛应用。(2)电化学储能:主要包括锂离子电池、铅酸电池、液流电池等。近年来,中国电化学储能行业快速发展,尤其是锂离子电池技术取得了显著进步。(3)热储能:主要包括储热和储冷。目前,中国热储能技术仍处于发展初期,需要加大研发力度和推广应用。(4)化学储能:主要通过化学反应来储存能量,如氢储能。氢储能以其清洁、高效、可再生的特点,在能源转型中扮演着重要角色。然而,目前氢储能技术仍面临成本、安全性和基础设施等方面的挑战,需要进一步的技术突破和市场培育。(5)电磁储能:主要包括超级电容器、超导储能等。超级电容器具有充放电速度快、功率密度高等优点。超导储能则具有储能效率高、损耗小等特点,但受限于超导材料的价格和技术难度,目前仍处于实验室研究阶段。

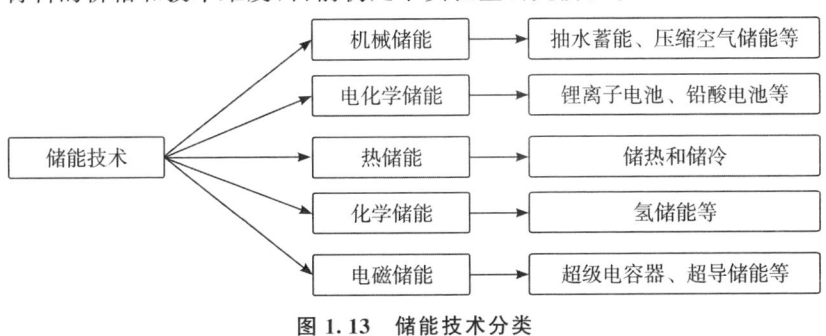

图 1.13 储能技术分类

3. 储能参与电力市场现状

储能参与电力市场盈利模式的有效性对于发挥储能新质生产力的价值具有重要影响。新能源配储和独立储能是最常见的两种储能发展模式[40]。目前新能源配储项目主要是依附于新能源电站，其收益模式尚未建立。相比之下，多个省份已开始探索独立储能参与电力市场的市场机制，并出台了相应的实施细则。如图1.14所示，中国独立储能的盈利模式主要包括：(1)电能量市场：包括中长期市场和现货市场。目前，中国还未建立独立储能参与中长期市场的试点。但现货市场方面，储能电站主要是通过峰谷套利实现盈利。(2)辅助服务市场：独立储能可参与的辅助服务补偿方式主要包括调峰补偿和调频补偿。调峰补偿主要包括固定补偿和市场化补偿两类。调频补偿则包括容量补偿和里程补偿两类。(3)容量租赁市场：容量租赁是在政策推动下形成的商业模式，具有强制性和过渡性的特征。目前，已有部分省份开始探索储能的容量租赁市场机制。(4)容量补偿：在电能量市场峰谷价差不大、独立储能的容量租赁效果不佳的情况下，实施独立储能容量补偿有助于加快独立储能的固定成本的回收[41]。

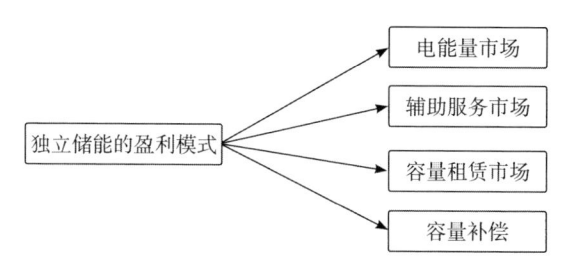

图 1.14　独立储能的盈利模式

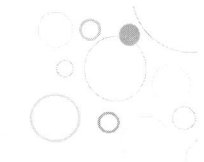

1.6.3 新质生产力视角下中国储能行业发展面临的挑战

习近平总书记指出:"加快绿色科技创新和先进绿色技术推广应用,做强绿色制造业,发展绿色服务业,壮大绿色能源产业,发展绿色低碳产业和供应链,构建绿色低碳循环经济体系。"作为绿色能源产业发展的重要支撑,中国储能产业的发展仍然面临着多方面的挑战。首先,在市场机制方面,尚未形成有效的价格机制。其次,在技术标准方面,技术标准体系尚不完善。再次,技术成本仍然较高,制约了储能技术的广泛应用。最后,储能在安全保障与污染控制方面也面临着一定的挑战。

(1)中国储能产业缺少有效的价格机制,限制了储能新质生产力的发展潜力。有效的价格机制是发挥储能新质生产力价值的重要驱动力。然而,传统市场机制对于储能系统的快速响应、频繁充放电等特性缺乏相应的激励机制,导致储能无法充分发挥其在系统调节中的优势[42]。尽管许多省份已经开始探索储能参与电力市场的可能性,但目前的市场框架下仍然缺乏有效的价格机制,这限制了储能系统的市场参与度。首先,目前这些省份的峰谷电价差异并不明显,限制了储能在电能量市场中的套利空间,从而降低了投资者或运营者的参与意愿。其次,虽然一些地区如山东、广东、山西等已尝试开展储能参与调峰、调频等辅助服务,然而这些市场机制往往存在准入门槛较高、激励不够充分和准确的问题[41]。调频辅助服务的补偿机制并未充分考虑到不同调频资源之间的差异,导致一些潜在的调频资源未能得到有效激励[43]。再次,在容量租赁方面,目前储能的容量出租率并不高。这主要是由于储能的容量租赁价格较高,导致电力市场中的参与者对租赁储能容量持观望态度。高昂的租赁成本可能使运营者更倾向于使用传统的发电设备,而不是选择储能系统来应对电力市场的需求波动。最后,作为先进生产力的质态,新质生产力更需要可持续的发展路径。尽管储能的容量补偿机制在一定程度上缓解了储能项目的成本压力,但其长期可持续性仍然存在挑战。一方面,过度依赖补贴可能会导致资源浪费和市场扭曲;另一方面,随着市场竞争的加剧,容量的补贴机制并非长久之计。因此,为了充分发挥储能新质生产力的发展潜力,亟须优化现有的储能价格机制。

(2)现有的储能技术标准体系不完善,制约了储能新质生产力的发展速度。中国储能产业的标准体系尚不完善[44],这在一定程度上制约了产业的快速发展和广泛应用,从而影响储能新质生产力价值的发挥。特别是在电池管理系统、能量管理系统、并网验收、电池回收等方面的储能技术标准还存在空缺,这些问题亟待解决。首先,电池管理系统是储能技术的核心组成部分,负责监控和控制电池的运行状态。然而,由于目前缺乏统一的电池管理系统标准,不同企业的产品之间存在兼容性和互通性问题,这不仅增加了系统的集成难度和成本,也影响了储能系统的整体性能和可靠性。其次,能量管理系统是储能系统的"大脑",负责实现能量的高效利用和优化配置。然而,由于能量管理系统的标准体系尚未完善,不同储能系统在能量调度和优化方面存在差异,导致能源利用效率低下和资源浪费。再次,并网验收是储能系统接入电网的关键环节,直接关系到系统的安全稳定运行。然而,目前并网验收的标准和流程尚不统一,不同地区和电网公司对于储能系统的接入要求存在差异,这给企业的市场推广和项目实施带来了困难。最后,电池回收是储能产业可持续发展的重要环节。随着储能系统的广泛应用,废旧电池的数量将不断增加,如何有效回收和处理这些电池成为一个亟待解决的问题。因此,为了加快储能新质生产力的发展速度,需要完善现有的储能技术标准体系。

(3)目前中国储能技术的成本相对较高,不利于形成储能新质生产力的长期优势。各类生产要素及其优化组合的跃升是新质生产力的内涵。技术作为最基本的生产要素之一,对于达到先进生产力的目标具有重要的影响。虽然储能技术被认为是提高电网灵活性、平衡供需以及增加新能源渗透率的重要手段,但高昂的成本限制了其广泛应用和普及[45]。因此,迫切需要解决储能技术的成本问题。首先,储能技术的高成本主要体现在建设、运营和维护方面。从资本投入到设备采购、安装调试、运营监控再到系统维护,整个过程都需要大量的资金投入。特别是对于大型储能项目来说,投资规模更为庞大,这对企业和投资者的财务承受能力提出了挑战。其次,储能技术的复杂性也增加了运营和维护的成本,需要专业技术团队进行监控、维护和故障排除,这进一步加大了成本压力。最后,随着技术的不断发展和性能要求的提高,储能技术的投资和研发成本也在不断增加。为了满足不断增长的市场需求和技术创新,储能技术领域需要持续进行研发投入,以提高储能系统的效率、降低成本、延长寿命等。这些研发投入需要大量的资金和时间,而且并不是所有的研发项目都能够取得成功或者转化为商业化产品,这增加了行业内企业的经营风险。因此,中国政府需要出台相应的配套政策,刺激储能行业突破关键核心技术,以形成储能新质生产力的长期优势。

(4)为推动储能新质生产力的可持续发展,储能的安全和污染问题值得重视。储能作为典型的新质生产力,其在推动能源体系转型升级、提高能源利用效率以及促进绿色低碳发展等方面发挥着举足轻重的作用。安全保障与污染控制是发挥储能新质生产力的重要前提。然而，目前中国储能的安全保障与污染控制还面临一定的挑战。在储能的安全保障方面：首先，当前中国储能技术尚处于快速发展阶段，多种储能技术并存，但技术成熟度不一，尤其是锂离子电池等主流储能技术，在能量密度、循环寿命等方面仍有待提高，且这些技术的安全隐患也不容忽视[46]。其次，关于安全设计、运行管理等方面的标准尚不完善，这导致在实际应用中，储能系统的安全性能难以得到有效保障。最后，储能技术的监管体系尚未健全，存在多头管理、责任不清等问题。同时，储能项目的审批、建设、运行等环节的监管也存在漏洞，使得安全隐患难以得到及时发现和整改。在污染控制方面：首先，储能设备的制造和运营过程中可能产生有害物质，如重金属、有机溶剂等，对环境和人体健康构成威胁。其次，储能技术的发展需要大量的原材料和能源支持，如锂、钴等稀有金属和电力资源。随着储能规模的扩大，资源消耗问题将愈发突出，对可持续发展构成挑战。最后，随着储能设备的普及和更新换代，废旧电池的处理成为一个重要问题。废旧电池中可能含有有害物质，如重金属等，如果不加以妥善处理，可能对环境和人类健康造成危害。因此，需要稳妥解决储能的安全和污染问题，以实现储能新质生产力的可持续发展。

1.6.4 新质生产力视角下中国储能行业发展的政策建议

（1）完善电力市场机制，扩大储能盈利空间。发展新质生产力要求摆脱传统经济增长方式和生产力发展路径。为此，为了充分发挥储能新质生产力的发展潜力，需要进一步完善现有的电力市场机制，扩大储能的盈利空间。首先,需要继续扩大峰谷价差,提高独立储能参与电能量市场的积极性。这种差异化定价策略能够更好地利用储能系统的灵活性,优化电能调度,降低系统负荷峰值,提高系统效率。其次,针对储能系统的快速充放电和灵活调节等特性,市场机制需要设置相应的激励措施,以引导独立储能在系统频率调节、峰谷平衡等方面发挥优势。在调峰方面,建立动态的价格机制可以使市场价格更加真实地反映储能的调峰价值,从而提高其参与积极性。而在调频方面,应该根据储能快速响应资源的效果实施差异性的奖励,以激励其在频率调节中的积极作用。再次,还需要逐步推动辅助服务市场与现货市场的融合,并探索储能容量市场的建设。建设统一的储能容量租赁市场机制,制定统一的市场规范和合理的准入标准,可以建立公平竞争机制,保障市场的健康发展。最后,在容量补偿机制的优化过程中,需要合理核算储能的容量价值,并制定差异化的容量补偿价格机制,以充分考虑其容量价值的差异性。综上所述,完善电力市场机制是充分发挥储能新质生产力发展潜力的关键。扩大峰谷价差、优化激励机制、推动市场融合和制定差异化的容量补偿价格机制等举措,可以提高独立储能的盈利空间,促进其在电力系统中的灵活运用,最终服务于新型电力系统建设和电力安全保供需求。

(2)建立健全储能标准规范,助力储能产业健康发展。在推动储能技术快速发展的当下,建立统一、规范的行业标准显得尤为重要。这不仅关乎技术的成熟与应用,更对于加快储能新质生产力的发展速度具有重要影响。因此,我们有必要在多个关键环节制定和实施统一的标准,以确保储能技术的健康发展。首先,需要制定电池管理系统的统一标准,规范电池参数的监测和控制方法,对于提高储能系统的安全性和效率具有重要意义。标准的统一有助于实现不同品牌和类型的电池在储能系统中能够相互兼容，实现无缝对接，从而提高系统的集成度和可靠性。其次，要建立完善的能量管理系统标准，明确系统的功能要求、性能指标和测试方法。标准化可以提高能量管理系统的可靠性和稳定性，增强预测和响应系统的能量需求的准确性，从而实现能量的优化分配和调度。再次，制定统一的并网验收标准，规范验收流程和要求，有助于降低企业的市场准入门槛和运营成本，推动储能产业的快速发展。该举措不仅可以确保储能系统在接入电网时符合相关的安全、环保和性能要求，提高系统的并网效率和可靠性，而且还有助于促进储能技术与电力系统的深度融合，推动能源互联网的构建和发展。最后，制定电池回收的标准和规范，明确回收流程和要求，建立完善的回收体系，有助于实现废旧电池的规范化处理和资源化利用。制定回收标准可以确保废旧电池得到安全、环保的处理，避免对环境造成污染和破坏。总的来说，为了加快储能新质生产力的发展速度，中国亟须建立健全储能技术标准体系，为储能产业的快速发展和广泛应用提供有力支撑。

（3）推动储能技术创新，提高储能技术经济性。新质生产力的本质是先进生产力，是以科技创新为主的生产力。对于储能产业而言，随着技术创新水平的提升，有助于降低储能技术成本和推动储能行业的规模化发展。为了形成储能新质生产力的长期优势，需要关键技术突破来支撑。首先，政府可以采取税收减免、补贴和奖励措施，以降低储能项目的研发成本。例如，对于新建的储能技术项目，政府可以给予税收优惠或直接的财政补贴，以减轻企业的负担，促进其投资。其次，政府可以通过长期的清洁能源政策和目标，提供稳定的市场需求，从而吸引更多的投资者参与到储能技术的发展中来。长期稳定的市场需求可以降低投资者的风险感,并促使他们增加对储能技术的投资。再次,政府可以通过促进技术标准化工作,降低储能系统的设计、制造和运营成本,从而提高其在电力市场中的竞争力。最后,政府可以提供资金支持,支持相关院校和培训机构开设储能技术相关的课程和培训项目,以培养更多的储能技术人才。这些人才将在储能技术的研发、设计、安装和运营中发挥重要作用,有助于降低整个行业的成本。综上所述,推动储能技术创新并提高其经济性是形成储能新质生产力长期优势的关键。政府在提供税收减免、稳定市场需求、促进技术标准化、支持人才培养等方面扮演着重要角色。这些举措可以有效降低储能技术成本,推动其规模化发展,为能源转型和绿色发展提供坚实支撑。

(4)强化市场监管力度,筑牢储能安全环保防线。储能技术作为新型能源体系的重要组成部分,其安全性与环保性直接关系到能源转型的顺利进行和绿色发展的实现,是实现储能新质生产力可持续发展的重要保障。为此,首先,需要制定专门针对储能技术安全监管的法律法规,明确储能设备设计、生产、运营等各环节的安全标准和要求。需要建立储能技术安全评价体系,对储能项目进行安全评估,确保项目符合安全标准。加大对违法违规行为的处罚力度和对存在安全隐患的项目进行整改或关停,确保储能技术安全可控。其次,加强政府部门、科研机构、企业之间的信息共享与协作,共同推进储能技术安全监管工作。建立储能技术安全信息数据库,实现数据资源的互通互联,为监管工作提供有力支持。引入先进的监管技术和手段,如智能监控、大数据分析等,提升监管效率和准确性。再次,针对储能设备制造和运营过程中可能产生的污染问题,需要制定严格的环保法规和标准,明确污染物的排放标准和处理要求。最后,针对废旧电池处理问题,需要建立专门的回收与处理监管体系。制定废旧电池回收和处理的标准与流程，明确责任主体和监管要求。同时，加强对废旧电池回收和处理企业的监督检查，确保其合规运营，防止废旧电池对环境造成二次污染。总的来说，强化市场监管力度对于确保储能技术的安全性和环保性至关重要。制定专门的法律法规和安全评价体系、加强信息共享与协作、实施严格的环保法规、建立废旧电池处理监管体系等措施将为储能技术的安全和环保提供有效保障，从而有利于实现储能新质生产力可持续发展。

1.7 电动汽车产业

在当今日新月异的科技浪潮中，技术创新成为推动社会进步的关键力量。新质生产力的发展，尤其需要技术创新的引领与支撑。电动汽车的崛起，不仅是一场颠覆性的技术革命，更是对未来出行方式的全新定义。其深远影响不仅局限于汽车产业本身，更辐射至能源、经济、社会等多个层面，成为推动绿色发展、经济增长和社会进步的重要引擎。电动汽车的快速发展，离不开电池、电机、电控等核心技术的持续创新和突破。这些技术的进步不仅提升了电动汽车的性能和安全性，更奠定了其在市场上的普及和应用基础。与此同时，充电设施、车联网、智能交通等配套技术的快速发展，为电动汽车的普及提供了有力支撑，进一步推动了出行方式的智能化和便捷化。作为绿色发展的典范，电动汽车的大规模推广和应用，有助于优化能源结构，促进节能减排，为构建绿色低碳的经济发展模式提供了有力支撑。此外，电动汽车产业的发展也拉动了经济增长，为汽车行业乃至整个产业链的转型升级注入了新活力。它不仅直接促进了汽车制造业的繁荣，还带动了相关

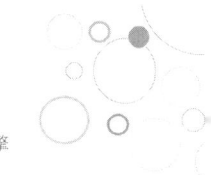

产业链的发展,为社会创造了大量就业机会,成为经济增长的新动力。更为重要的是,电动汽车的普及应用对于推动社会进步具有深远意义。其智能化、网络化的特性使得出行更加便捷、舒适,提升了人们的生活质量。同时,电动汽车的发展也有助于推动社会文明进步,为实现人类可持续发展目标贡献力量。电动汽车作为新质生产力的重要代表,在技术创新、绿色发展、经济增长和社会进步等方面发挥着举足轻重的作用。未来,随着技术的不断进步和应用的不断深化,电动汽车必将在构建和谐社会、推动社会全面进步方面发挥更加重要的作用。

1.7.1 电动汽车成为新质生产力发展的典型代表

电动汽车发展与新质生产力的关系可以总结为技术创新的引领与支撑、绿色发展的推动与实现、经济增长的拉动与提升和社会进步的推动与贡献四个方面(图1.15)。

(1)技术创新的引领与支撑。新质生产力的发展,离不开技术创新的引领与支撑。电动汽车的发展,无疑是一场颠覆性的技术革命。它不仅仅是对传统燃油汽车的改良,更是对未来出行方式的重新定义。在这场革命中,电动汽车、混合动力汽车、燃料电池汽车等多种技术路线并存、相互竞争、相互促进,共同推动着电动汽车技术的进步。首先,电动汽车的发展离不开电池、电机、电控等核心技术的不断创新和突破。随着科技的不断进步,电机和电控技术也在不断进步,使得电动汽车的加速性能、操控性能以及行驶稳定性得到了提升。这些技术的进步,不仅提高了电动汽车的性能和安全性,也为其在市场上的普及和应用奠定了坚实基础。其次,电动汽车的发展还离不开充电设施、车联网、智能交通等配套技术的支持。随着电动汽车市场的不断扩大,充电设施的建设也在加速推进。越来越多的公共充电桩、私人充电桩以及无线充电设施的出现,为电动汽车的充电提供了便利。同时,车联网和智能交通技术的发展,使得电动汽车能够与其他车辆、道路、交通信号等实现互联互通,提高了出行的便捷性和安全性。电动汽车的技术创新,不仅推动了汽车产业的升级换代,也带动了相关产业链的技术进步。在电动汽车的研发和生产过程中,中国在电池材料、电机制造、智能控制等领域取得了重要突破。这些突破不仅为中国电动汽车产业的发展提供了有力支撑,也为全球电动汽车技术的发展贡献了中国智慧和中国方案。

(2)绿色发展的推动与实现。发展新质生产力,必须坚持绿色发展的理念。电动汽车作为绿色发展的典型代表,通过大规模推广和应用,能够发挥巨大作用,推动能源结构的优化调整,促进节能减排,为构建绿色低碳的经济发展模式提供有力支撑。比亚迪董事长王传福在2024年3月16日的中国电动汽车百人会论坛上提出,目前交通行业消耗了全国70%的石油资源。这一惊人的数据揭示了交通行业对石油的过度依赖。由于石油资源的有限性和不可再生性,过度依赖石油不仅导致资源枯竭的风险,还使得交通行业在减排方面面临巨大挑战。一方面,交通行业的运输需求日益增长,对能源的需求也随之增加;另一方面,传统燃油车的排放问题难以得到有效解决。因此,交通行业的电动化转型成为推动交通行业低碳转型的重要途径。电动汽车使用电力作为动力源,相比传统燃油车大大减少了对化石燃料的依赖,从而降低了温室气体排放,有助于减缓全球气候变化。其次,电动汽车的推广可以促进能源结构的优化调整。随着电动汽车的普及,电力需求将不断增加,这将推动可再生能源的发展和应用,提高清洁能源的比重,降低对传统

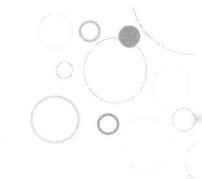

能源的依赖。

(3)经济增长的拉动与提升。发展新质生产力,是推动经济高质量发展的重要途径。而电动汽车产业的快速发展,对经济增长的作用日益凸显。作为新兴产业,电动汽车不仅推动了汽车行业的转型升级,更为经济增长注入了新的活力。首先,电动汽车的大规模生产与销售直接拉动了经济增长。随着消费者对环保、节能型汽车的需求不断增长,电动汽车市场呈现出井喷式的发展态势。这一市场的扩大不仅促进了汽车制造业的繁荣,还带动了相关产业链的发展,如电池、电机、充电设施等配套产业的兴起,为经济增长贡献了大量产值。其次,电动汽车产业的发展催生了大量的就业机会。随着市场的扩大,电动汽车的生产、销售、维修等环节都需要大量的人力资源投入。这不仅为劳动者提供了更多的就业选择,也为社会创造了更多的就业机会,降低了失业率,进一步推动了经济的稳定增长。最后,电动汽车产业的发展还带动了技术创新和产业升级。为了满足市场需求,企业不断加大研发投入,推动电动汽车在电池技术、智能驾驶、车联网等领域的创新。这些技术的突破不仅提高了电动汽车的性能和安全性,也带动了整个产业链的技术创新和产业升级,为经济增长提供了持续的动力。

(4)社会进步的推动与贡献。电动汽车的智能化特性,使得它不再是简单的交通工具,而是成为现代生活的一部分。智能化辅助驾驶等技术使得人们可以随时随地查询车辆状态、规划出行路线,甚至远程控制车辆,实现真正的智能化出行。同时,电动汽车的网络化特性也让它成为城市智能交通系统的重要组成部分,通过与其他交通设施的联动,提高了城市交通的智能化水平,有望为减少交通拥堵和交通事故的发生提供更加有效的措施。发展新质生产力,是推动社会全面进步的关键所在。而电动汽车作为新质生产力的重要代表,通过其普及应用,不仅为人们提供了更加便捷、舒适的出行体验,更在推动社会文明进步、提升人们的生活质量方面发挥了积极作用。未来,随着电动汽车技术的不断创新和完善,它将在构建和谐社会、实现人类可持续发展方面发挥更加重要的作用。

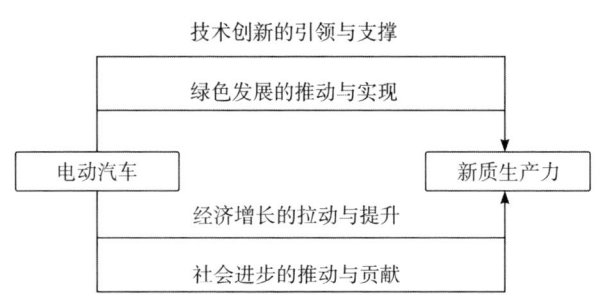

图1.15 电动汽车产业发展与新质生产力的逻辑关系

1.7.2 电动汽车产业的发展现状

随着全球气候变化和能源安全问题的日益突出,电动汽车作为新能源汽车的代表,正逐渐成为未来交通发展的重要方向。作为全球最大的汽车市场和能源消费国,中国在电动汽车产业的发展中发挥着举足轻重的作用。

1. 市场规模与增长趋势

近年来,中国电动汽车市场呈现爆发式增长态势。据公安部统计,截至2023年底,新能源汽车保有量达到2041万辆,其中纯电动汽车保有量达到1552万辆,超过新能源汽车保有量的3/4。在销量方面,2023年新注册新能源汽车达到743万辆,同比增长38.76%。而全球电动汽车销量为1428万辆,中国电动汽车连续多年领跑全球电动汽车市场。

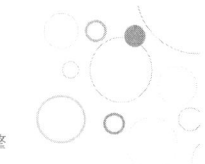

随着消费者对电动汽车接受度的提高和政府对新能源汽车产业的扶持力度加大,预计中国电动汽车市场仍将保持高速增长态势。根据中国科学院院士欧阳明高的预测到 2030 年,中国新能源汽车年销量将有望超过 2000 万辆,届时新能源汽车保有量将达到 1 亿辆[①]。

2. 技术进步与产品创新

中国电动汽车在技术进步和产品创新方面也取得了显著成果。在电池技术方面,中国已经实现了从铅酸电池到锂电池的跨越,锂电池的能量密度不断提高,成本逐步降低。此外,能量密度更高、充电速度更快、安全性更加优越的半固态和固态电池等新一代电池技术的研发也取得积极进展,有望在未来进一步提升电动汽车的续航里程和安全性。在电机技术方面,中国已经掌握了从直流电机到交流电机的核心技术,并实现了电机与电控系统的集成化、轻量化。同时,中国还在探索更高效的电机技术和智能化控制策略,以提高电动汽车的动力性能和节能性能。在整车制造方面,中国电动汽车企业已经具备了一流的国际竞争力。多款国产电动汽车在续航里程、加速性能、智能化水平等方面达到或超过国际同类产品水平,2023 年全年新能源汽车出口数量超过 120 万辆。同时,中国电动汽车企业还在积极探索新的商业模式和服务方式,如共享出行、自动驾驶等,以满足消费者日益多样化的需求。

3. 基础设施建设与充电便利性

电动汽车产业的迅速发展离不开充电基础设施的关键支撑。近年来,中国政府为加快充电设施的建设步伐,投入了大量资源,并取得了显著成效。2023 年,中国新增的公共充电设施近百万台。同比增长

---

① 数据来源:https://www.nujiang.cn/2024/0228/153019.html.

42.7%；同时，私人充电桩的新增数量也达到了245.8万台，同比上升了26.6%。在高速公路沿线，已有约6000个服务区具备了充电服务能力，提供了约3万个充电停车位。值得注意的是，在公共充电桩中快充桩的占比已提升至44%，显示了中国充电设施技术水平的快速提升。此外，换电基础设施的建设也在加速推进。2023年，中国新增了1594座换电站，累计建成了3567座换电站[①]。在政府政策的推动下，中国充电基础设施的建设展现出了以下三大特点：建设速度迅猛、覆盖范围日益广泛、充电技术不断进步。随着快充技术的广泛应用和无线充电技术的快速发展，电动汽车的充电便利性将得到进一步提升。同时，政府还致力于推动充电设施的智能化和网联化。构建智能充电网络，实现充电设施的互联互通和智能调度，从而提高充电设施的利用率和充电效率，为电动汽车产业的可持续发展提供有力保障。

1.7.3 新质生产力视角下电动汽车发展面临的挑战

1. 电动汽车规模化发展带来电网负荷波动增加

随着交通电气化的快速推进，电动汽车的大规模接入电网已成为不可逆转的趋势。然而，这一变革不仅带来了环保与能效的提升，同时也对电网负荷分布产生了深远的影响。特别是峰对峰和谷对谷的充电模式，对电网的供电压力、运行风险以及资源利用效率都提出了严峻的挑战。峰对峰的充电模式意味着大量电动汽车在电网负荷高峰时段进行充电，这无疑会加剧电网的供电压力。在原本就紧张的电力供应时段，电动汽车的集中充电进一步推高了负荷峰值，可能导致电网过载、

---

① 数据来源：https://www.gov.cn/lianbo/bumen/202403/content_6939863.htm。

电压波动等问题,进而增加电网的运行风险。此外,为了满足高峰时段的电力需求,电网需要增加备用容量和调峰调频成本,这无疑增加了电网的运营成本。而谷对谷的充电模式会带来电力设备的严重浪费。因此,科学引导电动汽车消费者采用错峰充电行为模式,是实现资源合理配置、降低电网运行风险的关键。在中国实行的峰谷分时电价政策下,消费者的充电行为对充电电价表现出较高的敏感性。他们愿意为相对更低的电价改变自己的行为,选择在电价相对较低的凌晨进行充电。这说明峰谷分时电价政策在一定程度上起到了引导消费者错峰充电的作用。然而,当前峰谷分时电价对消费者行为的作用还有待提高。虽然有一部分消费者会选择在用电低谷期进行充电,但仍有大量消费者的充电行为呈现随机性。这可能是因为当前的峰谷分时电价政策在时段划分、价差设置等方面还不够精细和合理,无法充分引导消费者形成错峰充电的习惯。

2. 电动汽车退役电池的处理不当容易造成严重污染问题,成为新质生产力绿色内涵的障碍

绿色发展理念是发展新质生产力的重要基石。首先,我们必须深刻认识到电池制造过程中所产生的环境污染问题。电池制造涉及复杂的化学工艺流程,其原材料主要包括多种重金属和稀有元素。这些元素的开采和提炼过程往往伴随着大量废水、废气和固体废物的排放,对环境和生态系统构成潜在威胁。特别是在缺乏环保意识和有效监管的情况下,生产厂家可能采用不环保的生产工艺和技术,导致污染问题进一步加剧。其次,电动汽车电池在使用过程中的污染问题同样不容忽视。尽管电动汽车在运行过程中实现了零尾气排放,但中国电力结构以煤电为主,这导致电动汽车的环境效益受到一定限制。最后,电动汽车电池在报废后,如果未能得到妥善处理和回收,将产生巨大的环境风险。废旧电池中含有大量重金属和有害物质,这些物质若未经专业处理而随意丢弃,将极易进入土壤、水源和大气中,对生态环境和人类健康造成严重威胁。废旧电池的回收和处理也是一项技术性强、资源投入大的工作。废旧电池中含有多种有价值的金属元素,通过专业的回收和处理技术,可以实现资源的循环利用。然而,这一过程中需要采用先进的处理技术和设备,以确保处理过程的安全性和环保性。同时,还需要建立完善的回收体系,确保废旧电池能够得到及时、有效的回收和处理。

3. "有量无利"的商业模式难以长期维系

"质优"是新质生产力新的特征,电动汽车发展不仅要关注发展速度,更要重视可持续性高质量发展。中国新能源汽车企业在近年来确实取得了举世瞩目的成绩,产销量持续攀升,市场占有率稳步提高。然而,在这一片繁荣的背后,却隐藏着"有量无利"的困境,这不仅是企业发展道路上的绊脚石,更可能对整个新能源汽车产业带来潜在的危害。比如造车新势力代表蔚来、小鹏汽车等企业2023年上半年平均单车亏损超10万[①],而在众多的国内自有品牌造车新势力中,只有比亚迪和理想汽车两家实现了盈利。"有量无利"的困境,首先体现在新能源汽车企业的盈利状况上。尽管销量不断增长,但很多企业深陷亏损的泥潭。这主要是由于新能源汽车的研发、生产和市场推广成本高昂,而市场竞争的加剧又使得企业不得不通过降价来抢占市场份额。这种困境带来的潜在危害是多方面的。首先,长期亏损会严重影响企业的资金流和

---

① 数据来源:https://baijiahao.baidu.com/s?id=1782777624401739323&wfr=spider&for=pc。

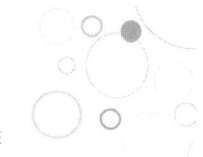

财务状况,使得企业无法持续投入研发和生产,进而影响产品的质量和性能。这不仅会损害企业的声誉和品牌形象,还可能引发消费者对新能源汽车的信任危机。其次,"有量无利"的困境也会打击投资者的信心。新能源汽车产业作为新兴产业,需要大量的资金投入来支持其快速发展。然而,面对企业的持续亏损,投资者可能会产生疑虑,减少对该产业的投资,从而限制产业的进一步发展。最后,这种困境还可能影响整个新能源汽车产业的健康发展。如果新能源汽车企业无法实现盈利,那么整个产业就可能陷入恶性循环,即销量增长无法带来利润增长,进而导致企业缺乏动力进行技术创新和产业升级。这将对产业的长期发展产生不利影响。

4. 充电基础设施对电动汽车的保障作用有待优化和提升

充电桩是为新能源汽车提供电源的关键设备,其建设和运营直接影响新能源汽车的推广和应用。但中国充电桩产业布局仍然存在数量不足、充电桩进社区难、运营模式单一等众多难点问题。在城市层面,充电桩产业面临的首要挑战是布局不均和容量不足。随着新能源汽车的普及,城市充电桩需求量大增。然而,现有的充电桩布局往往集中在商业区和居民区,而一些偏远地区或新兴区域则存在明显的充电桩短缺问题。此外,部分充电桩因设备老旧、功率不足等,难以满足日益增长的新能源汽车充电需求。这些问题不仅影响了新能源汽车的使用便利性,也制约了城市绿色交通的发展。乡村地区的充电桩产业则面临着基础设施建设滞后和运维管理困难的问题。由于乡村地区经济发展相对滞后、电力基础设施薄弱,充电桩建设难度较大。同时,乡村地区的充电桩运维管理也面临诸多挑战,如设备维护不及时、故障处理效率低等,这些问题都影响了充电桩的正常使用。在高速公路方面,充电桩产业的主要不足在于数量不足和分布不均。随着新能源汽车的普及，高速公路上的新能源汽车数量不断增加。然而，现有的充电桩数量却难以满足这些车辆的充电需求。此外，充电桩在高速公路上的分布也不均衡，一些繁忙路段或服务区存在充电桩短缺的情况，而一些偏远路段则可能完全没有充电桩。这种情况不仅影响了新能源汽车的出行体验，也可能对高速公路的通行效率造成一定影响。

5. 国际市场开拓面临多因素阻碍

中国电动汽车在国际市场的表现已然引人注目，其突出的性价比优势为中国汽车产业的国际化进程铺设了坚实的基石，并在国际汽车舞台上占据了一席之地。然而，随着全球市场的不断拓宽和消费者对高端品质的追求，中国电动汽车产业也面临着诸多挑战亟待解决。在高端品牌竞争方面，中国电动汽车目前尚显不足。尽管近年来，中国汽车品牌在电动汽车技术研发上取得了显著进展，核心部件的价格大幅度降低。然而，在品牌建设方面，需付出更多的努力。高端市场并不仅仅关注价格因素，更注重产品的质量、口碑和文化内涵。因此，中国汽车品牌需要全面提升自身的竞争力，从产品质量、技术研发到售后服务等各个环节，都需要达到甚至超越国际标准，才能在国际市场上赢得更多消费者的认可和信赖。此外，中国电动汽车还面临着国际市场上的品牌保护壁垒风险。随着中国汽车品牌的迅速崛起，一些国家开始担忧中国汽车的竞争压力可能对其本国汽车产业产生负面影响。因此，他们可能会采取一系列措施，如反补贴、反倾销调查等来限制中国电动汽车的进入。面对这样的挑战，中国电动汽车产业需要积极应对，加强与相关国家的沟通与合作，通过对话解决分歧，共同推动全球汽车产业的健康发展。同时，需要加大技术研发和品牌推广力度，提高产品的附加

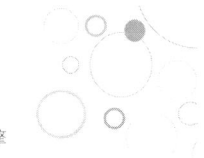

值,增强国际竞争力,以应对可能出现的各种风险和挑战。

1.7.4 新质生产力视角下电动汽车发展的政策建议

1. 解决电动汽车规模化发展带来电网负荷波动增加问题的对策

随着电动汽车的大规模接入电网,其充电行为对电网负荷分布产生了深远影响。特别是峰对峰和谷对谷的充电模式,不仅加剧了电网的供电压力,还增加了运行风险,同时造成了电力资源的严重浪费。因此,科学引导电动汽车消费者采用错峰充电行为模式,已成为实现资源合理配置、降低电网运行风险的关键。为应对这一挑战,首先,应进一步优化峰谷分时电价政策。精细化划分时段,根据地区性电网负荷特性和电动汽车充电习惯,设定更为合理的峰谷时段。同时,扩大峰谷电价价差,以更强的经济激励引导消费者在用电低谷期进行充电。此外,实施动态电价策略,根据实时电网负荷情况动态调整电价,使消费者能够更直观地了解电网供需状况,从而调整充电行为。其次,建立激励机制以鼓励错峰充电。设立错峰充电奖励制度,对在用电低谷期进行充电的消费者给予一定的奖励,如积分、优惠券等,提高其错峰充电的积极性。同时,推广电动汽车智能充电系统,通过智能算法为消费者提供个性化的充电建议,帮助他们选择合适的充电时段,实现错峰充电。最后,推动技术创新与产业升级也是解决这一问题的关键途径。研发高效储能技术,提高电动汽车的储能能力,降低对电网的即时充电需求。同时,推动电网智能化升级,提高电网对电动汽车充电需求的响应速度和调节能力,确保电网的稳定运行。

2. 应对电动汽车退役电池处理不当造成严重污染问题的措施

随着新质生产力的快速发展,电动汽车行业正迎来蓬勃的春天。

然而,其背后所隐含的核心挑战亦逐渐浮出水面。特别是在电池制造与废旧电池处理环节中,环境污染问题成为亟待解决的难题。为应对这一挑战,针对性的政策建议显得尤为重要。首先,电池制造行业必须严格制定并执行环保标准。这不仅要求企业严格遵守现有的环保法规,更应激励他们积极采用前沿的生产工艺和技术,从源头上削减污染物的排放。政府可通过提供税收优惠、资金补贴等激励措施,助力企业实现绿色转型。其次,提升电动汽车的环境效益离不开清洁能源的大力开发与利用。降低煤电比重,优化电力结构,为电动汽车提供更加清洁、高效的能源支持,有助于减少温室气体排放,提高能源利用效率,推动可持续发展。再次,废旧电池回收与处理体系的完善同样至关重要。政府应出台明确的法规和标准,界定责任主体和操作流程,确保废旧电池得到安全、高效的处理。同时,鼓励企业开展回收业务,加强技术研发与创新,提高废旧电池的回收利用率。最后,公众教育和宣传亦不可或缺。加强宣传教育,提升公众对电动汽车环保性的认知与理解,为电动汽车的普及与推广营造良好的社会氛围,进而推动新质生产力的持续发展。

3. 深研"有量无利"的商业模式难以长期维系问题的关键方法

针对新能源汽车产业所面临的"有量无利"的严峻挑战,需要从多个维度出发,采取综合性的政策措施以推动产业的健康可持续发展。首先,针对恶意竞争的问题,应进一步加强市场监管,提高执法效率,严厉打击价格倾销、虚假宣传等不正当竞争行为,为新质生产力的释放创造公平竞争的市场环境。同时,建立行业自律机制,促进新能源汽车企业之间的合作与共赢,共同维护行业的整体利益。其次,为了提升新能源汽车产业的国际竞争力,应积极开拓国际市场,加强与国际同行的交

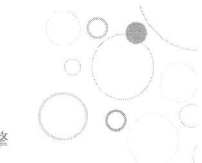

流与合作。引进国外先进技术和管理经验,提升中国新能源汽车的技术水平和产品质量。同时,制定国际化战略,鼓励有实力的企业加大海外市场的拓展力度,提升中国新能源汽车在国际市场的份额和影响力。最后,在优化"双积分"政策《乘用车企业平均燃料消耗量与新能源汽车积分并行管理办法》方面,需要进一步完善积分计算与交易机制,使积分能够更准确地反映车辆的实际性能和市场价值。同时,建立积分奖励与约束机制,通过给予在技术创新、市场推广等方面表现突出的企业积分奖励,激发其积极性和创造力;对恶意竞争、违规操作等行为进行积分扣除或限制交易等约束措施,以维护政策的公正性和有效性。

4. 突破国际市场开拓面临多因素阻碍的潜在策略

中国电动汽车产业在国际化进程中,虽凭借性价比优势取得显著成绩,但亦面临高端品牌竞争力不足与国际市场品牌保护壁垒的双重挑战。首先,针对高端品牌竞争力不足的问题,国家应加大技术研发投入,鼓励企业自主创新,提升核心部件技术水平,确保产品质量和性能达到国际领先水平。同时,推动企业加强品牌建设,提升国际知名度与美誉度,培育具有国际竞争力的领军企业。此外,通过建立国际化营销网络,优化服务体验,中国电动汽车产业能够进一步赢得国际市场的认可与信赖。其次,面对国际市场品牌保护壁垒,中国应加强与国际汽车市场的沟通和合作,推动建立公平、开放、透明的国际贸易环境。完善贸易防御机制,积极应对可能出现的贸易壁垒,降低风险损失。同时,实施市场多元化战略,鼓励企业积极拓展国际市场,提升中国电动汽车在全球的影响力。最后,加强产业协同与创新是提升中国电动汽车产业整体竞争力的关键。强化产业链整合,优化资源配置,降低成本,提升产业效率;加强产业创新体系建设,推动产学研用深度融合,提升产业创新能力;建立国际合作平台,促进全球电动汽车产业的共同发展。

5. 优化和提升充电基础设施对电动汽车的保障作用的方案

针对电动汽车发展在充电桩产业面临的核心挑战,需要分别对城市、乡村以及高速公路三方面提出具体的政策建议来进一步优化和提升充电基础设施对电动汽车的保障作用。首先,针对城市充电桩布局不均和容量不足的问题,政府应制定中长期规划,明确充电桩的建设目标,并推动多元化投资与建设模式,引导社会资本参与。同时,应加大技术研发投入,推动充电设备智能化、高效化和安全化升级,并制定统一的建设、运营和维护标准,确保充电桩质量和安全。其次,乡村地区的充电桩建设同样关键。政府应加大对乡村充电桩基础设施建设的支持力度,通过财政补贴、税收减免等措施吸引投资。此外,应建立健全乡村充电桩运维管理体系,提升运维水平,确保设备及时维护、故障快速处理。最后,高速公路充电桩的完善与分布优化亦不容忽视。政府应加快高速公路充电桩的建设步伐,制定专项规划,确保与高速公路建设同步进行。同时,应根据交通流量和新能源汽车充电需求,科学规划充电桩的分布和布局,满足车辆在高速公路上的充电需求。此外,加强跨地区协作和信息共享,推动充电桩资源的优化配置和高效利用。

1.8 电动汽车充电基础设施

中共中央政治局第十一次集体学习中提出:"发展新质生产力是推动高质量发展的内在要求和重要着力点。"新质生产力具有高科技、高效能、高质量的特征,是符合新型发展理念的先进生产力。新能源汽车产业作为整合了新能源、新材料、新技术的新兴科技制造产业,是符合中国经济可持续化和高质量发展趋势的未来产业,对新质生产力的形成与发展有重要价值。充电基础设施产业作为新能源汽车产业链的下游产业,是推动实现新能源汽车发展的重要抓手。中共中央政治局在2024年2月29日召开的就新能源技术与中国的能源安全进行第十二次集体学习中强调,"要适应能源转型需要","加快构建充电基础设施网络体系,支撑新能源汽车快速发展"。充电基础设施的建设情况对消费者的电动汽车购买意向有重要影响,消费者对充电基础设施的可靠性和便利性有着合理的期望。加快充电基础设施建设,对于新能源汽车产业的发展和新质生产力的培育具有重要意义。

1.8.1 新质生产力视角下充电基础设施建设的重要意义

新质生产力要求摆脱传统生产力发展路径,培育高端化、智能化、绿色化产业。在贯彻可持续发展理念的大背景下,新能源汽车产业不断以科技驱动产业发展,前瞻性地布局科研战略和人才培养计划,成为集科技与绿色于一身的先进产业[3]。在赋能中国汽车制造行业并逐步取得国际市场竞争优势的同时,新能源汽车产业依托其清洁高效的能源利用特征助力国家"双碳"目标的达成,并借助新能源汽车下乡计划等政策加快乡村振兴进程,逐步成为国内经济新增长引擎和国际产业发展的"中国名片",是塑造新质生产力的典范。

充电基础设施产业作为新能源汽车产业链的重要组成部分,也是培育新质生产力的重要引擎。图1.16展示了充电基础设施建设与新质生产力之间的关系。一方面,完善的充电基础设施是新能源汽车推广的前提。更充足更可靠的充电基础设施网络能够降低消费者对于充电便捷性的顾虑,直接影响到新能源汽车的购买决策[47]。因此,充电基础设施建设是推动新能源汽车规模扩张的重要保障。加快充电基础设施建设能够有效地带动新能源汽车产业链终端产品销量,拉动产业链优化升级和规模扩大,是发展新质生产力的重要抓手[47]。另一方面,充电基础设施产业本身也具有高科技、高效能、高质量的特征。经过多年发展,充电基础设施产业在技术上取得了重要突破,超充技术已逐步实现商业化,大大降低了新能源汽车的充电时间,使得新能源汽车大规模推广成为可能[48]。在产业效能上,包括私桩共享在内的新商业模式充分利用数字化技术,尝试盘活闲置充电基础设施资源,提高生产要素配置的效率。在产业质量上,充电基础设施充分进入下沉市场,在拓展新能源汽车市场的同时,完善了乡村基础设施建设,促进了乡村振兴[49]。因此,充电基础设施业态本身也是具有数字化、绿色化特征的新质生产力。综上,有必要厘清新能源汽车充电基础设施的发展前景,明确充电基础设施网络建设面临的挑战,为培育新质生产力提供有益参考。

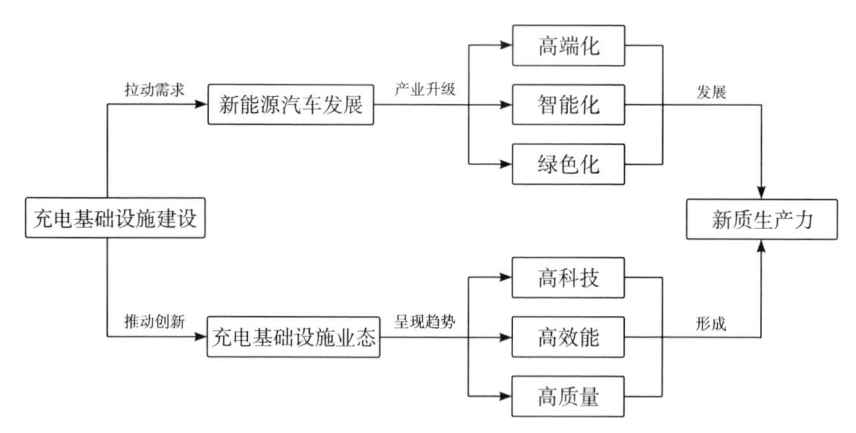

图1.16 电动汽车充电基础设施与新质生产力的逻辑关系

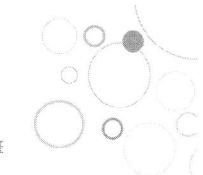

1.8.2 新质生产力视角下充电基础设施的发展前景

近年来,充电基础设施建设呈现高科技、高效能和高质量的发展趋势,契合新质生产力的核心特征[50]。具体而言,充电基础设施产业正以新技术推动公共充电基础设施优化升级,以新商业模式提高私人充电基础设施资源配置效率,以新市场促进乡村经济高质量发展,加速新质生产力的形成。

1. 高科技:超充技术逐步成熟,大功率充电基础设施将普及

大功率充电技术是充电基础设施产业近年来重要的技术突破,也是新质生产力科技创新推动产业进步的典型代表。大功率充电技术通常指 350 千瓦或以上的充电技术,应用该技术的充电桩常被称为"超充桩"[51]。随着技术逐步成熟,"超充桩"逐渐成为充电站布设的主流选择。配置大功率充电基础设施的超充电站能够更好地缓解车主的电量焦虑,提高公共充电基础设施的使用体验[52]。大功率充电基础设施的出现使得新能源汽车的电力补充效率得到了提高,既为新能源汽车保有量的进一步增加提供了保障,又为清洁电力系统提供了新的终端产品和商业机会,提高了公共充电基础设施网络的充电效率,拓展了新能源汽车潜在的存量空间,同时也带动了公共充电基础设施网络的优化升级,为新质生产力的培育提供了新动能。

目前,政府也在大力推动大功率充电基础设施的建设,以推动新质生产力的发展。2023 年 6 月,国务院办公厅印发《关于进一步构建高质量充电基础设施体系的指导意见》,提出"鼓励地方建立与服务质量挂钩的运营补贴标准,加大对大功率充电、车网互动等示范类项目的补贴力度,通过地方政府专项债券等支持符合条件的充电基础设施项目建设"。作为响应,诸多省市已规划大规模部署超充电站。例如,广州市工信局发布《广州市加快推进电动汽车充电基础设施建设三年行动方案(2022—2024年)》,提出于2024年建成"一快一慢、有序充电"的充换电服务体系和"超充之都",全市充换电设施服务能力达到约400万千瓦,建成超级快充站约1000座,换电站约200座。大量省市发布政策支持大功率充电基础设施发展,昭示着超充电站的铺设渐成燎原之势,新质生产力的发展有望加速。

2. 高效能:私人充电桩需求增加,私桩共享商业模式逐渐兴起

私人充电基础设施的需求不断增加是近年来充电基础设施发展的另一大特征[53]。满足消费者对私人充电基础设施的需求,能够有效增加消费者对新能源汽车的消费意愿,提高终端产品销量。这对于新能源汽车产业规模的扩大和新质生产力的培育具有重要意义[53]。相较公共充电基础设施,私人充电基础设施的充电价格更加亲民,能更好地发挥新能源汽车的价格优势[54]。私人充电桩的使用也更方便且限制较少,车主下班后在停车位即插即充,第二天即可正常驾驶。私人充电基础设施逐渐受到消费者青睐,消费者对充电桩进入社区的需求与日俱增。如图1.17所示,2017年中国私人充电桩保有量仅为23.2万个,到2023年私人充电桩保有量已达到587万个,增长了约24倍。私人充电基础设施占充电基础设施总量的比例也由2017年的52%增加到2023年的68%。

中央及各级地方政府也推行了一系列指导政策,保障私人充电基础设施建设顺利开展。2023年6月21日,国家发改委副秘书长欧鸿指出,"既有居住区固定车位充电桩'应装尽装',新建居住区固定车位按100%建设充电桩或预留安装条件"。在消费者需求增加和多重政策保

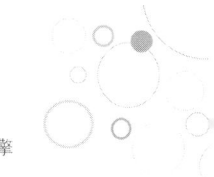

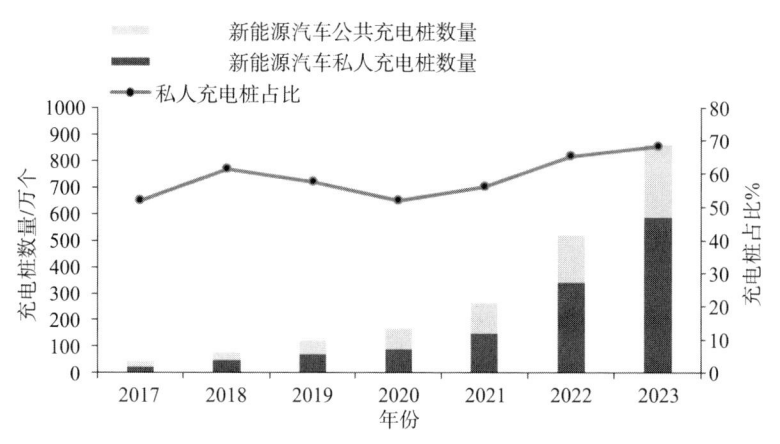

第 1 章　新能源发展：新质生产力的创新引擎

图 1.17　新能源汽车公共充电桩与私人充电桩对比

数据来源：国家能源局、中国充电联盟。

障的大背景下，私人充电桩开始受到资本关注。与公共充电站相比，私人社区充电投资成本相对更低，盈利能力更强，运营成本更低，回本周期更短。目前，私人社区充电已形成较为稳定的"统建统管"商业模式，即由充电运营商统一规划建设和维护管理。这在一定程度上解决了私人充电基础设施建设的潜在问题，明确了责任主体，提供了电力调度管理，最大限度上保障了充电的安全稳定[55]。新商业模式的出现也有效地降低了私人充电桩的铺设难度，有力地推动了新质生产力的培育进程。

然而，私人充电基础设施的快速发展导致开始出现冗余情况，部分充电桩有较长时间处于闲置状态[56]。而社区基于电力容量考虑，会对充电桩安装总数做出限制，又导致部分有需求的车主无法安装私人充电桩，充电桩配置效率低下[56]。基于类似情况，私桩共享的商业模式应运而生。已安装私人充电桩的车主可以在闲置时段将自己的充电桩共享给其他有需要的车主，在赚取收益的同时盘活了闲置充电桩资源。

随着新能源汽车市场的进一步扩大,私桩共享模式或能够达成盘活私人充电桩资源、提高社会资源利用效率、创新性地配置生产要素的目标,成为新能源汽车产业和新质生产力发展的重要助推力量。目前,已有多家厂商在私桩共享领域进行了商业化探索,取得了初步成效。2022年1月发布的《国家发展改革委等部门关于进一步提升电动汽车充电基础设施服务保障能力的实施意见》中,也提出了"创新居住社区充电服务商业模式","鼓励'临近车位共享''多车一桩'等新模式",为私桩共享的商业模式提供了指导意见,为新质生产力的发展提供了有力支持。

3. 高质量:充电桩建设再提速,下沉市场建设助力产业高质量发展

在适度超前建设充电基础设施的理念下,充电基础设施发展不断提速,下沉市场成为新的增长点。2023年5月,国务院常务会议提出建设充电基础设施须"适度超前",以超前增长保障新能源汽车充电需求。图1.18展示了近年新能源汽车保有量、充电桩数量及车桩比(即新能源汽车保有量/充电桩数量)。可以看出,2017—2023年车桩比逐年稳步下降,由2017年的3.43下降至2023年的2.37。依照工业和信息化部"2025年实现车桩比2∶1"的目标,假设新能源汽车保有量增长率维持近5年的平均水平即87%,到2025年,新能源汽车充电桩数量需达到约2800万个。这意味着充电桩的年增长率需达到113%左右,远超近5年充电桩的平均年增长率。也就是说,未来充电基础设施建设仍需提速,才能更好地满足新能源汽车的充电需求。

在充电基础设施的超前发展下,新能源汽车在大中城市的保有量已经显著增加。新能源汽车进入下沉市场成为未来趋势,推动充电基础设施建设助力新能源汽车下乡成为新质生产力发展的新动能[57]。充

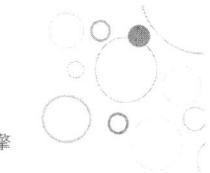

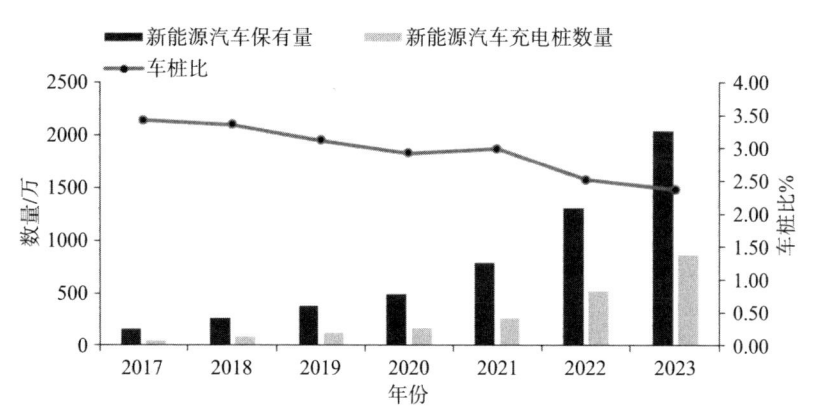

第1章 新能源发展：新质生产力的创新引擎

图1.18 2018—2023年新能源车桩比

数据来源：国家能源局、中国充电联盟。

电基础设施的下沉市场建设不仅能够为新能源汽车的普及提供保障，也能够为乡村振兴作出贡献，促进新能源汽车产业链的高质量发展，加快新质生产力的形成。2023年5月，国家发展改革委、国家能源局发布《关于加快推进充电基础设施建设 更好支持新能源汽车下乡和乡村振兴的实施意见》，提出"支持地方政府结合实际开展县乡公共充电网络规划"，"加快实现适宜使用新能源汽车的地区充电站'县县全覆盖'、充电桩'乡乡全覆盖'"。充电基础设施建设转向乡村市场一方面能够补齐农村基础设施短板，推动乡村振兴和经济高质量发展[58]；另一方面也能够依托乡村居住形式和闲置空地的优势，开展诸如"光伏＋储能＋充电桩"一体化模式的商业试验，为新能源汽车产业发展提供新市场和新思路，为新质生产力的培育提供良好条件[59]。

1.8.3 新质生产力视角下充电基础设施建设的问题与挑战

尽管充电基础设施产业正向高科技、高效能和高质量发展的目标稳步前进，但仍有问题尚待解决。厘清培育新质生产力过程中的问题与挑战，有助于政府和企业提前制定应对策略，对新技术、新商业模式的落地和新市场的开拓提供支持，以实现全要素生产率的大幅提升。结合中国充电基础设施产业的发展前景进行研判，公共充电基础设施新技术的大规模应用或对电力系统稳定性造成冲击，私人充电基础设施利用的新模式正面临商业模式落地和私桩安装困难的"新愁旧憾"，充电基础设施建设迈向乡村新市场则存在经济性问题。

1. 新技术发展引起连锁反应，电网安全运行或受冲击

在新质生产力发展的过程中，新技术从实验室到商业化应用会面临许多问题。对于大功率充电技术而言，超充电站大规模接入电网后可能会对配电网造成较大压力，对电网安全运行产生冲击[60]。目前，中国仍遵循提前布局充电基础设施的理念，以保障新增新能源汽车的充电供给。而新能源汽车基数的不断提高会进一步倒逼充电基础设施以更快的速度增长，叠加车桩比进一步下降的目标规划，未来充电基础设施增长速度或将大幅增加。在充电基础设施数量增加和充电功率提高的双重压力下，新能源汽车大规模无序充电将对配电网的稳定运行造成影响。这不仅会增加城乡充电基础设施空间规划的难度，也向电网系统提出了更高的要求。电力系统各部门和相关单位需要提前形成整体应对策略，跟进对配电网的升级与建设。由此带来的投资和成本问题也需要相关政策支持，或通过市场化手段进行成本疏导，为新质生产力的发展保驾护航。

2. 新模式面临发展困境，私桩共享诸多难题有待解决

目前，私人充电基础设施安装困难的问题没有得到根本性缓解，限制了新能源汽车销量和新质生产力的发展速度[61]。具体而言，私人充电基础设施的安装需要基于停车场地，在一些人口稠密的城市停车场匮乏,部分场地难以达到充电基础设施安装标准[62]。物业基于保证社区安全,保障其他车主权益,以及保护其自身利益的角度出发,对增建私人充电基础设施的意愿比较有限[62]。建设私人充电设施还需要进行电力供应和设备安装,这可能需要对住宅或停车场进行改造,程序烦琐且时间消耗长,给私人充电基础设施的建设和新质生产力的培育带来阻碍。

此外,私桩共享商业模式本身也存在一些问题,影响了生产要素高效配置的进程[61]。第一是充电桩的权责界定问题。在大多数的私桩共享模式下,充电桩归属于私桩拥有者,物业方负责协助管理,运营商负责信息管理和平台运营,由其他新能源汽车的车主进行消费。复杂的权责分工导致在充电桩需要维修和管理时容易出现推诿现象,导致私桩拥有者共享成本的增加和共享意愿的下降,阻碍了这一商业模式的发展。第二是私桩共享带来的社区管理问题。对于部分封闭式管理的社区而言,外来车辆的进入将带来潜在安全风险并增加管理成本,也会导致其他住户的反对。仅对社区内部开放则大大减少了共享充电的需求,导致了私桩共享发展停滞。第三,私人拥有的充电桩标准、接口可能各不相同,存在互联互通问题,部分车型电压和功率不同,家用充电桩无法实现全面互充,增加了新能源车主的使用成本。上述问题限制了新能源汽车销量和充电桩资源配置效率的进一步提高,不利于新质生产力的高效发展。

3. 高效能接口标准尚未确立,新质生产力规模扩张成本较高

如前所述,目前全球新能源汽车尚未确立统一的高效能接口标准,阻碍了新质生产力的规模化扩张[63]。具体而言,中国、美国、欧洲、日本和特斯拉企业的充电接口标准各不相同,各标准中快充和慢充接口亦不一致,无法通用。这导致设施建设成本、汽车制造成本和消费者使用成本的增加。除了充换电接口,目前新能源汽车的充电口位置也尚未统一。传统燃油车加油口位置相对一致,但对新能源汽车而言,不同企业乃至相同企业不同型号的汽车充电口位置不尽相同,导致标准化的充电站布局可能难以满足所有型号新能源汽车。2023年1月曾有新闻报道,由于某型号新能源汽车充电口位置在较为少见的右前翼,而充电站的充电线较短,不得不将车辆横停占据三个车位。类似情况不仅影响充电效率和充电站使用频率,长期来看也将导致更高的充电基础设施扩张成本。为提高产业发展效能、降低成本并推动新质生产力的发展,进一步完善新能源汽车充换电标准应早日提上议程。

4. 高质量发展路径受阻,充电基础设施下乡存在经济性问题

充电基础设施向下沉市场发展是培育新质生产力的高质量发展路径,目前已有相关政策支持,但这一过程仍面临一些经济性问题[65]。新能源充电基础设施是一项重资产项目,回报周期相对较长。在中国乡村地区,由于新能源汽车保有量相对有限,充电基础设施的利用率明显低于平均水平。这使得短期内充电基础设施很难形成规模效应,不利于吸引运营商进行投资建设[65]。而当前充电基础设施的缺乏又会导致乡村地区新能源汽车的增长受阻,进一步加剧充电基础设施建设的经济性问题,形成不良反馈效果。这将延缓新质生产力的培育进程,阻碍新能源汽车产业的高质量发展。此外,农村电网的局部供电能力可能不足,需要进行升级和改造,以满足充电设施对电力的需求。充电基础设施的后续运营管理问题也需要考虑包括维护、安全监控和用户服务等方面的管理成本,这进一步限制了乡村充电基础设施业态的发展潜力[66]。

1.8.4 新质生产力视角下充电基础设施建设的政策建议

针对充电基础设施建设在培育新质生产力过程中,在新技术应用、新模式落地和新市场开发方面面临的问题与挑战,本节从顶层设计、要素配置和产业整合升级等角度提出政策建议,为充电基础设施产业发展提供参考,以期促进充电基础设施继续向高科技、高效能和高质量模式发展,为新质生产力赋能。

1. 强化充电基础设施布局顶层设计,规划新质生产力发展进程

在发展新质生产力、推动大功率充电技术商业化的过程中,充电基础设施系统网络的建设需要全盘规划,在做好风险管理的同时引导产业高质量发展。基于当前形势研判,在中短期内,充电基础设施增长速度或将大幅增加,大功率充电基础设施迎来规模化接入,对输电和供电系统造成冲击。因此,在规划布局中需要额外纳入充电基础设施对电网冲击的预期,协调充电基础设施建设与配电系统升级的同步推进,以应对充电基础设施快速增长对电力系统造成的压力。这既是对电力系统的挑战,也是整合多方产业共同推进新质生产力发展的重要机会。政府部门应做好顶层设计,结合交通流量大数据、土地资源情况和电网负荷情况,统筹规划充电基础设施的整体布局,为新能源汽车产业等新质生产力提供有力保障。

长期来看,基于产业链优势逐步引导市场统一充电基础设施标准具有较高的经济性,也有助于推动国内新质生产力建立国际优势。中国新能源汽车企业覆盖了核心零部件制造、整车制造和充电设施建设等多个重要环节,相比其他国家,中国在建立统一充电基础设施接口标准方面更具优势。建议逐步推动中国标准的快慢接口二合一以及新能源汽车充电接口规范,之后利用产业链出口优势向其他国家和区域施加影响,实现全球性的产品和行业标准。这有助于提高中国新能源汽车产业的影响力,提高充电基础设施建设标准化和规模化的经济性,推动新质生产力的持续扩张和发展。

2. 完善私桩利用新业态,优化新质生产力生产要素配置

私人充电桩是充电基础设施系统的重要组成部分,创新性的私桩利用商业模式有助于优化生产要素资源配置,缩短新质生产力的培育周期,并对充电基础设施系统建设形成有益补充。对于当前私人充电基础设施推广受阻的情况,应优化审核流程,建立与私人充电基础设施有关问题的法律案例库,以便加快审核速度,缩短私人充电桩的建设周期。对于新建社区,实行严格规范,确保停车区域满足私人充电桩建设的硬件要求。对于现有具备私人充电桩安装条件的小区,应明确规定物业公司的责任和义务,避免其采取不作为的态度。确保新能源汽车消费者在私人充电基础设施建设过程中的权益得到保护,为新能源汽车的推广和新质生产力的构建提供坚实的后盾。

同时,积极推动私桩利用商业模式的创新,为新质生产力的发展提供新基点,也为其他用户侧新能源设备的商业模式创新提供启发。对于私桩共享模式而言,可以考虑依照私人社区充电现已成熟的"统建统管"商业模式,由充电运营商统一规划建设私人充电桩,提供充电桩的维护管理服务和共享信息平台。这将有助于解决私桩共享商业模式权责不一的问题,同时提供了更广泛的共享信息,便于新能源汽车车主参与到私桩共享的交易中。此外,也可以在乡村地区探索"光伏+储能+私桩"一体化模式的商业试验。相较于城市,乡村地区拥有更丰富的土地资源,也更适合私人充电基础设施的发展。"光伏+储能+私桩"一

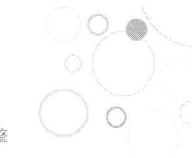

体化模式能够有效解决光伏发电不稳定的问题,并实现新能源汽车的零碳化。这既是整合多种清洁能源技术的有益尝试,又推动了乡村建设和乡村振兴工作,也是培育新质生产力的有效路径。

3. 整合资源补齐乡村充电短板,促进新质生产力高质量发展

立足优势补齐短板,完善乡村地区的充电基础设施系统建设,是推动新质生产力建设、促进新能源汽车产业高质量发展的关键。与城市地区不同,乡村地区泊车区域更大,受物业等第三方利益相关者影响更小,更适合发展私人充电基础设施。因此,建议将私人充电桩作为乡村充电基础设施系统的主要构成要素。私人充电桩可以由个人或企业在乡村地区自行安装和管理,以满足当地居民和企业的充电需求。在此基础上,为了提供更全面的充电服务,可以在乡村地区设置部分公共大功率充电基础设施作为补充。这些公共设施可以安装在交通要道、商业区或其他需要的区域,为过路车辆和乡村居民提供快速充电选项,以更好地满足乡村地区充电需求的多样性。

此外,考虑到乡村地区新能源汽车保有量较低可能导致充电基础设施的经济性问题,可以进一步整合城乡公共充电基础设施资源,实现更高效率的生产资料配置。政府可以与充电基础设施投资运营商进行协调,共同开发城市中具有高回报的充电站区域的同时,须搭配建设乡村公共充电站以满足乡村地区的充电需求。这样可以在保障投资企业经济性的前提下,实现城乡充电基础设施的优化配置,提高整体的充电服务水平,以达到新能源汽车产业高质量发展的目标。政府应与地方部门、充电基础设施投资运营商以及乡村居民密切合作,了解实际需求和问题,及时调整政策措施,促进新能源汽车在乡村地区的普及和新质生产力的发展。

参考文献

[1]林伯强.碳中和进程中的中国经济高质量增长[J].经济研究,2022,57(1):56-71.

[2]宁殿霞,王寅.自然力理论视域下的新质生产力:理论渊源、历史契机与实践路径[J].西安财经大学学报,2024(3):1-10.

[3]郭朝先,陈小艳,彭莉.新质生产力助推现代化产业体系建设研究[J].西安交通大学学报(社会科学版),2024(3):1-15.

[4]陈诗一.低碳经济[J].经济研究,2022,57(6):12-18.

[5]林伯强.中国煤电转型:困境与破局[J].煤炭经济研究,2021,41(12):1.

[6]林伯强,赵恒松.欧盟碳边境调节机制背景下中国低碳转型的风险研究[J].保险研究,2023(11):21-29.

[7]林伯强.全球能源危机凸显中国低碳转型紧迫性[J].中国电力企业管理,2022(19):6-7.

[8]周亚虹,蒲余路,陈诗一,等.政府扶持与新型产业发展:以新能源为例[J].经济研究,2015,50(6):147-161.

[9]杨明方,蒋云龙,李亚楠.因地制宜加快发展新质生产力[N].人民日报,2024-03-09(004).

[10]向新质生产力要增长新动能[N].经济日报,2024-01-29(001).

[11]李晓华.新质生产力的主要特征与形成机制[J].人民论坛,2023(21):15-17.

[12]陈国平,李明节,许涛,等.关于新能源发展的技术瓶颈研究[J].中国电机工程学报,2017,37(1):20-27.

[13]林伯强.中国光伏补贴高吗?[N].中国能源报,2017-07-31(001).

[14]孙旭东,成雪蕾,王树萌,等.我国新能源风光发电制氢成本动态测算[J].洁净煤技术,2023,29(6):1-10.

[15]程婉静,李俊杰,刘欢,等.两种技术路线的煤制氢产业链生命周期成本分析[J].煤炭经济研究,2020,40(3):4-11.

[16]张轩,樊昕晔,吴振宇,等.氢能供应链成本分析及建议[J].化工进展,2022,41(5):2364-2371.

[17]武晓彤,谭磊,郑越源,等.氢经济展望与电解水制氢技术经济性分析[J].化学工业与工程,2024,41(2):131-140.

[18]以核电产业促进装备制造高质量发展[N].人民政协报,2019-06-19(02).

[19]黄文.碳达峰、碳中和背景下核能高质量发展面临的挑战和对策建议[J].中国

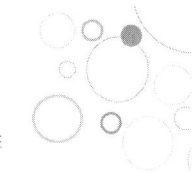

工程咨询,2021(10):36-40.

[20] 侯艳丽."双碳"目标下核电的高质量发展[J].能源,2022(4):32-36.

[21] 何漪.将核电纳入我国绿色电力体系[N].上海证券报,2024-03-07(004).

[22] 余红星,周金满,冷贵君,等."华龙一号"反应堆堆芯与安全设计研究[J].核动力工程,2019,40(1):1-7.

[23] 姜丰华."华龙一号"海外首堆工程进度管理研究与实践[J].科技创新与应用,2023,13(10):83-86.

[24] 毛庆,张涛,徐晓,等.华龙一号国际审查认证中结构完整性领域的实践和思考[J].核动力工程,2024(3):1-9.

[25] 刁静严.核电离拿到绿色"身份证"还有多远[N].中国城市报,2024-03-18(A08).

[26] 李杨.核电建设项目全过程造价控制与分析[J].建筑与预算,2021(12):41-43.

[27] 郑小琴.涉核项目"邻避效应"的生成机理及干预策略[J].东华理工大学学报(社会科学版),2019,38(1):54-58.

[28] BONEV P, EMMENEGGER R, FORERO L, et al. Nuclear waste in my backyard: social acceptance and economic incentives[J]. Energy Policy, 2024, 185:113979.

[29] UJI A, PRAKASH A, SONG J. Does the "nimby syndrome" undermine public support for nuclear power in japan?[J]. Energy policy, 2021, 148:111944.

[30] 魏方欣,刘洁.高质量发展背景下核安全的理论内涵与实施路径[J].北京联合大学学报,2024,38(1):1-6.

[31] 刘尚源,康椰熙,梁雪元,等.核工业国际标准化高质量发展战略初探[J].中国标准化,2021(24):24-32.

[32] 王逊,田宇,黄力.美国核安全管理体制与法律体系探究及启示[J].核安全,2021,20(1):48-53.

[33] 卢铁忠.着力核电数字化创新 促进核能产业高质量发展[J].红旗文稿,2023(16):33-36.

[34] 罗英,曾未,彭航,等.面向核能数字化的标准体系框架建设[J].核标准计量与质量,2023(4):2-9.

[35] 林伯强,占妍泓,孙传旺.面向碳中和的能源供需双侧协同发展研究[J].治理研究,2022,38(3):24-34,125.

[36] 郑保军,李石然.核电项目经济性影响因素和提升措施[J].中国核电,2023,

16(3):327-332.

[37]李静.中国核能发展如何适应"双碳"时代[J].能源,2022(6):41-46.

[38]张楚,陈栋才,陈湘萍,等.多应用场景下储能最优配置经济性效益分析[J].储能科学与技术,2024(03):1-12.

[39]林伯强."双碳"目标下储能产业发展新趋势[J].人民论坛,2024(3):78-83.

[40]陈威,田永乐,马永开,等.可再生能源储能租赁模式对电力质量和电价决策的影响[J].中国管理科学,2024,32(1):309-318.

[41]丁涛,孙嘉玮,黄雨涵,等.储能参与容量市场的国内外现状及机制思考[J].电力系统自动化,2024,48(6):226-239.

[42]郑琼,江丽霞,徐玉杰,等.碳达峰、碳中和背景下储能技术研究进展与发展建议[J].中国科学院院刊,2022,37(4):529-540.

[43]陆秋瑜,杨银国,谢平平,等.适应储能参与的调频辅助服务市场机制设计及调度策略[J].电网技术,2023,47(12):4971-4989.

[44]高维娜,于海青,苏文威,等.储能电站可靠性与安全性技术研究进展[J].电池,2022,52(1):110-113.

[45]林伯强,谢永靖.中国能源低碳转型与储能产业的发展[J].广东社会科学,2023(5):17-26,286.

[46]李晋,王青松,孔得朋,等.锂离子电池储能安全评价研究进展[J].储能科学与技术,2023,12(7):2282-2301.

[47]徐维祥,陈展驰,周建平,等.中国新型基础设施的格局及影响因素分析——以新能源汽车充电桩为例[J].经济问题探索,2023(7):43-53.

[48]吕冉,李博浩,李敏,等.公共充电基础设施对电动汽车购买的异质性影响研究[J].技术经济,2023,42(2):143-154.

[49]加大宏观政策调节力度 统筹推动经济运行持续向好——国家发展改革委5月新闻发布会实录[J].价格理论与实践,2023(5):5-9.

[50]张志鑫,郑晓明,钱晨."四链"融合赋能新质生产力:内在逻辑和实践路径[J].山东大学学报(哲学社会科学版),2024(3):1-12.

[51]吴晓刚,崔智昊,孙一钊,等.电动汽车大功率充电过程动力电池充电策略与热管理技术综述[J].储能科学与技术,2021,10(6):2218-2234.

[52]华光辉,夏俊荣,廖家齐,等.新能源汽车充换电及车网互动[J].现代电力,2023,40(5):779-787.

[53]冯欣,陈洁楠,鲁沁轩,等.城市新能源汽车充电设施建设困境探究[J].企业科

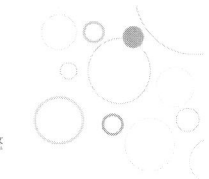

技与发展,2021(7):15-18.
[54] 王震坡,张瑾,刘鹏,等.电动汽车充电站规划研究综述[J].中国公路学报,2022,35(12):230-252.
[55] 冯莹,廖蕊,刘羽绮,等.居民小区充电桩规模化建设经济效益分析[J].中国电力企业管理,2024(3):52-53.
[56] 李东东,邹思源,刘洋,等.共享模式下的充电桩引导与充电价格研究[J].电网技术,2017,41(12):3971-3979.
[57] 龚国军.探索新模式 延伸服务链条[J].中国电力企业管理,2023(24):31-33.
[58] 国家电网.国家电网部署支持充电基础设施建设服务新能源汽车下乡和乡村振兴工作[J].农村电工,2023,31(8):3.
[59] 马少超,范英.能源系统低碳转型中的挑战与机遇:车网融合消纳可再生能源[J].管理世界,2022,38(5):209-223,242.
[60] 孟宪珍,张艳,安琪,等.电动汽车接入充电对配电网电压波动的影响[J].电网与清洁能源,2021,37(2):91-98.
[61] 陶梦林,王致杰,付晓琳,等.基于区块链的电动汽车充电桩共享平台策略[J].电力科学与技术学报,2022,37(4):143-151.
[62] 吴亚芳.私人充电桩发展现状及策略分析[J].产业创新研究,2020(14):34-35.
[63] 田博文,高潇潇,姜伊朦.新能源汽车产业技术标准化如何发展——基于网络构建和创新价值链的标准文本分析[J].技术经济,2020,39(5):18-28.
[64] 黄爱维.深入推进新能源汽车下乡活动[J].中国果树,2023(11):172.
[65] 刘通.新能源汽车下乡,充电网建设先行[J].汽车纵横,2024(2):47-50.

第2章

数智化升级：新质生产力的核心动能

在数字化浪潮的推动下,数智化升级成为新质生产力发展的核心动能。它不仅代表着技术的革新,更预示着产业结构的深度调整和经济社会发展的全新面貌。借助先进的数据分析和人工智能技术,数智化升级正重塑各行各业的运营模式,引领新质生产力的发展方向。面对 AI 技术的迅猛发展,既要看到其推动能源行业转型的潜力,也要警惕其可能带来的风险。绿色发展之路荆棘密布,数字技术究竟如何驱动能源产业链优化升级,进而孕育能源领域新质生产力?在推动电力系统低碳转型与高质量发展的双重任务下,如何寻求破解之法,借助数字孪生技术打造电力系统新质生产力?碳普惠合作网络构建困难重重,如何利用数字技术实现绿色金融与碳普惠机制的有机融合?能源电子产业异军突起,能否开创新质生产力发展的全新领域?

第 2 章　数智化升级：新质生产力的核心动能

2.1　数字技术与能源产业链

深入推进数字经济创新发展，推动产业链供应链优化升级，积极培育新兴产业和未来产业是加快发展新质生产力的重要措施[1]。中国80%以上的碳排放来自能源系统，推动能源体系绿色低碳转型是发展新质生产力的关键[2]。创新技术和产业模式，提高能源的开发、利用和转换效率，从而推动能源产业的转型升级和可持续发展，是新质生产力下能源领域的发展方向。另外，随着全球对气候变化的关注不断增加，碳中和目标已成为国际社会的共同责任。作为能源供应体系的重要组成部分，可再生能源在能源转型中扮演着至关重要的角色[3]。构建以可再生能源为主体的能源结构和推动能源产业链低碳转型不仅是实现碳中和目标的主要途径，也是新质生产力涌现与释放的重要特征。新质生产力以创新为第一动力，是科技创新在其中发挥主导作用的生产力。可再生能源产业不断出现的新技术、新产品和新模式，为新质生产力发展提供了核心动能。而数字技术作为新时代技术创新的重要载体，在能源低碳转型和新质生产力领域发挥着重要作用[4]。因此，数字技术驱动下的能源产业链变革，可以为新质生产力发展提供新动能。本节以新质生产力发展为背景，围绕数字技术驱动下的能源产业链变革，分别从可再生能源产业链供应链配置、能源产业链运行效率、全产业链竞争力三个角度展开论述，试图厘清数字技术与能源产业链结构优化对发展新质生产力的重要性。

2.1.1　数字技术与能源产业链变革在新质生产力发展中的定位

数字技术驱动下的能源产业链变革对推动新质生产力发展的重要

性不可忽视[5]。如图 2.1 所示，通过优化可再生能源产业链供应链配置、加快能源产业链运行效率、提高全产业链竞争力等途径，数字技术可以推动能源产业链的高科技、高效能和高质量发展，从而为新质生产力深度赋能。

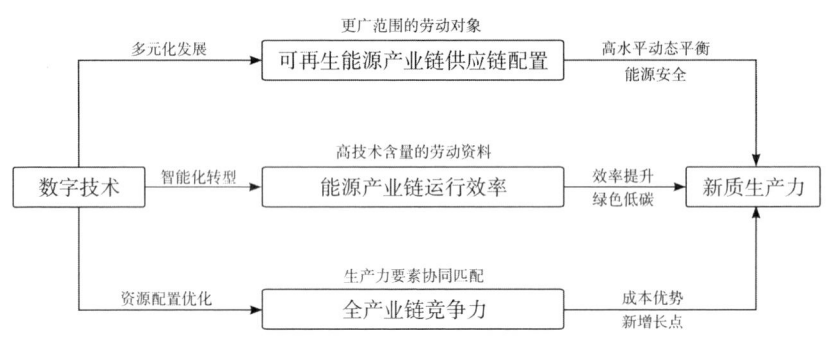

图 2.1　数字技术、能源产业链变革与新质生产力的逻辑关系

1. 发展新质生产力要求提升能源产业链供应链韧性和安全水平

能源安全是新质生产力发展的重要保障，要以能源自给可控为核心，立足国内多元供应保能源安全，建立安全可靠、多元互补的能源供应和储备体系。深入推进能源革命，就是要推动能源消费革命、建立多元供应体系、带动产业转型升级、打通能源发展快车道，并实现开放条件下的能源安全[6]。新质生产力要求加快风光核能等绿色能源发展，增强能源系统平稳运行能力，实现新供给与新需求的高水平动态平衡。数字技术可以优化可再生能源产业链供应链配置，推动上游供应商采购和下游客户销售的多元化发展，实现需求牵引供给、供给创造需求的新平衡，这对于提升可再生能源产业链供应链韧性和安全水平具有重要的现实意义。

2. 新质生产力依赖于先进技术的研发和应用

借助大数据、云计算、人工智能等数字信息技术手段，数字技术能

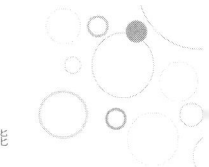

够实现系统的智能管理和优化。通过对生产、传输、消费等各个环节的数据进行实时采集和分析，数字技术可以实现对生产系统的精准调控和优化配置，提高能源产业链运行效率。通过智能化、数据分析、自动化等手段，数字技术深度嵌入产业链，可以为企业提供更高效、可持续的运营模式。同时，数字技术的不断创新将重塑生产力基本要素，为能源产业链注入新的动力，催生新产业、新业态，推动能源产业链向更高级、更先进的质态演进。这符合新质生产力的主要特征，能够为高质量发展夯实基础。

3. 新质生产力要求培育能源发展新动能

应充分发挥中国超大规模市场优势和制造业能力优势，把能源技术及其关联产业培育成带动中国产业升级的新增长点。中国依托庞大且先进的工业和制造业体系，在全产业链竞争力方面拥有显著的优势。全产业链竞争力也被称为价值链竞争力，是指一个国家或地区在整个价值链或供应链中取得竞争优势的能力。这种竞争力不仅来自生产和制造，还包括研发、设计、供应链管理、营销、销售和售后服务等整个产业链的各个环节[7]。完善的工业和制造业体系让中国具备多领域的制造和生产能力，为供应链的多元化发展提供了有力支撑。同时，中国的工业和制造业体系通常具有规模经济的优势，这使得中国能够以较低的生产成本制造产品以满足全球市场需求。这种优势有助于实现资源的最优配置和利用，从而提高整体效益，推动新质生产力的不断释放。这也是中国在国际市场上崭露头角的重要因素之一。

2.1.2 新质生产力视角下数字技术与能源产业链变革的现状和意义

1. 新质生产力视角下的数字技术与可再生能源产业链供应链配置

推动能源体系绿色低碳转型是发展新质生产力的关键,可再生能源产业链供应链配置是能源转型的关键环节。数字技术的应用为供应链的拓展和优化提供了新的机遇。通过智能化的供应链管理系统,能源企业能够更好地协调各个环节的资源,实现供需平衡。数字技术可以通过提高采购效率、拓宽供应网络、优化能源采购管理等手段,推动可再生能源企业更灵活地选择和管理供应商,实现供应链的多元化[8]。可再生能源企业通过数字化平台和智能化系统,能够更迅速地获取各种供应商信息,包括可再生能源设备制造商、技术服务提供商等。这样的数字化采购流程不仅降低了寻找和筛选供应商的时间成本,也提高了采购决策的速度,使企业能够更及时地满足市场需求。此外,数字技术可以为能源供应商提供实时数据,帮助企业监督和管理供应商活动,对其绩效进行评估。这有利于企业和供应商之间建立更加可靠的供需关系,推动企业更加积极地与其他领域的供应商建立合作关系,加快供应链的多元化发展。这与新质生产力的发展要求不谋而合,有助于更好地发挥超大规模市场优势,增强经济增长和社会发展的持续性。

新质生产力强调要以新供给与新需求高水平动态平衡为落脚点,形成高质量的生产力,数字技术成为实现供需平衡的有效工具。可再生能源企业通过数字化平台如电商渠道和移动应用等多样化的销售渠道,能够直接接触到更广泛的客户群体[9]。这种多元的销售渠道不仅提高了企业的市场覆盖面,也使得企业能够更灵活地满足不同类型客户的购买需求，实现销售的多元化。数字技术为可再生能源企业提供了实时监测和分析能力。通过社交媒体舆情分析和用户评论挖掘，企业能够迅速了解客户的反馈和市场动态。这种及时的反馈有助于企业更灵活地调整销售策略，更好地满足不同客户的需求。数字技术为企业提供了销售过程的自动化工具。通过销售自动化系统，企业可以更高效地管理销售流程，包括客户跟进、订单处理等环节。这样的自动化系统提高了销售团队的工作效率，使企业能够更好地处理多元化的销售任务。

2. 新质生产力视角下的数字技术与能源产业链运行效率

能源产业链的高效运行直接促进了新质生产力的培育和释放，数字技术在能源产业链的生产环节发挥着重要作用。首先，通过智能化的生产设备和自动化的生产流程，能源生产企业能够提高生产效率，降低生产成本。同时，大数据分析和人工智能技术的应用使得企业能够更好地预测市场需求，优化生产计划，减少库存压力，提高生产运作的灵活性和适应性[10]。其次，数字技术的应用使得能源产业链的运营管理更加精细化和智能化。通过数据分析和模型预测，能源企业能够更准确地把握市场动态，实现生产计划的智能调整和优化。智能化的供应链管理系统使得企业能够更好地管理供应链的各个环节，实现资源的最优配置，降低运营成本，提高运营效率。最后，数字技术的快速发展促进了能源产业链与其他行业的跨界融合，推动了新技术、新模式的创新发展，为能源产业链的发展注入了新的活力，也为新质生产力发展提供了新的动能。

3. 新质生产力视角下的数字技术与全产业链竞争力

全产业链竞争力的提升不仅促进了各环节间的协同发展，更为新技术的创新和应用提供了广阔的舞台,从而催生了新质生产力的发展动能。数字技术的广泛应用使得整个能源产业链的竞争力得到了显著提升,那些能够灵活应对数字技术变革的企业在市场上更具竞争力。通过数字化转型,能源企业不仅能够提高生产效率、降低成本,还能够开发出更具竞争力的新产品和服务[11]。同时,数字技术推动能源领域形成更加紧密的产业链生态系统。能源企业与技术公司、金融机构等合作,共同推动新技术、新模式的创新发展,提高了整个产业链的竞争力。另外,供应链管理是提升整个能源产业链竞争力的关键。通过数字技术的应用,能源企业能够更好地协调供应链上下游企业,实现资源的共享和协同,降低了生产成本,提高了供应链的灵活性和反应速度,从而增强了整体竞争力。全产业链竞争力的提升将会给新质生产力发展和能源转型带来重大机遇。

能源结构方面,绿色发展是高质量发展的底色,新质生产力本身就是绿色生产力。中国的全产业链竞争力在新能源产业的发展中起到了重要而积极的作用。首先,依托全产业链竞争优势,中国在新能源设备制造和供应链管理方面具有强大的竞争力。其庞大的制造基地、丰富的人力资源、成熟的供应链体系以及相对低廉的生产成本使中国成为全球新能源设备制造的重要中心。中国生产的太阳能电池板、风力发电机、电池等产品在全球市场具备强大的价格竞争力,新能源产品的大规模出口为中国创造大量就业机会的同时,也促进了全球新能源产业的发展。其次,中国的全产业链竞争力不仅限于生产制造,还包括新能源技术的创新和研发。依托完善的制造业供应链体系,中国已逐步成为风电、光伏、电动汽车和电池领域的领跑者,为可再生能源产业发展和能源转型打下了坚实的基础,进一步奠定了新质生产力的"绿色"底色。

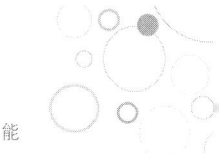

能源效率方面，通过产业模式提高能源的开发、利用和转换效率，从而推动能源产业的可持续发展，是新质生产力下能源领域的发展方向。中国作为世界上最大的制造业和出口国之一，其全产业链竞争力对能源效率产生了深远的影响。能源效率是现代社会的一个重要议题，它不仅关系到能源资源的可持续利用，还会影响经济社会的高质量发展[12]。首先，中国的制造业规模庞大，全产业链竞争力表现在制造业的各个环节，从原材料采购到生产，再到物流和分销。这种竞争力驱动着企业采用更高效的生产工艺和技术，以减少能源消耗。其次，中国政府通过一系列政策措施鼓励企业采用节能技术，提高能源利用效率，并设定了减排目标。这些政策不仅促使企业采取更加环保的生产方式，还鼓励企业进行技术创新以满足更加严格的环保标准。这些政策的实施提升了能源利用效率，同时推动了新质生产力的发展。

2.1.3 新质生产力视角下数字技术与能源产业链变革的挑战

数字技术对能源产业链的变革和新质生产力的发展具有重要作用，可再生能源产业链供应链配置、产业链运行效率以及全产业链竞争力均得到了显著提升。随着数字技术的不断进步和应用场景的不断拓展，我们有理由相信，数字技术将继续为能源产业链的升级转型提供强大动力，推动新质生产力的发展进程。在未来的发展中，我们期待数字技术与能源产业链变革能够实现更深层次的融合，为推动绿色低碳转型和新质生产力发展贡献更大的力量。然而，我们也必须认识到，这一进程还面临诸多挑战。

1. 数字化转型的挑战

培育壮大新质生产力是一项长期任务和系统工程，作为新质生产力发展的核心动能,数字化转型进程还存在一些问题。第一,资金压力是数字化转型所面临的直接问题。随着数字技术的更新迭代,企业需要引入先进的数字工具来打造更多引领新质生产力发展的"硬科技"。在基础设施、物联网、人工智能和大数据领域的大量投资,将带给企业财政压力。第二,随着数字技术的大范围普及,隐私安全成为人们所关注的焦点。政府和企业不得不投入大量资源来保护民众和客户的敏感信息。同时,现有的数字互联网政策法规体系并不完善,这也给企业防范潜在的风险带来巨大挑战。第三,企业的组织架构不得不进行调整。劳动者、劳动资料、劳动对象、科学技术和管理等要素,都是新质生产力形成过程中不可或缺的。随着数字技术的深度嵌入,企业运行模式和工作流程迎来变革。企业员工需要具备相应的技术能力来适应新的工作环境,领导层也需要重新规划发展战略,以避免数字化转型收效甚微。这不仅是技术更新,更是组织文化变革。第四,供应商关系的打破与重建。在数字化转型过程中,企业要推动更高水平的新质生产力要素协同匹配,可能需要打破原有的供应商和客户关系,寻找新的合作伙伴以提升供应链运行效率。这可能会对企业的运营和交付能力产生阶段性的影响。第五,市场和竞争压力也给数字化转型进程带来严峻挑战。数字技术的应用导致市场环境快速变化,企业需要时刻关注竞争对手并应对挑战,这需要企业在数字化转型进程中保持敏锐的市场洞察和战略眼光,以保持竞争力。

2. 能源企业高端化、智能化、绿色化转型的挑战

尽管中国能源企业高端化、智能化、绿色化转型取得了一系列积极成效,但要想为新质生产力发展持续赋能,仍存在一些困难和问题。一是技术创新能力不足。新质生产力以创新为第一动力,中国能源企业转型升级需要先进的技术支撑，但是目前还存在一定的技术壁垒，一些关键核心技术仍然依赖于进口，自主创新无法提供足够的支撑。二是人才短缺。更高素质的劳动者是新质生产力的第一要素，传统能源企业人才涌向服务业等新兴行业，能源企业普遍面临技工短缺和人才流失问题，并且缺乏相关专业人才的培养机制。三是资源环保压力。新质生产力本身就是绿色生产力，当前环保法规不断升级，对能源企业的绿色化转型提出了更加严格的要求，但是一些企业缺乏研发资金和环保意识，难以落实环保措施，导致违法违规问题时有发生。四是市场需求不确定性。新质生产力以新供给与新需求高水平动态平衡为落脚点，中国的消费市场和外部竞争市场对高端、智能、绿色产品的需求不断增加，但是市场需求的变化和不确定性也增加了企业转型的风险。另外，中国能源企业面临来自国际市场上诸多大国的竞争，在高质量和低成本要求的双重挑战下，中国能源企业在培育新质生产力的进程中将面临巨大挑战。

3. 全产业链竞争力与新质生产力协同发展的挑战

中国依托庞大的人口规模、廉价的劳动力资源、完善的基础设施建设、先进的制造业系统以及强大的工业体系，在全产业链竞争力方面拥有显著的优势。这种优势有助于实现资源的最优配置和利用，从而提高整体效益，推动新质生产力的不断释放。然而，这种强大的工业和制造业体系离不开高耗能产业的支持，高耗能产业在给全产业链竞争力带来活力的同时，不可避免地会引发严重的环境问题，与新质生产力的绿色本质产生冲突。在全球碳中和背景下，各个国家都在大力推动能源的低碳转型，中国也承诺在2060年实现碳中和目标。如果效仿美国等发达国家进行高耗能产业的转移，那么中国将丧失全产业链竞争优势,这可能对中国的经济发展造成不利影响并拉低中国在全球价值链中的地位。反之,中国进行绿色低碳转型的步伐将越发艰难,能源消费和GDP增长会更加难以脱钩。因此,产业链变革必须协调全产业链竞争力与新质生产力之间的关系,即在实现绿色低碳转型的过程中,保障经济的活力和稳定增长。如何缓解这种矛盾,是中国亟须解决的问题,也是实现经济增长和发展新质生产力的突破口。

2.1.4 数字技术与能源产业链变革助推新质生产力发展的政策建议

新质生产力强调要打造新一代信息技术、人工智能、绿色环保等新增长引擎,加速全产业链供应链的价值协同和价值共创。数字技术作为能源产业链变革的重要驱动因素,也是推动新质生产力和经济社会高质量发展的重要手段。为了成功应对这一变革,政府和企业都应以积极的姿态来应对挑战。

(1)新质生产力指出要促进数字经济和实体经济深度融合,纵深推进产业数字化转型,加强人工智能、大数据、物联网、工业互联网等数字技术融合应用,大力推广应用数字化、网络化、智能化生产工具。这需要政府和企业共同努力。第一,政府部门需要加大对数字信息基础设施的建设投入,加快数字技术与传统产业的进一步融合,推动产业数字化和数字产业化发展,充分发挥数据要素的"融合剂"作用,这也是未来数字技术赋能新质生产力发展的主要方向。第二,企业应顺应国家政策趋势,在清洁能源领域大量普及数字化技术。利用现有的大数据平台,集中检测和控制清洁能源生产过程,保障设备之间的互联互通,实现清洁能源产业链的数字化转型升级,推动新质生产力跃上新台阶。

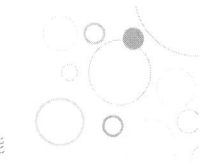

第三,相关部门在制定产业结构调整政策时,要重点关注产业链结构的优化,提高产业链中的要素传递效率,降低各产业的进入和退出壁垒,促进生产要素自由流动,不断提升生产要素组合效率,充分发挥产业间协同分工效应,削弱自然条件对生产活动的限制,拓展生产空间,为形成新质生产力提供物质条件。第四,加强数字产业化和数字化产业发展所需的人才队伍建设,鼓励企业与科研机构、高校交流合作,培育新质生产力所需要的新型劳动者队伍,为加速能源清洁化生产、推动能源产业链升级、提升能源利用效率、保障能源安全可靠、实现产业链数字化、助力新质生产力发展提供更高素质的劳动者和更广范围的劳动对象。

(2)积极推动能源绿色低碳转型,实现能源领域的高端化、智能化、绿色化转型升级,是赋能高质量发展、培育新质生产力的应有之义,政府、行业和企业都需积极应对。政府方面,需要发挥好政策引导和调节的作用。实施税收优惠政策,鼓励企业加大对人才培养的投入,为能源企业培养出更多的高端技能人才,为新质生产力发展提供更高素质的劳动者队伍。政府应制定激励政策,鼓励企业加大科技创新的投入,支持能源企业进行自主研发和技术攻关,推动创新链、产业链、资金链、人才链深度融合,深度重塑新质生产力基本要素。此外,政府还可以加强与高校和科研机构的合作,共同开展技术研究,促进科技成果转化;鼓励和支持能源企业加强与国际企业的合作和交流,引进国际先进技术和管理经验,为新质生产力深度赋能。行业方面,新质生产力指出要依托生产要素的自由流动、协同共享和高效利用,推动生产组织方式向平台化、网络化和生态化转型,打造广泛参与、资源共享、精准匹配、紧密协作的产业生态圈。能源行业应该探索联合创新的方式,建立技术创新联盟，加强产业链领域内的合作，实现资源的共享和协同创新，提高整个产业链的通用技术水平，促进能源行业整体的高质量发展。企业方面，作为发展新质生产力的微观主体，需要增强自主创新能力和创新意识。同时，新质生产力对劳动者的素质、知识和技能提出更高要求，企业要提高管理水平，加强员工的技能培训，推动教育、科技、人才有效贯通，打造与新质生产力发展相匹配的新型劳动者队伍，激发劳动者的创造力和能动性。另外，企业要在生产环节引入自动化技术，提高生产设备的运行效率，降低能耗和污染排放。建立完善的绿色供应链和环保体系，深化新质生产力的"绿色"底色。

（3）战略性新兴产业和未来产业是构建现代化产业体系的关键，是发展新质生产力的主阵地。要实现经济增长和新质生产力发展的双向突破，政府可以采取一系列综合措施。首先，大力发展可再生能源，构建以清洁能源为主体的新型电力系统，为新质生产力发展保驾护航。政府可以建立和优化当前的市场激励机制，完善绿证、绿电以及碳排放权交易市场，为可再生能源产业提供市场支持。同时，提前规划和建设储能系统及智能电网，提高对可再生能源的消纳和调控能力，为新质生产力发展夯实产业基础。其次，政府部门要大力推广和落实电能替代政策，重点把握高耗能产业的电气化转型，提前疏通新质生产力发展的绿色通道。政府通过提供税收激励和财政支持，鼓励相关企业采用可再生电力，逐步实现以电代煤、以电代油的电气化转型目标，为可再生能源发展和新型电力系统建设做好前瞻谋划。最后，针对电气化转型难度过大或成本过高的生产环节，建设配套的碳捕集、利用与封存（CCUS）系统，为绿色生产力的发展注入强劲动能。政府应投资于CCUS技术的研发和创新，提高其效率和成本效益，推动CCUS技术的

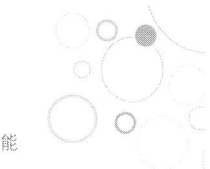

应用和商业化。同时，确保CCUS设施与高耗能产业的生产过程集成，在保障全产业链竞争优势的同时，减少高耗能产业的碳排放，实现碳中和目标下中国经济的高质量增长，助推新质生产力发展。

2.2 数字孪生与新型电力系统

应用新科技，深化高科技技术应用，借助新技术打造传统产业新质生产力是实现可持续发展和高质量发展的重要路径。当前，电力系统面临双重转型任务：一是在碳中和的背景下，电力系统面临低碳转型压力，肩负着构建以大比例新能源接入为特征，同时兼顾能源保供的新型电力系统的艰巨任务；二是在新质生产力背景下，传统电力系统面临着应用新技术打造新质生产力、提升自身高质量发展水平的紧迫性。两个任务虽有所不同，但目标均是提高电力系统的韧性、效率与性能以适应新时期的电力需求。构建新型电力系统需要以新质生产力作为支撑，而电力系统若想形成新质生产力则需要朝着新型电力系统的方向前进。因此，如何打造电力系统新质生产力成为影响电力系统低碳转型和实现碳中和目标的重要课题之一。

数字孪生技术作为一项高科技技术，在助力打造电力系统新质生产力方面具有明显的优势。但是，当前对于数字孪生在电力系统中的应用现状、前景与挑战缺少系统性的梳理。在此背景下，有必要明晰作为高科技技术的数字孪生技术与新质生产力的联系，探讨数字孪生技术与电力系统融合促进新型电力系统构建以及打造电力系统新质生产力的应用场景，分析数字孪生技术在电力系统的应用现状，剖析数字孪生技术在推动电力系统形成高效能新质生产力方面面临的挑战，并为如何深化数字孪生技术在电力系统的应用、如何更好地借助数字孪生技术加速形成电力系统新质生产力提出针对性的政策建议,从而推动新型电力系统的长足发展。

2.2.1　新质生产力视角下数字孪生对电力系统的重要性

数字孪生是指通过数字技术在数字世界刻画一个与物理实体高度相似的数字孪生体,数字孪生体能够实时描述物理实体的状态并跟随物理实体变化,借助仿真技术和先进的数字技术,数字孪生体可以监测、预测和控制物理实体[13]。通过数据收集、整合以及分析提供的实时动态仿真系统,数字孪生技术可以帮助决策者制订电力系统优化运行方案。在新质生产力背景下,电力系统应用数字孪生技术具有重要意义,逻辑关系如图 2.2 所示。

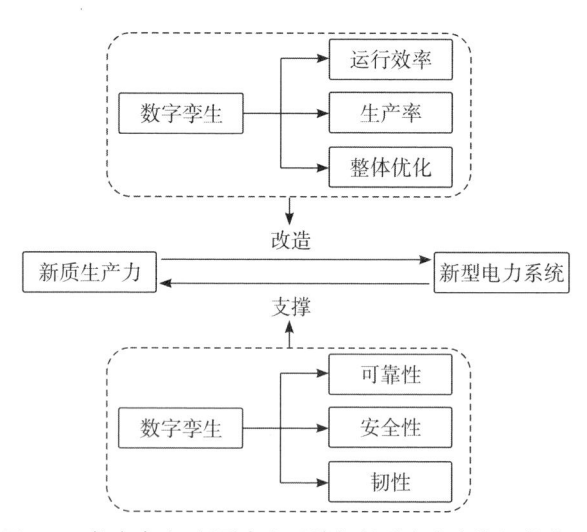

图 2.2　数字孪生、新型电力系统与新质生产力的逻辑关系

一方面,在构建新型电力系统的过程中,电力系统需要发展新质生产力以满足新时代下的电力供应需求。电力系统的新质生产力基于先

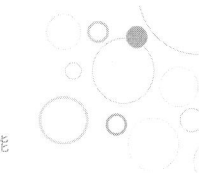

进技术的应用和产业模式的创新,通过促进能源生产、利用效率,推动传统电力系统转型升级[14],[15]。数字孪生技术的应用则是新技术与电力系统融合的一个切入口。作为一项现代信息技术手段,数字孪生为电力系统提供智能管理与优化的工具[16]。数字孪生可应用于电力系统的实时监测和控制、智能电网运行、可再生能源整合、设备建模和仿真、故障诊断和维护、电力系统的整体优化等。有别于传统的电力系统,数字孪生强大的数据采集、分析与处理能力赋予了电力系统"智慧大脑"。数字孪生技术与电力系统的融合将成为电力系统提高生产率和运行能力的重要支撑,新型生产方式和运行模式正在逐渐改变电力系统。

另一方面,在全社会发展新质生产力的过程中必然催生大量的能源需求,需要低碳、稳定、安全的电力供应作为支持[17]。对于新型电力系统来说,面临着比传统电力系统更严峻的电力稳定供应压力[18]。大比例非稳定、难预测的新能源接入使得电力的生产充满更多不确定性。越来越多终端设备、电动汽车的接入以及电力交易的开展,都使得电力系统的实时平衡变得更为复杂。在此背景下,应用数字孪生技术显得更为重要。数字孪生几乎可以应用于电力系统的所有环节,助力电力系统高效运行,提高电力系统的可靠性和安全性[19]。数字孪生技术的引入,可以提升电力系统的整体运行效率和韧性,这对于面临越来越复杂的运行环境、不稳定的可再生能源占比逐渐提高、系统主体多元化、去中心化的现代电力系统而言意义重大。在碳中和的背景下,数字孪生技术可用于支撑新型电力系统的建设,提升新型电力系统的安全性和效率,从而为新质生产力的发展提供能源保障。

2.2.2　数字孪生在电力系统的应用场景与现状

1. 数字孪生在发电侧的应用

在传统的电力系统中,较为稳定的火电是电力供应的主力。在新型电力系统中,不稳定的可再生能源将成为电力供应的主体,受到气候变化、异常天气、日照等的影响,发电侧出力的波动性和不稳定性将显著提高,发电量将越来越难以准确预测[20]。随着"双碳"目标的推进和气候变化,发电侧将面临更多的挑战。这些挑战威胁着电力系统的安全供应,对全社会新质生产力的发展造成了威胁,电力系统亟须打造自身的新质生产力以提高发电侧的生产效能。目前发电侧的数字孪生应用实例还较少,有国家能源集团泰州公司的数字孪生电厂项目、中国电建西北院建设的光热电站智慧运维管控系统等。在发电侧,数字孪生的主要应用可归纳为以下三个领域:

(1)数字孪生可用于新能源出力预测,降低新型电力系统的运行风险,为全社会新质生产力的发展提供保障。在新型电力系统的建设过程中,风电和光伏的波动性是影响电力系统安全稳定运行的主要因素。风电、光伏对于光照、风速、降水等因素很敏感,将数字孪生技术与地理信息系统、气象模型相结合,可以帮助发电厂精准预测风电和光伏的出力情况,提升新能源电力的预测精度[21,22]。数字孪生技术还可以帮助建立数字电网,借助数据、算力和平台提升发电侧的性能和运行效率。

(2)基于数字孪生的新质生产力可用于能源整合和调度,提升发电侧的生产率。在可再生能源电站中,数字孪生技术可以帮助实现风电、光伏等可再生能源的整合集成,通过优化储能设备的运行,提高可再生能源发电系统的发电量。同时,应用数字孪生模型可以对不同发电机的调度方案进行仿真,有助于提升发电站的生产效率和可再生能源设备的产出,并降低生产成本。尤其在电力市场化改革逐渐深化和电力交易市场逐渐完善的大趋势下,这一功能将越来越重要。

(3)基于数字孪生的新质生产力可用于设备的运行和维护,优化发电侧的运行效率。数字孪生可以对发电厂内的发电机、蒸汽轮机等设备建模,实时模拟发电厂内设备的运行情况[23]。同时,数字孪生可以使设备的故障检测和诊断更为及时、精确,实现新能源机组的故障监控和识别,以及抽水蓄能机组的故障检测与识别,从而减少发电设备的计划外停机时间[24]。除了出力预测难,新能源电站还面临的一个难题是新能源场站位置偏远、分布不集中,给运行维护和故障检修带来了较大的难度。利用数字孪生技术构建发电站的数字模型可以实现对发电站的实时、动态、远程的监测、管理和故障监测,助力发电侧智能化、高效化运行。

2. 数字孪生在电网侧的应用

在传统电网中,发电侧对于电力系统的重要性不言而喻。而在新型电力系统中,发电侧的波动性和不确定性快速增加,电网的安全性在很大程度上决定了整个电力系统运行的安全性。数字孪生技术在电网侧的应用可以在一定程度上提升电网的安全性,保障新型电力系统的稳定运行和电力供应,支撑全社会新质生产力的发展[25,26]。目前,数字孪生应用实例多数在电网侧。在国外,新加坡能源集团、英国国家电网、智利国家电力公司等均开展了电网侧数字孪生应用的探索。国内电网侧的数字孪生应用已经有南网智瞰平台数字孪生技术应用、深圳供电局配电全链条数字化、雄安新区数字孪生微电网等项目。数字孪生在电网侧的应用场景很丰富,包括输配电网仿真、输配电设备巡检和运维、调控系统仿真和电网安全监测。

（1）基于数字孪生的新质生产力有助于增强电网调度能力，提高电网运行效率。利用数字孪生技术可以对负荷需求和电源出力进行科学、准确的预测，这是提高电网调度灵活性的技术基础。在负荷管理方面，数字孪生可用于模拟不同负荷条件下的电网运行状态，为电力调度策略提供优化方案。数字孪生还可以助力实现智能配电，通过实现对分布式电源的集成管理、优化微电网运行、提高对储能系统的管控，从而提高配电管理的效率[27]。最重要的是，数字孪生可以更好地实现智能电网调度，通过对电网的建模，帮助电网调度人员实时掌握电网的运行情况，为调度人员提供最优的调度决策参考[28]。

（2）基于数字孪生的新质生产力有助于提高电网运维能力，减少电网故障时间。将输配电设备的数字孪生模型结合巡检无人机后，可以实现设备故障的实时监控、全方位状态监测、故障快速检测和故障精准定位[27]。结合数据分析、人工智能技术和信息可视化可针对故障做出辅助决策，从而使整个系统具有大数据处理与分析和智能决策的功能，并建立起智能预警机制。此外，数字孪生还可以用于模拟应急响应计划，以应对突发事件的发生对电网造成的冲击。

（3）数字孪生有助于提高电网规划能力，优化电网建设，为新质生产力的发展提供基础设施保障。应用数字孪生模型可以对变电站、输电线路、配电站等建模，模拟电网的结构，为规划和优化电网布局提供数据支撑和科学决策的依据。数字孪生还可以用于模拟不同电网规划方案下的影响，预测电网扩建、输电线路建设、变电站建设等方案的影响，帮助决策者根据规划目标选择最优方案。

3. 数字孪生在负荷侧的应用

作为发展中国家,中国的经济规模仍将继续扩大,对于电力的需求只增不减。随着城市化和工业化进程的推进,电力供给压力将继续上升。加之在未来将有大量的电动汽车接入电力系统、电力交易体系逐渐完善和分时电价逐步推广,负荷侧的用电习惯也将发生改变。对于电力系统自身而言,亟须发展新质生产力以满足日益复杂的电力需求。目前,数字孪生在用户侧的应用项目有腾讯云的城市级综合能源数字运营平台、国家电投的"琴澳综合智慧零碳电厂——用户侧建筑空调负荷调度响应"项目等。在负荷侧,数字孪生模型可帮助用户实现能源管理、需求响应、用能优化等,提高用户的用能效率、降低用户的用能成本和帮助用户更好地参与到电力需求响应中。

一方面,基于数字孪生的新质生产力有助于刻画用户用能画像,提高用户用能效率。数字孪生将用电设备与数字模型相连接,实时监测用户的用能行为,对用户行为进行详细建模,帮助用户刻画用能画像。基于此项功能,数字孪生技术可用于构建用户侧的综合能源系统,帮助用户优化用能计划与用能行为,从而提高家庭的用能效率、减少能源浪费。数字孪生模型与智能家居系统连接后,可以实现对不同设备的控制和用能监测,包括根据需求和电价实现家庭用能的智慧管理,从而减少能源浪费[30]。基于数字孪生的综合能源管理系统可用于个人用户、企业、园区乃至城市。数据监测与分析让客户更加了解自己的用能习惯和需求,进一步为用户提出优化能源管理的解决方案,帮助用户节约能源、降低用能成本。其和分时电价、用户侧储能相结合甚至可以帮助用户获利。

另一方面,基于数字孪生的新质生产力有助于优化负荷侧管理,提高电力系统的整体运行效率。在新型电力系统中,电源侧的波动性将随着新能源的接入比例提高而增大,需求响应通过调整用户的用能行为以满足电力系统的需求,从而实现电力系统的平衡。随着新型电力系统的建设,需求响应将越来越重要。在数字孪生模型的帮助下,用户侧可以根据电力系统的供需情况和电价波动,对用能设备进行调整,更好地参与需求响应从而获得收益。对于整个电力系统而言,数字孪生提升需求响应的可行性,有助于充分释放需求侧资源,缓解电网调度紧张和电力系统供需平衡难度。此外,数字孪生可以优化电动汽车的充电计划。电动汽车是实现能源转型的关键举措之一,然而电动汽车对于新型电力系统的意义不仅于此。随着电动汽车对燃油车的逐步替代,当电动汽车数量足够庞大时,将构成一个灵活的分布式储能系统,为电力系统维持平衡发挥重要作用。数字孪生通过对电力交易数据的掌握和不同充电策略的模拟,可以为电动汽车用户提供最佳充电方案,既可以节约用户成本,又能够平滑电力系统负荷。

2.2.3 数字孪生助力电力系统形成新质生产力面临的挑战

数字孪生在电力系统中的应用具有广阔的前景,但是当前国内的应用还处于探索阶段,已运行的项目多数是小型示范性项目,尚未开展大规模应用,未能充分发挥数字孪生的优势,推动电力系统形成高效能的新质生产力。要想实现数字孪生在电力系统的多场景应用和普及,还需要克服技术、运行安全、运营能力等方面的挑战。总体而言,要运用数字孪生技术提升电力系统的新质生产力还有很多难题需要攻克,面临着多方面、多层次的挑战。

(1)数字孪生在电力系统的应用深度不够,对新质生产力的促进作用有限。当前,中国已经涌现一些应用项目,其中大部分由国家电网、南方电网、中国电建等大型公司牵头,已开展的项目在应用方向和应用深度上还具有较大的进步空间。实际上,数字孪生具有较高的应用门槛,因为数字孪生模型的构建以及运行涉及整个系统的所有部分,需要多部门协调。而数字孪生模型对于数据的质量和实时性要求较为严格,数据的质量和及时性决定了数字孪生模型的有效性。这意味着必须对电力系统进行实时监测,要能够迅速获取大量实时数据,并且保证真实性和准确性。但是数据的采集具有难度,需要数据采集、监控、检测、巡检、信息基站等一系列完备的基础设施。此外,数字孪生技术投入大量的资金,需要对业务模式和管理模式进行优化调整。而对于普通公司而言,受到时间成本、资金成本和人力成本的限制,难以开展此类探索。目前只有大型公司可以开展数字孪生应用的实践,但是成功的应用案例较少。业内普遍缺乏对数字孪生潜在价值的深刻认知,距离从探索数字孪生应用到数字孪生与业务融合再到开拓新的数字孪生应用场景和深化应用场景,仍需要一段时间。此外,数字孪生领域尚未形成统一标准,可能导致不兼容的问题,限制了不同企业间数字孪生模型的推广。

(2)数字孪生在电力系统的应用门槛高,打造电力系统新质生产力的技术难度大。关于数字孪生在电力系统中的应用已经有很多设想,但是在技术实现上还存在一定的难题。电力系统具有高度的复杂性和不可预测性,不论在发电侧、电网侧、配电侧还是负荷侧,每一侧的主体都不是独立的,构建数字孪生模型时需要充分考虑多种因素的影响。数字孪生模型的运行需要先进的通信技术、物联网技术、大数据分析技术,涉及多个领域,需要专业的运营团队。数字孪生还涉及海量的数据收集、分析与处理,需要云计算的支持。仿真运行需要海量的高质量数据,需要一定程度的信息收集和处理技术以保证数据的准确性、真实性和及时性。整个模型还涉及大量关键的业务信息和用户的隐私信息,需要先进的信息安全技术来保障系统不受到网络攻击威胁。此外,数字孪生模型的运行和维护需要投入很高的成本和人力资本,在硬件和软件上的投入以及对高水平人才的需要都在一定程度上提高了数字孪生的准入门槛。数字孪生系统的安全稳定运行需要各种复杂、先进的信息技术来实现。当前中国的数字化还处于发展阶段,各种数字技术仍在探索和完善中,技术的成熟度还有待提高。如果数字孪生技术发展缓慢,那么想要借助数字孪生形成电力系统新质生产力的目标也将受到影响。

(3)数字孪生在电力系统的应用面临风险,限制电力系统新质生产力的形成。数字孪生在电力系统的应用面临两类风险:第一类是技术安全风险。实现数字孪生技术的很多设计软件、芯片、传感器,甚至是操作系统几乎来自国外企业。国产软件、芯片市场占有率很低,或者是尚不能满足实际需求。高科技领域的"卡脖子"问题不容忽视。尤其是近年来西方国家借助国家安全概念,无端制裁中国高科技企业,这些行为都为我们敲响了警钟。对于数字孪生而言,也可能面临潜在的风险,一旦核心技术被限制,将给数字孪生的发展和应用带来较大的打击,影响电力系统新质生产力的形成。第二类是系统安全风险。数字化、智能化虽然给生产生活带来了便利和提高了效率,但也形成了新的安全隐患。随着设备间的互联互通和系统的全面数字化,网络安全对于整个系统的重要性不言而喻,一旦系统受到恶意攻击和入侵,整个系统可能面临瘫痪风险。此外,由于数字孪生模型的运行依托于海量的数据,

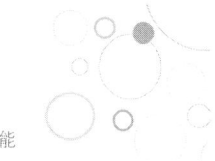

这涉及数据安全和隐私问题。实现数字孪生的不同功能需要获取包括能源生产、能源调度、能源使用等大量敏感数据,如果数字孪生系统的安全受到网络攻击,用户隐私或将面临泄露的风险,不仅威胁电力系统的安全,还会阻碍电力系统新质生产力发挥应有的价值。

2.2.4 数字孪生助力电力系统形成新质生产力的政策建议

数字孪生技术在电力系统中具有丰富的应用场景,深化数字孪生在电力系统中的应用,将助力电力系统形成新质生产力,有助于新型电力系统的建设。然而,数字孪生在电力系统的应用也存在着许多挑战,若想进一步推动数字孪生在电力系统的深度应用,加速形成电力系统新质生产力,不仅需要政府、企业、组织等多主体的共同努力,还需要加速技术创新、完善标准制定、重视人才培养、促进跨学科交流、提高安全保障等多重举措,才能更好地发挥数字孪生支撑新型电力系统建设的作用。为了进一步促进数字孪生帮助打造电力系统新质生产力,提出以下政策建议:

(1)进一步推进数字孪生在电力系统的应用,鼓励更多场景的探索,加快形成电力系统新质生产力。数字孪生在电力系统的应用有助于新型电力系统的建设和碳中和目标的实现,并且数字孪生技术在国民经济的其他行业都可以发挥优化生产流程和提高效率的作用。政府的支持将获得溢出效应。在数字孪生发展的现阶段,政府需要继续出台一些支持、补贴性政策,引导社会投资,帮助该行业加快发展壮大。政府可以通过为研究项目提供资助、设立专项资金、提供科研奖励等方式,引导相关产业、企业和学界加大研发投入和人才投入,致力于数字孪生建模、核心技术研发、数字孪生应用场景开发等,助力数字孪生的深度应用和多场景开发,加快电力系统融合数字孪生形成新质生产力。当前数字孪生电力系统应用项目发展较为有限,政府应寻找成功的项目,整理形成一批可推广、可复制的示范性项目案例,通过试点、案例推广等方式促进示范项目的推广和应用。深化数字孪生技术在电力系统的应用,积极探索数字孪生在需求响应、能源管理、可再生能源整合与调度等领域的应用潜力,促进数字孪生在电力系统多层次、多领域的融合应用,提高电力系统的智能化水平,推动电力系统的深度变革,从而有效利用基于数字孪生的新质生产力助力新型电力系统的构建。

(2)加大相关技术的研发投入,培育专业人才队伍,降低新质生产力的技术壁垒。数字孪生的进一步运用和探索都需要先进信息技术的支撑,想要借助数字孪生构建电力系统的新质生产力必须解决技术壁垒的难题。当前中国先进信息技术虽然发展迅速,但还存在很多短板和技术瓶颈。政府应加大研发投入,提升研发强度。设置专项创新引导资金和税收优惠政策,提供资金给创新机构和企业,推动数字孪生相关研发项目的开展与顺利进行,包括信息技术、新能源电力整合、智慧能源管理、智能调度等多领域,全力支持企业技术创新。充分发挥财政资金的促进作用,营造良好的创新氛围,激发企业的创新活力,鼓励企业攻坚克难。增加研发经费,推动创新项目的落地,促进核心前沿技术的开发和突破。创建数字孪生技术的分享与交流平台,带头推动行业内的研讨会、交流会的开展与进行,促进行业内企业与有关高校的积极合作,促进数字孪生前沿技术和最新研究成果的学术分享与交流,从而促进数字孪生技术的开放创新,提高创新效率。另外,随着电力系统新质生产力的逐步形成,部分岗位或将发生改变。数字孪生在电力系统的应用存在专业人才缺口。应注重专业人才培养,鼓励高校加强数字

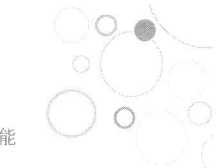

孪生人才培养,推动产学研结合,推动数字孪生技术创新的成果转化,构建数智人才高质量培养模式。建设和完善数字孪生人才培养体系,通过专业课程培训、提供实践机会等手段培养综合素质强、专业本领过硬的人才,为未来数字孪生在电力系统的进一步深化应用提供人才队伍保障。

(3)做好顶层设计,建立安全风险防患机制,为新质生产力的形成提供安全保障。在技术安全风险方面,尽管当前相关的软件、芯片、系统能正常使用,但不能掉以轻心。当前国际形势复杂多变,一些国家泛化国家安全概念,通过技术封锁、限制出口等方式恶意打压中国科技领域发展。数字孪生领域需要众多前沿技术的支撑,需做好安全防范和风险预案。应提前做好顶层设计,做好数字孪生在电力系统应用的长期规划,提高对"卡脖子"技术的警惕,防患于未然。应建立自主创新体系,通过成立数字孪生创新机构或实验室等方式,攻克数字孪生构建新质生产力的核心技术,提高技术、零件、设备的自主研发率。政府通过贷款优惠、专项资金等政策支持鼓励本土企业开展相关技术创新。将核心技术国产化列入发展计划,在鼓励技术创新的同时做好备用计划,提前准备应急预案以应对可能出现的突发情况。在系统安全风险方面,应建立新型电力系统网络安全防护体系,不论是构建电力系统自身的新质生产力还是支撑全社会新质生产力的发展,电力系统的安全都至关重要。随着网络安全竞争愈演愈烈和网络攻击手段不断升级,新型电力系统面临新的网络安全威胁。应强化网络安全措施,探索先进的网络安全技术的应用,以保证数字孪生技术在数据获取、传输和分析方面的安全性,保障新质生产力的顺利形成。应针对数字孪生在电力系统的应用加强对数据和隐私的安全监管,完善相关法律法规,构建安全的监管体系,规范数据的获取与使用,从而保障数据和用户隐私的安全。应进一步加强新型电力系统的网络安全防护能力,建立电力系统网络安全风险联防联控应对机制,防范潜在的网络攻击。应建立恢复机制,针对可能出现的网络风险提前准备应急预案,确保在系统遭遇恶意攻击甚至是发生故障时仍能保证整个系统的正常运行,并能够以最快速度排查和解决问题,从而保障新型电力系统的安全稳定运行。

2.3 人工智能技术与能源转型

在 2023 年 12 月召开的中央经济工作会议中,会议强调要以科技创新推动产业创新,特别是以颠覆性技术和前沿技术催生新产业、新模式、新动能,发展新质生产力[31]。人工智能(AI)技术是指能感知环境、思考、学习并根据感知和预设目标采取行动的计算机系统。AI 技术作为近年来最具颠覆性的技术突破之一,有望为赋能新质生产力、促进能源产业升级和结构调整提供助力,是实现新时代经济高质量发展的新引擎。

AI、新质生产力与能源转型间存在相互依存与协同发展的逻辑关系,如图 2.3 所示。AI 技术的发展需要清洁能源的支撑,同时能源转型过程中产生的大量数字信息也为 AI 算法的训练和优化提供了数据资源。新质生产力的形成依赖于 AI 技术的创新应用,而 AI 技术的进步又为能源转型发展和新质生产力的培育提供了条件。AI 可能是未来大量复杂决策的基础,但也将给能源转型带来新的机遇和挑战。目前,AI 在能源领域的应用仍较为离散,尚未被系统性地整合到能源行业的运营中,应用场景和应用潜力还有待充分发掘。除了技术和算力环节的限制,AI全面参与能源转型发展还需要克服不少关键障碍和挑战,其中包括电力消耗、决策透明度、数据孤岛、网络安全、过度控制和社会公平等问题。本节在最后也将对这些问题和担忧进行分析,并讨论未来在能源行业广泛应用AI之前,需要充分考虑的应对策略和政策建议。

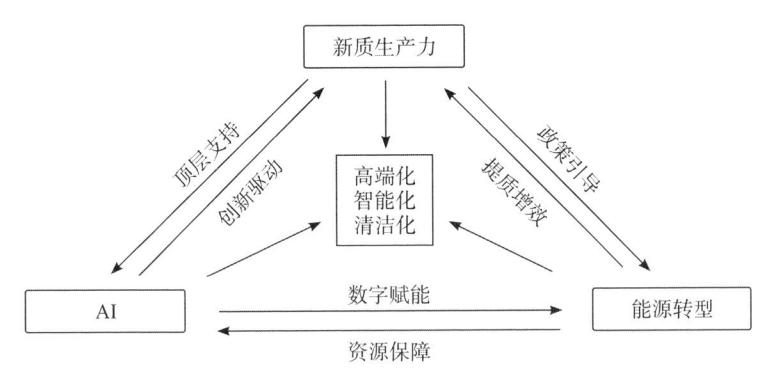

图 2.3 AI、新质生产力与能源转型的逻辑关系

2.3.1 AI、新质生产力与能源转型间的逻辑联系

新质生产力代表了生产力发展的新阶段和新质态,以AI为代表的科技创新力量是发展生产力的核心内容,实现高端化、智能化和清洁化发展是培育新质生产力的核心目标。在新一轮科技革命的推动下,数字化浪潮正在席卷各行各业,其中AI和算力成为新的生产工具,新能源和海量数据则成为新生产要素,它们的结合形成了新质生产力的驱动因素[32]。发展新质生产力离不开AI技术的支持与能源的转型发展,同时,AI、新质生产力和能源转型共同服务于高质量发展的大局。在新一轮科技革命和产业变革的背景下,AI作为新质生产力的重要组成部分,以其技术含量高、创新性强、涉及领域广的特点,正在深刻改变

能源生产方式和能源产业形态,从而推动生产力实现质的跃迁。另外,能源转型发展也是加快形成新质生产力的一个重要举措。在追求高质量发展的要求下,新质生产力不仅注重科技创新,还注重绿色低碳、资源节约和环境保护,而这恰好与能源转型的目标相契合[33]。通过发展新能源、新材料、绿色低碳产业,新质生产力能够赋能能源产业向更加清洁、高效的方向发展,助力实现碳达峰、碳中和目标[34]。

新质生产力的培育和发展强调了技术创新和生产要素的创新性配置,这为能源转型和AI发展提供了必要的顶层支持和政策引导。从国家层面来看,党中央多次强调科技创新在能源发展中的重要性,倡导通过"AI+"行动和新型工业化道路,推动能源产业新质生产力的形成和发展。各级政府和相关部门也积极响应,不断加大在AI、大数据、云计算等领域的研发投入和政策扶持。中国许多地区通过AI技术推动了能源新产业的建设,以及在能源与其他产业跨界融合中的新商业模式和业态创新,如新型储能产业链构建、电力市场自动化交易策略、新能源汽车充电网络管理等。

当前,AI正在成为能源领域发展新质生产力的关键催化剂,以创新驱动带动新质生产力发展,以数字赋能促进传统能源产业的转型升级。AI作为新质生产力的重要组成部分和推动力量,凭借其高技术含量和强大的创新性,正不断突破原有科研方式、生产方式和产业模式,为新质生产力的发展提供了更多的路径和可能性。其技术研发和应用进展将直接对新质生产力发展的质量和水平产生关键影响。AI大模型技术的突破性进展,极大提升了数据分析、决策优化和智能服务的能力,也为能源领域的创新发展提供了前所未有的技术支持[34]。AI在能源产业中拥有广泛的潜在应用场景,包括但不限于新能源出力预测、发

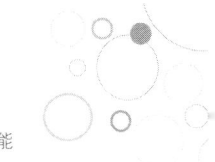

电厂优化运行和分布式能源系统集成等,这些应用提高了能源效率,降低了运维成本,促进了能源产业发展的数字化和低碳化。通过提高能源系统的智能化水平,AI 有望实现对能源生产、传输、存储、使用的全过程监控和优化,保障能源资源的高效利用和清洁低碳转型。

新质生产力的质变要求经济发展模式从传统生产要素积累驱动向创新驱动转型,这与能源转型的提质增效目标相契合,而能源转型发展也为 AI 技术提供了资源保障和潜在应用场景。在能源领域,新质生产力的特征属性具体表现为能源产业的降碳减排、结构优化和数据驱动等。AI 在能源领域的应用有助于提高能源系统的智能化水平,实现更高效、更清洁的能源供应。这不仅体现在新能源技术研发和传统能源产业改造上,如先进核能、氢能、燃料电池等新兴能源技术的创新发展,而且在能源生产和消费的各个环节都有所渗透,如智能电网的建设和运行优化、能源设施的维护与故障预测、能源需求侧管理和节能降耗等[35]。此外,AI 技术的发展需要大量能源的支撑,特别是在构建和训练复杂的大型 AI 模型时,往往需要消耗巨大的计算资源和能源。高性能计算机集群运行数周甚至数月来进行深度学习训练,这种训练过程不仅需要对数据中心的设施进行扩容和优化,也对清洁能源供应及能效管理提出了更高要求。同时,能源转型过程中产生的大量数据为 AI 算法的训练和优化提供了资源。分布式能源系统的实时监测数据、智能电网的运行数据以及各类能源消费行为记录等数据资源犹如一座座有待发掘的宝库,为 AI 技术进化迭代提供了有利基础。

总体而言,AI、新质生产力和能源转型间存在相辅相成与互相促进的逻辑关系。新质生产力是源于技术创新、生产要素重组和产业深度转型升级的现代先进生产力形态,它的形成和壮大对于推动国民经济高质量发展、实现经济绿色可持续增长目标至关重要[36]。而 AI 技术的不断革新与应用场景的拓宽，正在以前所未有的方式重塑能源产业体系，催生新的业态和模式。

2.3.2　AI 赋能能源领域新质生产力发展的背景与现状

发展新质生产力的根本目的在于实现经济低碳可持续发展，是中国能源行业从传统生产要素积累驱动向创新驱动转型的必然要求[37],[38]。这种新质生产力是由技术革命性突破、生产要素创新性配置、产业深度转型升级而催生的当代先进生产力，其核心内容涵盖了多个关键要素，包括要积极培育新能源、新材料、先进制造、电子信息等战略性新兴产业等[39]，强调关键性颠覆性技术突破，以科技创新为核心和内生动力，将科技创新作为促进经济增长的动力源，实现生产力的跃迁[40]。

AI 不仅是一个算法、工具、平台或流程，而且是一种可以替代或增强人类能力的科技生态系统[39]。早在 20 世纪 40 年代，人类就已迈出了探索建立人工智能的第一步。多种因素的交汇促使 AI 从研究实验室走向日常生活应用，并在近年实现质的突破，其中以 ChatGPT 为代表的大型人工智能模型已经在许多领域实现了拓展应用[41]。如图 2.4 所示，华泰证券战略研究报告乐观预期，至 2030 年，中美数据中心年用电量将分别达到 1.7 万亿度和 1.2 万亿度，均为 2022 年的 6 倍以上。在第四次工业革命技术中，AI 正逐渐渗透到各个行业和日常生活中，并预计将产生最深远的影响。在 AI 算法时代，内置传感器、可穿戴设备、无人机和卫星产生大量新数据流。数据量急剧增长，可能超出人类对数据进行及时吸收解释和开展复杂决策的能力。AI 不仅带来生产力提升，还有望使人类开发尚未达到的智能水平，打开新的发现之门[42]。

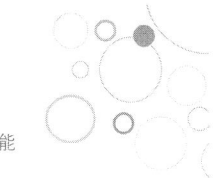

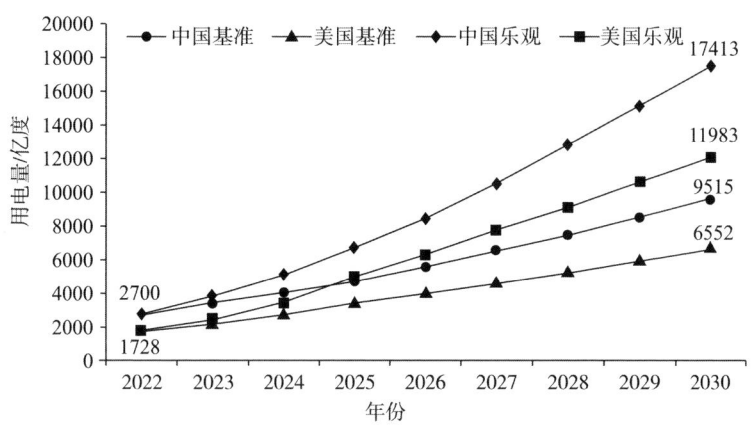

图 2.4　中美数据中心用电量预测

数据来源：华泰证券。

AI技术在新质生产力发展过程中被寄予厚望，能够通过优化能源产业链"产供储销"各个环节，助力能源转型。随着气候变化和环境问题日益严重，世界各国都在寻求从传统的化石能源向清洁能源过渡，实现能源体系向更低碳、清洁、安全和高效的方向转型发展[3]。表2.1展示了目前主流的AI模型在能源领域主要的应用场景。AI能够推理、识别模式、学习、理解经验中的某些行为、获取和保留知识，并发展各种形式的推理，以解决在决策情境中产生最佳或精确解决方案过于昂贵、耗时或困难的问题。从应用环节上看，AI技术可分为三大类别，分别是感知AI、分析AI和执行AI。感知AI能够模拟人类的认知能力，在特定条件下最终能够增强或替代人类，并能够检测感知数据中的模式，捕捉远远优于正常人类感知的信号，最终用于有效的决策制定。分析AI作为感知AI的补充，与传统的数据处理方法相比能够极大提升大规模数据的分析和运算能力，并自动找出人工分析可能难以发现的规律性特征，并基于分析结果，无须人类干预即可自动提供决策辅助信息。执行 AI 是人工智能应用的最后一环,涉及简化之前仅限于人类的各种过程的决策制定,可进行重复、劳动密集但需要一定智能程度的任务,从而释放劳动力从事更高价值的活动。

表 2.1 能源领域 AI 模型主要应用场景及特点

AI 模型名称	类 别	在能源领域的用途	对新质生产力的贡献	特 点
ARIMA LSTM	时间序列分析	能源需求预测、电力负荷预测	提高能源管理效率,实现供需平衡	利用大数据分析,为能源生产和分配提供数据支撑,促进资源合理配置
决策树 随机森林	机器学习	设备故障诊断、能源效率优化	推动设备智能化运维,降低能耗	基于自动化决策支持系统,减少人工干预,提升设备运营维护水平
支持向量机（SVM）	机器学习	能源市场价格预测、设备状态分类	适应能源价格市场化改革,降本增效	适用于非线性复杂关系处理,有助于能源设备精细化管理和决策制定
DQN、PPO	强化学习	微电网控制、智能电网优化	实现能源系统的灵活高效调度	建立自主学习与决策机制,提高能源系统的自适应性和韧性
CNN、RNN	深度学习	能源资源可视化、智能巡检	提升能源基础设施的安全性和可靠性	对大规模图像和时序数据进行高效分析,实现对能源设施的智能监控
生成对抗网络（GANs）	深度学习	能源设施模拟、环境影响仿真	加速清洁能源技术研发与应用	通过模拟真实环境与条件,推动新能源技术的研发和数值模拟分析

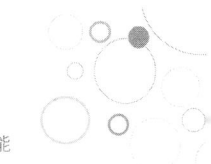

续表

AI模型名称	类　别	在能源领域的用途	对新质生产力的贡献	特　点
BERT、GPT	NLP	文字交互、文本挖掘、政策解读	简化用户交互流程、促进能源文本理解与执行	快速获取和解析大量文本信息，辅助人机交互和文本数据挖掘分析
Stacking Blending	综合集成	多维度能源系统综合预测	整合多源数据，驱动综合能源服务创新	结合多种模型优势，提高预测准确度，为综合能源服务体系建设提供支持

数据来源：笔者根据公开资料整理。

在经济新常态下，AI驱动能源领域发展新质生产力，有望摆脱传统能源行业依靠资金投入和高耗能项目拉动经济增长的粗放式发展方式，具有融合性、科技主导性和产业整体性的特征。AI是数字化技术的核心节点，涵盖大数据、机器学习、物联网、自动化和远程感知。AI算力革命为能源行业提供了新的发展途径，可以帮助识别温室气体排放源和驱动因素，降低能源消耗和转型成本。此外，AI的发展还有望催生新兴技术的研发突破和应用推广，如电池、氢能、自动驾驶和操作、碳捕集与储存以及智能电力网管理等，对于释放新兴能源技术的减排潜力至关重要。以二氧化碳地质储存能力评估为例，在使用稀疏地震资料数据估算CO_2储存能力时，通过借助数据驱动的机器学习和AI解决方案设计碳储存项目，效率可能比应用传统建模技术提升10倍。能源企业积极采用AI技术，有望提高生产效率、运营效率和盈利能力。未来10年及更长时间内，AI可能成为除简单资源禀赋之外的关键竞争优势。而智能化、互联化将成为能源公司和电网企业新的发展趋势[43]。

AI技术提高能源利用效率的途径主要包括以下几条：

(1)预测性维护和电网智能管理。AI可以分析来自传感器和设备的大量数据，预测设备可能出现的故障，从而实现预测性维护。这有助于减少能源生产和调度过程中的意外停机时间，提高能源系统的稳定性和效率。同时，AI可以协助智能电网实时监控和调整电力流动，平衡供需，减少输电过程中的能量损耗。此外，AI还可以帮助优化电网的升级和扩容规划，提高电网的整体效率。

(2)优化能源生产和储存。在可再生能源生产方面，AI可以帮助更好地集成可再生能源，如通过预测风能和太阳能的产出，优化能源组合，提高可再生能源在能源供应中的比例。此外，AI技术可以用于优化发电厂的运行，如通过分析历史和实时数据来调整发电设备的运行参数，以最大化能源产出并减少燃料消耗。AI也可以提高电池和其他储能系统的效率，通过优化充放电周期和预测能源价格，帮助储能系统在最佳时机存储和释放能源，减少能源浪费。

就AI现实应用的场景而言，Orkney Hydrogen项目就是一个AI在能源转型发展应用中的典型案例。该项目运行在一个名为HyAI的AI驱动的氢管理平台上，并使用实时AI系统优化欧洲海洋能源中心(European Marine Energy Centre，EMEC)的氢能生产和储存，结合历史和预测的气象数据、可再生能源数据(包括风能和潮汐能)以及氢气储存容量和电价数据，实时控制氢能生产。基于数据驱动，该氢能项目的运行决策通过AI机器学习和优化算法做出，可以得到最具成本效益的氢气生产和储存时机，同时保证了系统的安全性、可靠性。

(3)需求侧管理与能源消费分析。在电网管理中，随着间歇性可再生能源的持续接入和用电终端的分散化，实现电网发电端和消费端数

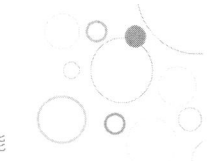

据的平衡将变得更加困难,而 AI 技术可以帮助快速高效地评估和分析这些数据。AI 可以分析消费者的能源使用模式,预测能源需求,并实施需求响应策略,如调整峰值时段的能源价格,鼓励消费者在非高峰时段使用更多能源,从而减少整体能源供应压力。AI 可以通过分析企业和家庭的能源消费数据,识别节能潜力,提供定制化的节能建议和解决方案。

最后,在建筑与交通能源消费方面,AI 也能够起到一定的能效提升作用。AI 可以用于智能建筑管理系统,自动调节供暖、通风、空调和照明系统,确保在满足舒适度的同时最小化能源使用。在交通领域,AI 可以优化路线规划,减少车辆的行驶距离和燃料消耗,同时通过智能交通系统减少交通拥堵,降低能源浪费。通过上述方法,AI 技术能够在不同的层面和领域提高能源利用效率,为实现能源的可持续管理和减少环境影响做出重要贡献。

2.3.3　AI 赋能能源领域新质生产力发展的问题与挑战

加快部署 AI 赋能能源领域新质生产力,是实现中国能源转型发展的重要战略机遇。AI 技术赋能新质生产力可以推动经济向高质量发展目标前进,同时也有助于推动绿色低碳发展,实现经济社会的可持续发展。尽管 AI 在能源行业的应用具有较大的潜力,但其发展依旧伴随着许多不可忽视的问题和挑战,如性能风险、数据孤岛与高质量数据资源稀缺、滥用风险、社会风险、技术壁垒、先进算力供给短缺以及 AI 的能源消耗问题等。

1. 能源消耗和环境影响,或使能源行业 AI 新质生产力扩容遭遇瓶颈

尽管 AI 有助于提高能源效率,但其自身运行,特别是大型深度学习模型的训练,可能消耗大量能源,从而对环境造成影响。AI 大模型,特别是对于深度学习模型,其训练阶段尤为依赖于大规模的算力和电力投入。这个过程通常涉及使用高性能的GPU或其他专用硬件,这些硬件在运行时消耗大量电力。例如,训练一个大型语言模型如GPT-3可能会消耗约1300兆瓦·时的电力,产生550余吨的二氧化碳排放当量[44],相当于数百次横跨美国飞行的二氧化碳排放。而AI模型完成训练之后,在模型持续使用的推理过程中也会消耗可观的能源。图2.5展示了不同AI模型在持续使用过程中的能耗情况与标准谷歌搜索耗能情况的对比。从图2.5中可以看出,ChatGPT和Bloom等大模型在执行单次运算请求的耗能一般是单次传统谷歌搜索的10倍左右。此外,根据SemiAnalysis估计,人工智能企业OpenAI需要近29000个GPU来支持ChatGPT日常使用,这意味着每天需要消耗约600兆瓦·时的电力[44]。随着AI模型在各种应用中的广泛使用,这些持续的能源消耗累积起来可能会对环境产生显著影响。

AI模型搜索请求	耗能/瓦·时/次
标准谷歌搜索	0.3
ChatGPT	2.9
Bloom	3.96
AI驱动谷歌搜索(New State Research估计值)	6.9
AI驱动谷歌搜索(SemiAnalysis估计值)	8.9

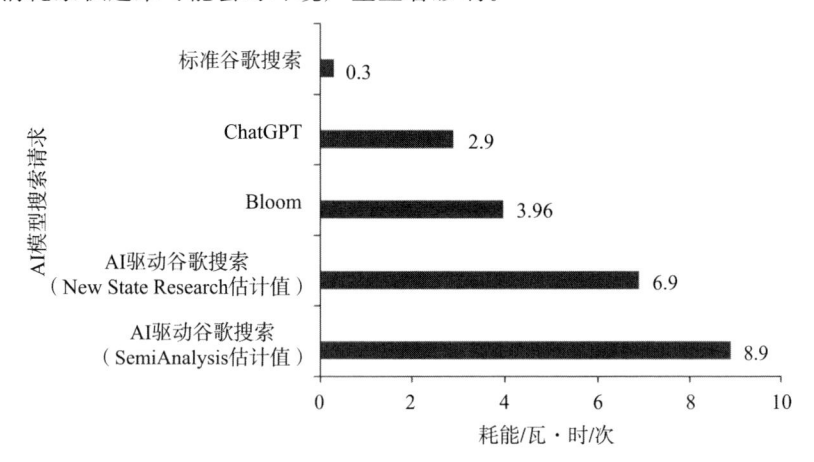

图2.5 不同AI模型搜索请求与标准谷歌搜索耗能情况对比

数据来源:DE VRIES A.The growing energy footprint of artificial intelligence[J].Joule,2023,7(10):2191-2194.

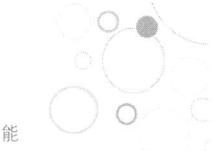

2. 能源行业 AI 的性能风险与失控风险,不利于新质生产力稳健发展

能源行业 AI 系统的输出主要由类似"黑箱"的程序决定,缺乏透明度可能导致输出结果可信度存疑。AI 算法自学习和不断适应的特性使其结果往往不够稳健,甚至在很多情况下其运算决策过程可能根本无法解释。无法理解 AI 输出背后的原因也使得 AI 算法的性能或输出是否准确或可取变得难以确定,因此存在相当大的风险。在能源系统中创建以计算机为中心的反馈机制,若较高比例的决策由 AI 系统自主进行并相互交互,可能导致意外结果。若一个系统中存在多个人工智能子系统,且不同子系统之间存在同质化的决策逻辑,在缺乏一个总体的协调算法和容错机制的前提下,各个子系统各自为政,则一些细微扰动的影响可能通过迭代不断放大,并最终可能导致整体系统的崩溃和失控。

3. 能源行业数据孤岛与数据质量问题,阻碍 AI 新质生产力共建共享

能源行业数据通常分散在产业链的多个位置,包括能源企业内部、第三方提供商。行业监管者和不同的能源公司可能无法全面了解自己拥有或可以访问的数据,也不清楚数据所存储的具体位置。当前相关数据法规的缺失,可能阻碍不同能源企业之间或跨行业之间的数据共享与交换。高质量数据资源匮乏也是不容忽视的问题之一。AI 大模型对高质量的数据依赖度极高,尤其是在能源领域,高质量的能源生产、消费、交易等数据是训练模型的基础。目前中国在高质量中文语料库、能源行业特定数据等方面存在不足,制约了 AI 技术在能源领域的深度应用。

4. 能源行业 AI 治理滞后与滥用风险,抑制新质生产力健康发展

更高效和功能更强大的 AI 有利于协助能源行业加快转型进程,但

AI工具的普及同时也降低了开展黑客攻击的技术门槛。AI被滥用是一个严重的风险,一些本意良好的算法可能会被重新用于有害目的。而AI应用和数字化在能源行业普及,也可能会提升黑客攻击所波及的范围和影响,这或将对能源安全构成新的风险。作为一种爆发式增长的新兴技术,AI领域的治理与技术水平相比相对滞后。AI大模型在赋能新质生产力的过程中可能会引发数据滥用、信息安全、知识产权侵犯等一系列治理问题,当前针对AI技术的规制体系和行业自律机制仍有待完善。

5. AI劳动力替代与专业壁垒,加大新质生产力应用的社会风险

大规模应用AI并实现自动化可能会减少能源领域的劳动力需求,进而威胁到能源行业从业人员的工作岗位和就业机会,特别是在例行人工数据采集和分析以及设备维护和操作方面,进而造成失业引发的社会不稳定问题。另外,由于AI设计研发具有较高专业性要求,由全球或全国范围内一小部分精英人群设计的算法可能存在无意识的偏见,而无法代表更广大受众群体的利益,可能导致少数群体或弱势群体被边缘化的结果,导致社会更大的不平等。

6. 门槛与先进算力供给短缺风险,制约能源行业AI新质生产力的突破

AI模型训练和后续应用对算力的需求急剧攀升,而当前国内乃至全球在智能算力供给上存在瓶颈,特别是在大型AI模型训练所需的高性能GPU和定制化AI芯片等先进算力设施方面,国内产能和引进受制于外部因素,造成算力供给不足。此外,AI核心技术如深度学习框架、预训练算法等,目前很多依赖于国外开源技术,技术生态受制于人。国内在AI核心算法和关键软件的自主研发上相对较弱,面临知识产权

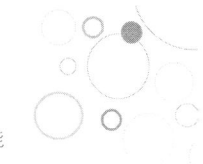

和技术壁垒的限制。AI大模型技术在落地过程中,数据、算法、算力"三驾马车"的协调配合机制尚未完全成熟,缺少自主可控的AI产业链,特别是在数据服务、智能计算芯片等关键环节上存在短板。

2.3.4 AI赋能能源领域新质生产力发展的政策建议

大力发展AI赋能能源领域新质生产力,是新时代推动经济社会稳中有进的基本要求,同样也是在错综复杂的国内外环境抢占先发优势的核心前提。同时,AI技术赋能新质生产力有助于实现能源行业向绿色低碳化转型,减少对生态环境的干扰。以ChatGPT为代表的AI系统及其智能化的能力引起了公众广泛的讨论,利用AI促进能源转型发展并造福人类存在巨大机遇与潜力。未来AI技术发展将解决能源行业海量数据的获取、处理、分析和决策问题,通过AI赋能能源领域新质生产力释放能源行业转型发展潜力,是实现未来能源变革的重要战略机遇。以上小节的讨论,充分展示了AI技术赋能新质生产力的发展与能源转型发展之间紧密的联系。AI技术赋能能源领域新质生产力发展可以推动传统能源产业升级,有望实现能源结构的优化调整,为推动经济实现高质量发展提供有力支持。

随着AI技术尤其是AI大模型的进一步发展,预期将在能源领域催生更多颠覆性技术和商业模式,推动新质生产力更快形成和发展,为加快中国低碳清洁能源转型提供技术支持,同时也为国家经济高质量发展提供持久动力。AI提供的智能和生产力增益或许可以为应对能源和环境领域的紧迫挑战提供新的解决方案。然而,AI技术也有可能是一把双刃剑,或将放大和加剧未来能源行业发展所面临的许多风险。为确保明智地发展和治理AI,政府和行业领导者必须确保AI应用的安全性、可解释性、透明性和有效性。

针对未来 AI 在能源领域应用和转型发展过程中可能出现的问题和挑战,本节提出以下几点政策建议。

1. 能源转型进程,优化 AI 计算的能源效率,引导 AI 企业自愿披露能源使用信息

深入推进能源结构的转型升级,加大对清洁能源技术研发和应用的支持力度,为 AI 发展提供清洁能源基础。鼓励 AI 数据中心及相关基础设施采用太阳能、风能等可再生能源供电,减少对传统化石能源需求的压力。鼓励 AI 公司自愿承诺并公开披露其 AI 模型的能源使用情况和碳排放数据。相关监管机构可能需要考虑引入特定的环境披露要求,以增强 AI 供应链的能源使用和碳排放信息透明度,并更好地理解 AI 技术的环境成本。推动技术创新,包括硬件效率的提高和模型优化,以减少 AI 的能源足迹。这可能包括投资于研究和开发更高效的 AI 芯片和服务器。支持和推广数据中心的能源效率改进措施,包括改进冷却系统设计、采用更高效的硬件和虚拟化技术。鼓励开发和使用更高效的 AI 模型架构和算法,以减少能源消耗。例如,Google 的 Generalist Language Model(GLaM)在训练时比 GPT-3 使用了更多的参数,但所需的能源更少。

2. 健全能源行业 AI 安全监管体系,强化发展新质生产力的国家战略引导

从立法层面推动完善 AI 在能源行业应用的监管,通过行政手段规范能源行业 AI 算法构建过程中的可解释性、透明性和有效性,包括划定有益和有害 AI 之间的界限,将安全性原则、公平性原则和可持续发展原则纳入对能源行业 AI 系统的投资、研发设计和运作决策中,促进

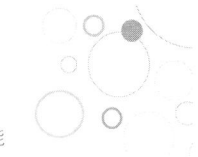

新质生产力形成。需要明确对 AI 滥用问题的定义和标准,推动和实施对能源行业 AI 滥用问题的问责和惩罚机制。完善法律法规,推动 AI 领域立法进程,出台适应 AI 技术特点和发展需求的法律法规,明确 AI 在能源领域应用的责任归属和追责机制。建立涵盖事前、事中、事后全链条的 AI 监管机制,加强内生安全防御技术研发,保障 AI 技术在能源领域的安全、可靠和可控应用。

3. 发展新质生产力所需的数据资源体系,统一能源行业 AI 数据管理

努力消除能源产业链上的数据孤岛,将不同环节的能源数据集成起来,将有助于为能源行业 AI 快速发展提供有效的基础,进而实现加快能源转型进程。随着这些数据的整合,应鼓励能源行业中不同主体组成能源行业数据管理协会,着眼于开发或部署能够利用组织内统一能源数据的 AI 感知、分析和执行工具,以探索能源行业进一步的转型发展方案。建立高质量的数据资源库,特别是在能源领域内,构建适合 AI 训练的数据集,确保数据的安全流通和高效利用。加强算力网络建设,适度超前布局全国一体化算力体系,建立高效、安全的智算中心,为 AI 技术在能源领域的应用提供坚实的基础设施保障。

4. 能源行业 AI 标准与规范,加快新质生产力培育

制定能源行业 AI 范围和监管机构的协作准则,推动能源行业 AI 应用的标准制定。创造兼顾安全性的隐私性的数据环境和 AI 设计规范标准,包括对数据访问和数据利用的规范标准,为 AI 用于探索能源转型解决方案提供标准支撑。提升 AI 算法在能源领域应用的可靠性和透明度,针对"黑箱"AI 模型,相关行业规范标准应该覆盖对算法的稳健性进行评估的全过程。国家层面应出台和完善"AI+"能源的战略规划,做好顶层设计,明确重点方向和配套政策,加大对 AI 赋能能源产业的政策支持力度。制定技术标准与评估体系,构建统一的可信 AI 技术标准和评估体系,规范 AI 大模型在能源领域的应用边界和安全要求。

5. 能源行业 AI 推广应用过程中提供必要的社会保障,提升新质生产力发展包容性

构建支持 AI 科技公司、能源企业和研究人员管理算法中可能存在的系统性偏见的政策框架,并确保 AI 的应用符合社会安全和稳定的前提。此外,也需要出台前瞻性政策以消除 AI 在利用公共数据中可能出现的不公平和歧视行为,监测和审查潜在数据利用过程中存在的技术和伦理挑战。设立示范项目,推动 AI 在能源领域内的实际应用,如新能源预测、智能电网、核电站安全运维、电动汽车充电网络等,形成一批具有示范意义的项目和应用场景。结合新质生产力发展要求,发掘"AI＋能源转型"带来的新增长点,妥善解决转型发展过程中的就业与社会保障问题。支持各地根据自身优势和需求,积极探索 AI 在能源领域的应用实践,创建人工智能与能源产业深度融合的示范区。试点建设以探索 AI 推广过程中可能产生的社会问题以及相应的解决方案,积累 AI 赋能新质生产力促进能源转型发展的有益经验。

6. 能源行业 AI 研发资金支持与学科建设,构筑新质生产力人才梯队

无论是在宏观的能源领域层面,还是在能源行业下个别细分应用方面,目前都需要有更多的数据科学家与 AI 技术专业人才,以优化设计和部署 AI 应用程序,促进能源行业转型发展。AI 的应用不仅限于提升能源企业的运营效率,而且有潜力在整个能源行业价值链中释放更高价值。加大 AI 在能源领域的研发投入,鼓励学术和研究机构开展跨学科的教育和研究计划,以使中国在未来能源领域的 AI 竞争中占领

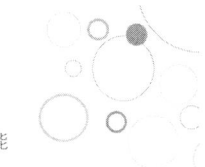

高地和发展先机。从基础教育阶段开始普及人工智能素养教育，加快高校人工智能专业建设，培养既懂 AI 又懂能源的专业人才。加快前瞻技术研发，鼓励开展 AI 基础研究和关键技术创新，推动计算智能、感知智能、认知智能和运动智能的协同发展，破解"卡脖子"技术难题，强化 AI 在能源领域的前瞻性应用。

展望未来，随着 AI 技术在能源领域的深度渗透，将有望通过技术创新和产业融合赋能新质生产力，显著提升能源系统的运行效率、降低成本、减少污染，并催生更多的新兴产业和业态，为中国经济高质量发展和能源安全提供强大支撑。同时，需密切关注 AI 技术带来的伦理、安全、法律等问题，持续优化 AI 在能源领域的治理体系，确保其健康发展。

2.4 数字金融与碳普惠合作网络

深入推进数字金融创新发展，推动数字技术与实体经济深度融合是加快新质生产力发展的重要举措。在发展新质生产力推动能源转型来实现"双碳"目标的过程中，必然涉及供给侧能源效率的提高与需求侧能源消费的降低。2023 年两会期间，多地省级政府联合中央科技委共同推出《关于完善碳普惠机制，加强碳普惠推广的倡议》，指出碳普惠机制是推动经济社会低碳转型的有力手段。居民消费作为经济活动的终端，也是工业化生产的动力和碳排放的根源，强调消费端的减排责任对于实现"双碳"目标不容忽视。因此，在需求侧建设碳普惠合作网络是推动新质生产力发展的关键。尽管如此，目前碳普惠合作网络的发展还停留在理论构建层面，在实际应用中尚未得到开展。在推动新质生产力发展的背景下,构建碳普惠合作网络成为推动绿色经济发展、突破传统科技创新模式以及实现碳中和目标的重要途径。因此,分析碳普惠机制的发展现状与主要挑战,并结合新质生产力发展内容,提出推动碳普惠、绿色金融以及数字技术融合发展的相关建议,将有利于促进绿色经济的发展,加速科技创新,推动碳减排行动,为构建低碳社会和实现碳中和目标贡献力量。

2.4.1 碳普惠合作网络是推动新质生产力发展的需求端驱动力

生活方式与行为的改善能对缓解气候变化发挥重要作用,而通过新质生产力推动经济社会全面绿色转型的进程中必然涉及居民日常行为与消费模式的深刻变革。联合国环境规划署发布的《2022年排放差距报告》指出,2022年消费端碳排放已占到碳排放总量的53%,随着城市化进程的加速与居民收入的提高,这一比例将持续上升。自2013年深圳碳市场启动会上提出"考虑将公众减排量纳入碳市场交易"以来,碳普惠陆续在武汉、广东、江西、河北、成都等地区开展低碳试点工作,鼓励企业参与碳普惠数据平台搭建,带动公众参与碳减排行动。碳普惠主要将公众、社区以及微小企业在生产和生活各个方面的绿色低碳行为记录到碳账本中,通过激励措施激励个人、家庭和企业采取低碳行动,从而带动全民实现绿色低碳的生活与消费[45]。新质生产力的发展将推动数字技术在互联网金融平台中的应用,引导居民将低碳理念与低碳生活行为决策的深度融合,从而促进碳普惠机制规模的扩大与技术水平的提高,减少需求侧的碳排放与资源浪费。

碳普惠合作网络是推动需求侧新质生产力发展的关键环节。2023年10月1日,国务院印发《关于推进普惠金融高质量发展的实施意

第2章 数智化升级:新质生产力的核心动能

见》,提出要在普惠金融重点领域服务中融入绿色低碳发展目标,引导金融机构为中小微企业技术升级改造和污染治理等生产经营方式的绿色转型提供支持。随着全球气候变化问题日益严峻,中国政府高度重视低碳发展,将碳减排纳入国家发展战略。自 2022 年生态环境部提出碳普惠合作网络的理念以来,碳普惠逐渐结合移动互联网、大数据和区块链等技术,形成了多元化的碳普惠协作机制。发展新质生产力需要不断探索科技创新,摆脱传统生产方式的束缚,引入智能技术的创新驱动,以促进消费者树立绿色低碳的生活和消费理念,并将这一理念融入低碳生活行为决策中。因此,碳普惠合作网络的建立将在推动需求侧新质生产力的发展中发挥关键作用。

碳普惠合作网络推动新质生产力发展的关系图如图 2.6 所示。在移动互联网、大数据、区块链以及人工智能等数字化技术的依托下,碳普惠机制与绿色金融结合发展,形成了囊括政府、企业、个人、市场以及金融机构等多部门的应用场景,组成了复杂的生产关系网络,有利于生产要素在更大范围内畅通流动和高效布局。碳普惠合作网络通过将数字技术渗透到传统金融产业中,推动金融产业数字化发展,为新质生产力发展提供技术赋能。通过形成数智化技术与普惠金融融合发展的创新联合产业,碳普惠合作网络将进一步推动新质生产力生产要素的资源协同与创新配置。

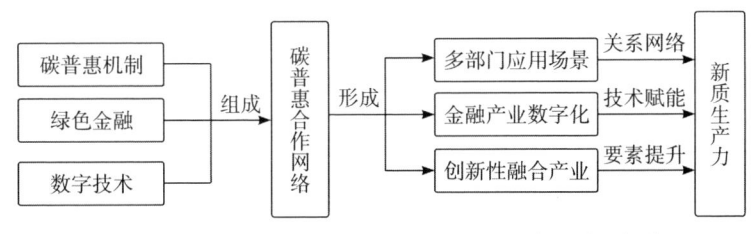

图 2.6 数字金融、碳普惠合作网络与新质生产力的逻辑关系

2.4.2 碳普惠合作网络的发展现状与发展趋势

提升新质生产力需要强化数据和信息技术的应用,而结合绿色金融、碳普惠以及数字化技术于一体的碳普惠合作网络将为新质生产力的创新引领和科技支撑提供有效的实践平台。碳普惠合作网络是一个多元化、自发自愿、非营利的协作机制,旨在推动政府、企业、社会组织和公众共同参与碳减排和碳中和行动。中国开展碳排放权交易试点以来,全国各地和企业都在不断地探索碳普惠相关工作。截止到目前,已经形成了39个政府主导或企业主导的碳普惠平台,各地方政府公布的碳普惠政策文件多达134项,为碳普惠合作网络的发展提供政策支持。

(1)从各地方政府颁布的碳普惠政策来看,目前广东、深圳、成都、上海、重庆等地区的碳普惠建设体系较为完善[46]。例如,广东省自2015年就颁布了碳普惠试点工作实施方案,2016年率先建立了首个城市碳普惠平台,将社区、公共交通等作为重点试点领域,利用碳普惠核证减排量交易机制形成有效激励。深圳市自2021年开始执行近零碳排放试点建设方案,目前第三批试点工业已经开始申报,并计划在2025年累计建设100个近零碳排放试点项目。2022年,成都市政府提出争取2023年碳普惠平台用户突破200万,有效引导公众践行绿色低碳生活理念。2022年,上海市颁布的碳普惠体系建设工作方案中,提出到2025年形成碳普惠体系顶层设计,构建较完善的制度标准与方法体系,做好与碳市场的衔接。据重庆市人民政府官网披露数据显示,重庆市

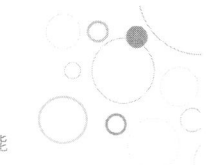

开展的"碳惠通"平台目前已经囊括了绿地碳汇、网约车、公共交通、光伏电站、风电站等多个领域的碳减排项目,截至2022年底,重庆碳市场累计成交碳排放量达4000万吨,核证自愿减排量达155万吨。

(2)从碳普惠合作网络的发展趋势来看,随着绿色金融和气候投融资政策的完善,以及数字化技术的进步,碳账户的应用越来越重视量化绿色绩效、引导绿色投资和推动绿色转型的功能[47]。中国个人碳账户从2015年开始逐渐发展壮大,根据2022年世界银行披露的数据,数字支付使用率达86%,均高于世界平均水平。目前的碳普惠形式主要从消费端的"衣、食、住、行、用"等方面入手,通过银行或互联网APP平台收集用户数据,并将其转化为碳账户余额。建立"以积分换权益"的方式提供正向激励环境,吸引用户积极参与减排活动,最终促使个人生活方式向绿色低碳方向转变。除个人碳账户外,基于企业或项目的碳账户也在逐步投入使用。大多数企业碳账户是在政府与金融机构的共同主导下,依托数据管理平台对企业的碳排放数据进行核算和量化。平台根据设定的基准线评估企业的碳排放行为,并将评估结果纳入信用体系考虑范围。同时,根据这些结果构建与碳排放挂钩的绿色金融产品,以激励更多企业参与节能减排工作。近年来,中国贷款市场报价利率(load prime rate,LPR)整体下行,一年期LPR和五年期LPR都经历了多次下调,普惠型贷款加权平均利率由2018年的7.39%逐渐下降到2023年的4.57%,为居民与企业的投融资提供了良好的金融环境(图2.7)。

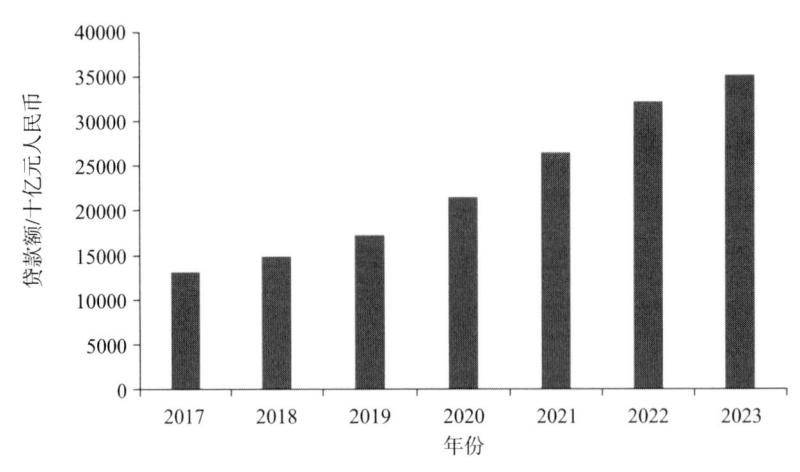

图 2.7　普惠金融贷款额

数据来源：中国人民银行。

2.4.3　新质生产力视角下构建碳普惠合作网络面临的挑战

目前，碳普惠机制仍处于起步阶段，个人碳账户和企业碳账户在信息安全、核算机制、激励机制、顶层设计、市场规模、数据互通等方面都存在一些问题，在新质生产力发展背景下，这些问题显得尤为突出。例如，在利益协调方面，新质生产力推动新型产业生态的形成，碳普惠合作网络未来会涉及更广泛的利益相关者，如技术提供商、金融机构、政府等。碳普惠合作网络需要适应这种新型生态下的多方利益协调问题，促进各方合作共赢。在政府监管方面，为形成需求侧新质生产力，需要加快数字技术的运用。未来将对碳普惠合作网络中的数据处理提出更高要求，配套法律法规的滞后性可能导致监管不足，需要加强及时有效的制度建设和监管规范。在用户参与方面，为促进需求侧减碳，碳普惠合作网络需要加强对碳普惠理念的推广和普及，提升用户参与的便捷性和体验感，克服用户认知障碍，为新质生产力添砖加瓦。要构建

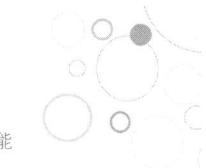

一个全面的碳普惠合作网络,推动新质生产力发展,必须解决目前存在的诸多困境,以确保碳普惠的可持续发展。

(1)要构建碳普惠合作网络,首先需要解决碳普惠机制本身存在的问题。具体表现在以下几个方面:一是信息安全和平台公信力不足。未来碳普惠机制将涉及大量的个人和企业数据,包括能源消费、碳排放和交易记录等,确保数据的安全性和隐私保护是一个重要问题。当前,一些碳普惠平台的信息安全措施和平台公信力还不够完善,可能存在数据泄露、篡改和滥用的风险,影响用户的信任和参与度[48]。二是个人碳普惠激励效果有限。碳普惠机制的目标之一是激励个人采取低碳生活方式,但目前个人在碳减排方面的贡献难以准确核算,激励机制不够明晰。同时,通过提高新质生产力,实现需求侧的节能降碳目标需要大量用户参与,但目前个人碳普惠的激励措施和回报相对较少,缺乏足够的吸引力。三是缺乏数据互通性和统一标准。在新质生产力推动下,多方交易主体将参与到碳普惠机制中,但目前缺乏统一的数据标准和互通性,导致数据的整合和共享困难,限制了各参与方的跨平台交流,影响了碳普惠机制的有效运行。四是缺乏统一的核算和认证机制。碳普惠机制需要准确核算和认证碳减排的效果,但由于缺乏统一的核算和认证机制,不同的碳普惠项目可能采用不同的核算方法和认证标准,导致结果的可比性和公正性受到挑战,也给投资者和参与者带来了不确定性和风险。五是市场规模和发展空间有限。目前中国的碳普惠市场规模相对较小,发展空间有限。由于碳交易的市场规模较小,碳价格波动较大,缺乏稳定和可预测性,导致碳普惠机制的发展和影响力受到限制,也制约了新质生产力的发展与碳市场的健康运行。

(2)考虑到不同平台之间业务的互联互通,未来新质生产力的发展对碳普惠与区块链、人工智能、物联网、大数据等创新技术的融合提出了更高的要求。一是在技术水平与数字质量方面。区块链和人工智能等创新技术在碳普惠领域的应用仍处于相对早期阶段，这些技术在新质生产力的助力下将迎来进一步发展和成熟，实现数智化技术与碳普惠机制的融合发展是构建碳普惠合作网络的重要前提。特别是在区块链技术方面，需要解决可扩展性和安全性等方面的问题，以支持大规模的碳账户数据管理和交易[49]。同时，区块链和人工智能等技术的应用需要依赖准确、可信的数据。但目前碳排放数据在采集、核算和验证方面都存在问题，数据的质量和准确性难以得到保证。二是在法律监管与信息安全方面。碳普惠合作网络涉及大量的个人和企业数据，在应用上需要遵守数据保护、隐私保护等法律法规。因此，区块链和人工智能等技术的应用也应当受到相关法律的监管。如何建立严格的监管框架与适当的数据共享和访问控制机制，确保技术的合规性和可信度，保护个人隐私和商业机密也将成为重要难题。三是在用户接受度和教育方面。区块链和人工智能等技术的应用可能对用户来说是新的和陌生的。如何帮助用户适应新的技术工具和平台，并理解其运作原理和优势，提高用户对碳普惠合作网络和相关技术的接受度，也是需要解决的问题[50]。

(3) 新质生产力需要更高效的数据互通来实现各方协同，而绿色金融与碳普惠在机制设计、建设能力、绿色标准等方面面临的障碍是二者融合发展的主要难点。金融市场与碳普惠机制的衔接，一是需要可靠、准确的碳排放数据和核算机制。但目前碳排放数据的质量和准确性仍存在挑战，核算机制也需要进一步完善。金融市场需要创新绿色金融产品和服务，以支持碳普惠机制的发展。这包括碳交易、碳金融产品、

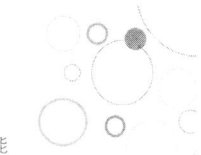

碳信贷和碳保险等,但金融市场在绿色金融领域的产品和服务仍相对有限,需要进一步拓展和创新。二是需要建立适当的监管框架和风险管理机制。金融机构需要对碳普惠项目进行风险评估和管理,并确保项目的可持续性和合规性。同时,监管机构需要加强对碳普惠机制的监管和监督,以保护投资者利益和维护市场稳定。但目前监管框架和风险管理条例尚未将新兴的绿色金融与碳普惠产业纳入监督管理范围,使得平台运营的合规性和稳定性难以得到保障,增加了潜在的风险。

(4)构建碳普惠合作网络还需要解决绿色金融、碳普惠和数字化技术等不同平台之间的衔接问题,否则会影响新质生产力的整体效益。一方面,是在数据核算标准与信息安全上的衔接问题。建立健全的数据安全保障和风险管控机制能够为新质生产力的提升提供可靠的技术和数据支持。目前碳排放数据的核算标准尚不完善,不同平台之间存在数据采集、计量和核算的差异,平台内的碳排放数据在准确性、完整性和可靠性等方面难以得到保障。绿色金融、碳普惠和数字化技术的融合需要一个完善的平台顶层设计,包括平台的功能、架构和运营模式等。然而,目前缺乏统一的顶层设计,不同平台可能采用不同的设计理念和模式,导致平台之间的可操作性和协同效应受到限制,技术整合和系统集成困难。平台间缺乏标准化的数据接口和通信协议,阻碍了数据的交流与共享。数字化技术在绿色金融和碳普惠平台应用上的障碍,也限制了新质生产力的形成与创新。

另一方面,是在平台设计与发展模式上的衔接问题。绿色金融、碳普惠和数字化技术的融合需要多个参与主体的合作与协同,包括政府、金融机构、企业、科技公司和社会组织等。然而,随着新质生产力的发展,更多的行为主体将参与到碳普惠机制中。不同主体之间的利益和目标可能存在差异,合作和协同的难度较大。平台设计需要考虑如何促进各参与主体之间的合作与协同,建立良好的利益共享机制,以实现绿色金融和碳普惠的共同目标。此外,技术更新和升级也是一个挑战,需要平台及时跟进和适应新的技术发展。碳普惠合作网络的商业模式和市场规模尚不成熟,缺乏有效的盈利模式和商业模式创新,限制了平台的发展和吸引力。绿色金融、碳普惠和数字化技术的融合需要用户的积极参与。然而,目前一些平台在用户参与方面存在问题。用户可能对绿色金融和碳普惠的理解和认知不足,缺乏对平台的信任和兴趣。平台设计需要考虑如何提高用户的参与度,包括提供用户友好的界面和功能、提供个性化的服务和激励机制,以吸引和激发用户的积极参与,从而推动新质生产力发展的需求侧减排。

■ 2.4.4　新质生产力视角下搭建碳普惠合作网络的政策建议

为充分发挥碳普惠合作网络给提升新质生产力带来的辐射带动作用,需要强调数字资本与技术创新的发展,克服目前存在的诸多短板问题。将绿色金融、数字技术以及碳账户融入碳普惠运行机制中,需要有效保障用户信息安全,确保减排核算方式的合理性,完善碳普惠的制度体系,统一数据采集与核算标准。具体来看,可以采取以下措施:

(1)需要增强用户的兴趣和参与度,逐步推广碳普惠合作网络,并建立数据安全保障和风险管控机制,为新质生产力的发展注入活力。近年来,中国政府陆续出台数据安全的相关法律法规,强调在数据处理的所有环节都应确保安全。建立广泛的合作伙伴关系,包括政府机构、金融机构、科技企业和数据服务提供商等。多方共同努力,形成一个完

第2章 数智化升级:新质生产力的核心动能

整的碳普惠合作生态系统,共同推动碳普惠合作网络的建设和发展。通过技术整合和接口开放,不同平台之间实现无缝衔接。建立标准化的数据接口和通信协议,使得不同平台的系统可以相互连接和交换数据。这样可以实现数据的流动性和实时性,提高碳普惠合作网络的效率和效果,进一步推动新质生产力的发展。建立完善的制度体系是推动碳普惠发展的关键。建议制定相关法律法规和政策,明确碳普惠的定位、目标和监管要求。建立行业协会或机构,负责行业自律和标准制定,推动行业的规范化发展。此外,建立投诉处理机制和纠纷解决机制,保障用户权益和维护市场秩序。同时,加强项目信息化、标准化和规范化建设,为"碳账户"金融衍生品从试点创新向大范围推广提供保障。以上措施的实施,可以增强用户的兴趣和参与度,确保数据安全和风险管控,建立完善的制度体系,并促进绿色金融与碳普惠的衔接,推动经济社会的全面绿色转型。这将为碳普惠合作网络的发展提供良好的基础,为新质生产力的发展注入活力。

(2)为了进一步促进新质生产力的发展,需要制定统一的碳减排测算标准,实现三大市场之间的互联互通与有机结合。在碳账户的发展过程中,广泛应用和大规模推广需要统一的核算标准体系,而不是各自为政、自成体系。减排核算是碳普惠的核心内容,需要确保核算方式的科学性、公正性和可信度。建议制定统一的减排核算标准和方法,明确减排项目的计量与核算标准。同时,建立独立的核算机构或引入第三方评估机构,制定统一的碳排放数据采集、计量和核算标准,以确保不同平台之间的数据可以相互对接和比较。另外,在新质生产力的数字创新引领下,数据将成为新的生产要素,届时在碳普惠机制中确保用户的个人信息和交易数据的安全至关重要。平台应采取严格的数据加密和隐私保护措施,确保用户数据的机密性和完整性。为实现数据的互通和共享,需要制定统一的数据采集和核算标准,确保不同平台和机构采集的数据具有一致性和可比性,方便数据的整合和分析。建立数据共享机制,促进数据的流动和共享,提高数据的利用效率。同时,建议现有的碳账户体系应紧跟政策导向,建立健全的用户数据访问和授权机制,限制数据的使用范围,防止数据滥用和泄漏。此外,还需要尽可能降低交易成本,尽快扩大用户规模。为构建完整统一的碳普惠合作网络平台,还需要进一步统一碳市场、绿色金融市场与碳普惠之间的碳核算标准,通过第三方权威机构的评审认定来保证核算的公平性和科学性[51]。以上措施在确保用户数据的安全和隐私的同时提高数据的可比性和可信度,推动数字技术产业的创新发展,有效实现碳普惠、绿色金融以及碳市场的互联互通和有机结合,为新质生产力提质增效。

(3)利用大数据和互联网提供高效的技术支持,将碳普惠与碳市场、绿色金融市场相结合,并建立国家或行业统一的数据库,为新质生产力的提升提供可靠的技术和数据支持。数字技术在碳普惠中发挥着重要作用,而它在数字金融平台中的应用也是推动新质生产力发展的重要体现。推动碳普惠合作网络的发展需要不断推动数字技术创新和标准化,探索应用区块链、人工智能和大数据等技术,提高数据的安全性和可信度[52]。一是利用区块链技术等去中心化的方式,确保数据的安全性和可追溯性,建立数据互通的机制,促进不同平台之间的数据共享,避免重复采集和核算。从现有碳账户发展来看,建立统一的数据库是打破壁垒、实现数据高效利用的必然趋势,需要制定统一的技术标准和规范,促进技术的互操作性和协同效应。二是将碳账户作为绿色金融发展的基础设施,促进相关金融政策的落地和实施,支持推动绿色金

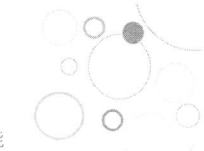

融产品的多元化创新。利用互联网、大数据、区块链等数字技术,将绿色低碳行动量化并汇总到碳账本,实现科学统计和精准测算。在银行体系中,可以由中国人民银行建立统一的碳排放数据库及相应的企业和项目碳账户体系,从而避免数据遗漏或重复计算等问题。中央银行可以推出相关政策措施鼓励金融机构开展"绿色普惠金融"业务,引导绿色投融资支持碳普惠服务。政府可以出台相关政策和激励措施,鼓励各方参与碳普惠合作网络的建设,如提供财政支持、税收优惠、减排配额等激励措施,以促进平台之间的合作和创新。以上措施可以促进绿色金融、碳普惠和数字化技术等不同平台之间的衔接,实现碳普惠合作网络的顺畅运行和发展,为推动绿色生活方式和新质生产力建设提供有力支持。

(4)建立有效的顶层设计方案,将绿色金融、数字技术和碳账户融入碳普惠运行机制中,推动新质生产力的提升与绿色经济的可持续发展。随着新质生产力的提出,未来更多的低碳政策将逐步出台,政府应该制定针对碳普惠的顶层政策和阶段性目标,明确碳减排目标和要求,以便监测和评估碳减排进展,同时为碳普惠合作网络提供政策支持和法律保障。政府制定的政策法规可以根据新质生产力发展需求和科学评估等因素来确定,并从碳定价机制、碳交易规则、碳减排等方面提供激励措施,以鼓励企业和个人参与碳减排行动。例如,政府可以采用碳税、碳信用机制、碳排放许可证以及碳交易等方式建立碳定价机制,使碳排放成本内化到产品和服务价格中,引导消费者选择更环保的产品和服务,从而促使企业调整生产方式,引导市场参与者在碳普惠机制中采取积极行动。另外,为了推动新质生产力的发展,政府需要建立相应的法律框架和监管机制,以确保碳普惠合作网络的合法性、公平性和透明度。通过制定法律法规,政府可以明确碳减排的义务和责任,规范碳账户的管理和核算机制,同时保护用户数据的安全和隐私[53]。设立专门的监管机构或委员会负责监督和评估碳减排行动与碳普惠合作网络的运行情况,进一步强化管理和监督机制[54]。此外,政府可以通过税收优惠政策激励企业和个人参与碳减排行动,如对购买低碳交通工具、使用清洁能源设备或参与碳减排项目的支出给予个人所得税减免或抵免,从而推动碳减排行动的广泛开展。同时,建立奖励机制、提供财政支持、给予税收优惠和减排配额等,制定碳普惠激励计划,对参与碳减排行动的企业和个人给予奖励或优惠待遇,进一步激励各方积极参与碳普惠合作网络中。金融机构也可以推出搭配性的绿色金融产品,为碳减排项目提供融资支持和投资机会,鼓励企业和个人积极参与,推动新质生产力的快速发展。

2.5 能源电子产业

2023年1月,工信部等六部委联合发布了《关于推动能源电子产业发展的指导意见》,提出要大力发展能源电子产业,将电子信息技术同新能源需求创新性融合,推动太阳能光伏、新型储能电池、重点终端应用、关键信息技术及产品等子产业融合发展[55]。这是中国高度重视培育战略性新兴产业,提高新质生产力的集中体现。习近平总书记指出:"新质生产力是创新起主导作用,摆脱传统经济增长方式、生产力发展路径,具有高科技、高效能、高质量特征,符合新发展理念的先进生产力质态。"其中,创新实际效用的有效释放依赖于战略性新兴产业的承载与驱动,能源电子产业作为中国战略性新兴产业的重要组成部分,以其独特的产业融合属性和广阔的应用前景,生动诠释了新质生产力的本质内涵及其价值所在[56]。因此,有必要剖析能源电子产业与新质生产力的互动关系,厘清能源电子产业的发展现状,明确影响能源电子产业发展新质生产力的困境与挑战,据此提供针对性的政策建议,同时也为国家新质生产力的壮大蓄势赋能。

2.5.1 能源电子产业与新质生产力的战略互动

从理论到实践,新质生产力的发展过程与能源电子产业的成长轨迹同步交织。新质生产力的核心在于倡导创新驱动,摒弃传统的经济增长方式,寻求生产力结构与模式的变革。在此背景下,能源电子产业作为一种集成光伏、储能和新一代信息技术等前沿科技的战略性新兴产业,其发展理念与新质生产力高度契合。能源电子产业的兴起和发展,正是新质生产力在实际应用中的生动例证——能源电子产业突破了原有的能源生产和消费模式,通过与高新技术的深度融合和创新应用,实现了能源系统的智能化和高效化转型。换言之,能源电子产业的形成与壮大是新质生产力发展的重要体现,其通过革新性的技术和产业形态,深度重构了能源发展方式和未来经济结构,并从根本上改变了能源的利用模式[57]。这种结构性变革不仅有助于提升整体能源利用效率,并且有利于环境保护和可持续发展目标的实现,进而成为推动经济社会高质量、可持续发展的核心引擎。

在新质生产力理论的指引下,新质生产力对能源电子产业产生了深刻的塑造和驱动作用。新质生产力在国家经济发展中的影响力全面而深远,其不仅有效提升了国家的整体科技创新能力,同时使得产业链向更高水平的现代化转型,在能源电子产业等战略性新兴产业的发展上起到了至关重要的布局和导向作用。新质生产力侧重通过科技创新催生新产业、新模式、新动能,注重知识密集型产业的发展[58],这对能源电子产业而言,意味着持续的技术革新和产品升级。新质生产力为能源电子产业提供了强大的创新驱动力,推动了如太阳能光伏、新型储能技术、智能电网和新能源汽车等领域的关键技术研发,促进了产业技术进步和核心竞争力提升。同时,新质生产力的发展,要求优化产业链结构,实现资源高效配置[59]。在这一过程中,能源电子产业通过深度融合其他新兴产业,实现了产业链上下游的垂直整合和水平扩展,使产业链具有更高附加值并向更高级别攀升。此外,新质生产力就是绿色生产力[60],其内涵本身包含了对绿色、低碳、循环发展路径的重视,这为能源电子产业提供了广阔的市场需求空间。随着全社会对清洁能源和高效节能产品需求的增长,能源电子产业积极响应新质生产力发展的需要,通过技术创新与产品研发,有力推动了能源电子产业市场规模的扩容和整体竞争力的跃升。

能源电子产业作为新质生产力的重要承载者与推动者,以其独特的技术融合特性与创新驱动效应,开创了全新的生产力形态,有力地推动了中国产业向高端化、智能化、绿色化的深度转型。在这个过程中,能源电子产业通过将信息技术、新能源技术与新型储能技术深度融合,催生出一系列高技术含量的产品和服务,如高效能光伏组件、智能储能系统和能源互联网解决方案等[61]。这既是新质生产力在实体产品上的具象化表达,也是中国加快形成新质生产力的落地实践。同时,能源电子产业通过构建高度互联、智能高效的产业链与创新链,重塑了产业生态与价值创造方式,其产业链涵盖了从基础材料、核心部件到系统集成、市场应用的全过程,每一环节都离不开对新质生产力的发掘和运用,特别是在平台经济和共享经济模式下,能源电子产业通过整合多方资源,构建了跨界融合、协同创新的生态系统,极大地提升了整体产业链的运行效率和经济效益。此外,能源电子产业在促进绿色转型发展中,也有力提升了新质生产力。通过致力于研发和推广清洁能源技术,降低能源消耗,能源电子产业推动了社会经济向低碳方向转变,为新质生产力的发展提速增效。能源电子产业与新质生产力的逻辑关系如图2.8所示。

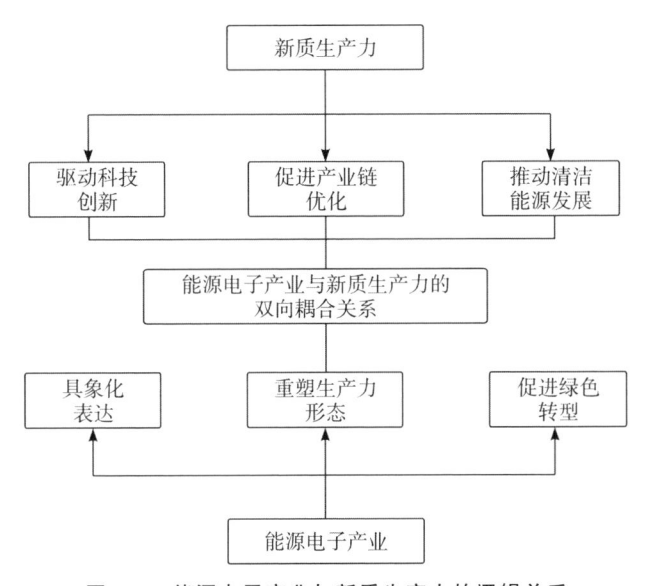

图 2.8 能源电子产业与新质生产力的逻辑关系

2.5.2 能源电子产业发展现状

在全球能源转型和绿色低碳发展的大背景下,伴随着科技创新浪潮的推动,世界各国给予了新能源及其相关产业前所未有的高度重视,纷纷加大资金投入,致力于太阳能光伏和新型储能等新兴技术的研发创新,有力实现了新质生产力在能源领域的突破。统计数据显示,全球每年投入这些领域的研发资金已超过数千亿美元。在此背景下,中国敏锐捕捉到新一轮科技革命所带来的历史机遇,适时提出了"能源电子产业"这一富有前瞻性的全新产业概念,旨在引领和推动中国的能源变革。能源电子产业概念的提出,意味着对现有分散产业格局的重塑与升级,光伏产业——全球装机容量已经突破600吉瓦大关,预计到2030年将增长至近2000吉瓦;新型储能电池产业,尤其是锂离子电池的累计出货量在2023年已突破1太瓦·时[62],其在电动车、家庭储能和电网级储能设施中的广泛应用大大提高了能源系统的灵活性与稳定性;在重点终端应用领域,电动汽车充电设施已覆盖全国各大城市,累计建设数量超过百万座,智能家居、智能电网等领域也在迅猛发展;而关键信息技术及产品如大数据分析、人工智能及区块链等前沿技术正在能源管理、能源交易和能源安全等领域中不断涌现并得到创新性应用。

培育壮大能源电子产业,串联起上述子产业,让各类先进优质生产要素向新质生产力的发展方向顺畅流动,实现跨学科、跨领域的深度融合与系统创新,充分形成资源集聚效应。这打破了原有的产业壁垒,并推动科研机构、生产企业和服务商等多方主体形成更为紧密的合作关系,通过资源共享、技术转移和市场互通等方式,建立起更高效、更具活力的资源配置和协同创新机制。目前,通过创新引进先进的电力电子技术,太阳能光伏系统的功率质量与利用率得到有效提升。借助云计算、物联网技术对储能电池进行实时监测与远程调控,推动了中国整个产业链条由单一的传统模式向高科技、智能化、绿色化的方向转型升级。这些战略部署,使得中国紧抓全球能源革命的主导权,在世界舞台上展现了其在科技创新与绿色发展中追求卓越的决心和实力。

此外,新质生产力是关键性、颠覆性技术突破而产生的生产力。作为国家大力倡导和不断发展的战略性新兴产业之一,能源电子产业是新质生产力在新能源领域的具体体现和有力证明,是与新质生产力相适应的生产模式。《意见》指出中国能源电子产业市场规模呈现爆发式增长,预计到2025年总产值将达到数万亿元人民币,其复合增长率远高于同期GDP增速,彰显出巨大的发展潜力和强劲的经济增长动能。能源电子产业作为国家战略性新兴产业的核心载体,承担着引领中国经济迈向高质量发展的重任,在推动构建现代化经济体系的过程中扮演着至关重要的角色。这一产业充分利用了科技创新的力量,深度融合了电子信息技术与新能源技术,聚焦太阳能光伏、新型储能、智能终端以及关键信息技术等多维领域,形成了集约化、智能化、绿色化的新型生产力形态。此外,面对全球日益严峻的环境挑战和低碳转型的迫切需求,国际社会对高效、便捷、绿色的能源解决方案抱有极高期待。中国的能源电子产业适时顺应并主动把握住了这一发展趋势,积极响应国际减排承诺,凭借创新驱动发展战略与产业结构优化升级,不仅提升了能源利用效率并降低了碳排放强度,而且显著促进了新质生产力的发展。

2.5.3 能源电子产业面临的形势与挑战

1. 亟须行业标准,防止"劣币驱逐良币"

在当前中国能源电子产业快速发展的大背景下,行业标准的欠缺已成为制约其高质量发展、提升新质生产力的关键问题。新质生产力的构建强调科技创新的主导作用和产业的可持续、高效发展,而能源电子产业行业标准的缺失易导致市场准入门槛降低,使得市场中产品质量参差不齐,严重影响产业的健康发展和新质生产力的形成。在能源电子产业中,"光储端信"各领域技术快速发展,新产品、新应用层出不穷,但缺乏统一、权威的行业标准,易导致市场出现"劣币驱逐良币"现象。

以太阳能光伏产业为例,由于光伏组件的生产工艺、材料品质和转换效率等参数并未得到全国范围内的统一规定,市场上出现了大量品质参差不齐的产品[63]。一些厂商为了追求短期利益,采用低成本的生产方式,制造出不符合长期稳定运行标准的光伏组件,这些组件或许可以达到一定的价格优势,但由于其性能衰减过快、故障率较高,往往在较短的时间内就丧失了预期的发电能力,导致用户的实际收益远低于投资预期。如此情况下,遵循高标准、严要求,并且注重技术研发和品质管控的优质企业反而可能因为产品成本相对较高,在市场竞争中处于劣势,陷入"劣币驱逐良币"的市场困局。另外,在新型储能电池领域,电池的安全性、循环寿命、能量密度等关键指标尚未达成一致的行业共识[64]。部分企业片面追求高能量密度,忽视了安全防护的设计和生产流程的严格把控,可能会引发安全事故,损害消费者权益,同时也对整个储能电池行业的形象和未来发展构成威胁。而那些严格遵循国际标准,做好技术研发和质量控制的企业,却可能因为成本较高、市场价格竞争激烈,导致市场份额受到挤压。此外,在智能终端应用和关键信息技术领域,标准不一的问题同样存在。例如,电动汽车充电设施接口标准不统一,使得不同品牌车辆与充电设施之间可能存在兼容性问题,影响用户体验,延缓了电动汽车产业的推广速度[65]。行业标准的缺失会影响市场的有效运转,降低能源利用效率,阻碍整个能源电子产业链的协同发展,不利于新质生产力的长期发展。

2. 产业链整合瓶颈与协同创新挑战

聚焦产业链整合与协同发展这一重要议题,尤其是在能源电子产业这一横贯多维度、多领域的综合性产业之中,其内在潜力尚待充分挖掘。新质生产力要求通过科技创新、产业升级和产业链协同,打破传统的生产模式,催生出具有高科技含量和高质量标准的新业态。而能源电子产业涉及新一代信息技术、新能源技术等多个高科技领域,其复杂性和多元化的特点决定了产业链内部各个环节之间必须紧密相连、互为支撑,从而实现整体效能的最大化。然而,能源电子产业行业内部企业在技术研发、产品生产乃至市场推广等环节表现出明显的孤立作战状态,缺乏统筹协调,导致各个企业间并未建立起有效的共享平台与协作机制。这种"单兵作战"的现象,导致了技术创新成果无法顺畅地沿着产业链条向下传导,从实验室走向市场的速度受限,进而影响了整个产业的创新效率和市场竞争力。另外,产业链上下游信息不对称和技术脱节的现象较为普遍,上游的研发创新往往不能及时准确地反映到下游的生产和市场需求中,反之亦然。这种情况制约了产业内部资源的合理流动与优化配置,阻碍了产业链的整体效能提升和协同创新步伐,无法形成新质生产力。

长江证券研究所的数据显示,预计到 2023 年底,光伏制造端的硅料、硅片、电池片、组件四个环节的产能都将超过 900 吉瓦,然而与之形成鲜明对比的是,2023 年和 2024 年全球组件需求预测分别为 525 吉瓦和 645 吉瓦,预示着光伏产业可能步入过剩阶段。与可再生能源发展相比,储能技术的研发和商业化进程相对较慢。截至 2022 年,中国的风电和光伏累计装机容量已分别超过 360 吉瓦和 390 吉瓦,但包括抽水蓄能在内的储能装机容量还不足 54 吉瓦,其中新型储能装机规模仅有8.7吉瓦[62]。这意味着,目前中国的储能配比滞后于可再生能源发展的速度,这给可再生能源的大规模部署和消纳带来了一些挑战,从而导致能源浪费和系统负荷不平衡[66],[67],限制了新质生产力的发展速度。

3. 战略性新兴产业的投资同质化问题

在能源电子这一战略性新兴产业的蓬勃发展过程中,伴随着其全球化、智能化和绿色化的逐步深入,产业投资同质化问题已成为阻碍新质生产力增长和产业长远发展的绊脚石。因此,在推动中国能源电子产业迈向高质量发展的道路上,产业投资同质化是亟待解决的关键症结。首先,产业投资同质化问题体现在众多企业在光伏、储能电池、电力电子元器件等热门领域争相投入相同相似的产品和服务上,集中资金于产能扩张和技术复制,而非技术原创和产品创新[68]。由于缺乏源于技术创新、业态创新、商业模式创新的生产力要素,这种投资趋势导致低端产能过剩、市场竞争激烈且无序,无法有效激活新质生产力。新质生产力的培育需要产业链上下游共同致力于突破核心技术瓶颈,实现原创性、突破性发展,而非简单地追求规模效应和短期利润。其次,能源电子产业涵盖范围广、技术迭代速度快,但部分投资者由于缺乏对行业未来发展趋势的深刻理解,容易盲目跟风,使得资本集中在短期可见回报的项目上,忽视了对未来新兴技术如固态电池、氢能发电、智能电网系统集成等领域的前瞻性投资[69],而这些前沿领域恰是孕育新质生产力的关键,其培育与发展将极大地推动能源电子产业结构升级和整体效能提升。再次,投资同质化还表现为对基础设施和生产设备的重复建设,使资源无法得到最优配置,影响产业的整体技术水平和综合竞争力。尤其是在国际市场环境下,如果没有独特的技术优势和品牌

影响力,将难以在全球价值链中占据有利位置,不利于新质生产力的输出和价值增值。最后,投融资环境不完善也是一个不容忽视的问题[70]。尽管国家出台了一系列政策支持新能源及能源电子产业的发展,但由于风险识别和定价机制尚不健全,金融机构在面对同质化项目时可能更加保守,偏向于投资较为成熟的业务板块,而对创新型、高成长性项目的支持不足,这延缓了新质生产力的形成。

2.5.4 能源电子产业新质生产力发展的政策建议

1. 构建前瞻标准体系,激活新质生产力

构建适应科技创新与可持续发展需求的高标准体系,激活并释放新质生产力,推动能源电子产业健康、有序发展。首先需要围绕新质生产力的核心内涵——科技创新和产业可持续、高效发展,构建一套符合新质生产力发展需求的、科学合理且具有前瞻性的能源电子产业标准体系。这一标准体系应契合"光储端信"等各领域技术进步的脉络,覆盖从基础研发、生产制造到市场应用、环保评价、回收利用等全生命周期环节,以高标准、严要求引导企业创新核心技术,提高产品质量,从而有效防止"劣币驱逐良币"的现象。例如,在太阳能光伏产业上,应基于全球最高标准制定统一的生产标准,保障优质企业的技术创新成果被市场充分消纳,使新质生产力得以充分释放,驱动整个产业向高效、绿色、智能的方向升级。

在此基础上,新质生产力的长期发展需要建立高标准市场体系,所以要强化科技创新与标准制定的双向互动机制,将科技创新成果及时转化为行业标准,通过标准牵引产业技术创新和产业升级,切实提升新质生产力水平。对于新型储能领域,应通过建立权威的行业标准和规范,如电池安全性、循环寿命和能量密度等关键指标,鼓励企业不过度追求单一性能指标,注重综合性能的全面提升,保障产品的安全性和可靠性。如此,按照高标准进行技术研发和品质管控的企业,将可以在市场竞争中凸显出新质生产力的优势,从而带动整个产业健康发展。同时,应重视并解决能源电子产业的产业链内部标准不统一的问题,以实现产业内部协同的有效传导。在国内市场,应当加强对电动汽车充电设施接口标准和智能电网数据交换等标准的统一规范,确保各环节之间能够高效衔接,避免因标准不一致造成的资源浪费和效率低下。建设统一、高标准的标准体系,鼓励企业加大技术研发投入,提升产品质量,促使企业在市场竞争中显现新质生产力,从而引导整个能源电子产业朝着高质量、高效率的方向跃升。

2. 新质生产力赋能产业协同,深化"光储端信"价值链体系

利用新质生产力赋能产业协同,构筑"光储端信"价值链体系。这不仅是中国能源电子产业全球化、智能化、绿色化的发展趋势,更是提高新质生产力、推动产业转型升级的必由之路。新质生产力引领下的产业变革需要"链群思维",推动产业模式创新和新兴产业融合集群发展,实现产业由量的积累到质的飞跃,这就要求能源电子产业打破原有的割裂状态,充分发挥其协同整合能力。

首先,针对"光储端信"各领域,政府与业界应合力构建完整的价值链体系。新质生产力强调创新驱动和产业链优化升级,需要政府与企业携手,围绕"光储端信"四大核心领域,打通产业链上下游,形成从原始材料获取、核心技术研发、高端制造到终端应用的全链条闭环。政府应充分发挥宏观调控和顶层设计作用,通过制定中长期发展规划,引导产业资源优化配置,促进产业链上下游紧密协作。在太阳能光伏领域,

可通过推动硅料提纯、电池片制造、光伏组件生产以及光伏电站建设等环节的整合,形成一条自原料供应到终端应用的完整产业链,从而提升整体产业效率和市场竞争力。其次,围绕"新型储能"领域,构建包含电池材料研发、电芯制造、电池管理系统开发、储能系统集成直至退役回收利用的闭环价值链,确保储能产业健康有序发展。政府可以通过设立专项基金支持关键储能技术研发,同时制定严格的储能产品安全、性能和环保标准,保障储能市场健康发展。在"重点终端应用"方面,应侧重电动汽车、智能电网和分布式能源系统等重点领域,制定面向终端用户需求的标准体系,鼓励终端应用与上游技术、产品的深度融合。针对电动汽车充电设施,应完善统一的充电接口标准和通信协议,消除设备操作性障碍,促进充电设施的普及,提高设备的便利性。在"关键信息技术"领域,则应聚焦大数据、云计算和人工智能等前沿技术在能源领域的应用,建立一套能够有效支撑能源系统数字化、智能化转型的信息技术。制定适用于能源互联网的数据采集、传输、处理和分析的标准体系,确保能源信息化、智能化改造的顺利推进,为新质生产力的长期发展夯实基础。

此外,企业作为创新主体,是发展新质生产力的主力军,在能源电子产业链的构建中也扮演着举足轻重的角色。新质生产力要求以新产业为主导,以产业升级为方向,引领经济发展走向高效、智能和可持续发展的新道路。企业不仅是新技术的开发者和新产业的塑造者,更是新质生产力落地生根的践行者。因此,要树立"链群思维",推动能源电子产业中相关企业参与打造链群组织,形成产业链、供应链、创新链协同发展,从而构建完整的能源电子产业链条,从源头创新到终端应用完善价值链体系,全方位提升产业链各个环节的价值创造能力。

3. 以提升新质生产力为导向，破解产业投资同质化困局

要加快形成新质生产力，通过投资驱动锚定产业创新。新质生产力是以科技创新为主导，实现关键性、颠覆性技术突破而产生的生产力，缺乏明确靶向性引导的投融资驱动，则难以实现科技创新的关键性突破以及产生新质生产力。国家需要加大对新兴产业和未来产业的投资鼓励力度，给予其更大的发展空间。首先，要注重创新驱动，实行差异化投资策略，鼓励并引导企业采取差异化投资，重点关注能源电子产业中具有新质生产力潜质的关键领域，如新一代光伏技术、新型储能系统、智能电网及能源管理系统等。利用政策扶持、税收优惠、创新基金等手段，推动企业加大对原创技术、核心部件和高端产品的研发投入，突破产业链中"卡脖子"技术，从而摆脱低水平重复建设问题，激活新质生产力的源泉。健全科技创新成果与产业转化的桥梁，促进"产学研用"深度合作，确保科技创新成果能够迅速转化为产业生产力，提升整个产业链的技术含量和附加值，从根本上解决产业投资同质化导致的低端产能过剩问题。

深化改革能源电子产业投融资体系，赋能新质生产力。要完善金融支持政策，创新金融产品和服务模式，引导金融机构加大对能源电子产业中具有原创性、突破性特征项目的资金支持力度。利用设立专项产业投资基金、提供信贷优惠和发行绿色债券等方式，降低创新型企业尤其是初创公司的融资难度和成本，支持其在新兴技术领域的研发和应用。另外，政府部门可以借助金融市场工具，鼓励和支持符合条件的企业发行绿色债券，以吸引社会多元化资本投入有关新能源和电子信息技术的产业项目中，这样既能有效分散企业的融资风险，又能提高资金使用效率，促进企业可持续发展。此外，为了更好地化解投融资过程中的潜在风险,需要建立健全风险分担和补偿机制。鼓励金融机构积极参与,对具有技术领先地位和广阔市场前景的能源电子项目实施长期战略投资,从而打破行业内部的同质化竞争困境,加快培育新的发展动能,催生出具有创新性的生产模式,形成新质生产力。

参考文献

[1] 中国政府网.向新质生产力要增长新动能[EB/OL].(2024-01-29)[2024-04-30]. https://www.gov.cn/yaowen/liebiao/202401/content_6928827.htm.

[2] 中工网.以能源转型为动力加快发展新质生产力[EB/OL].(2024-03-12)[2024-04-30].https://www.workercn.cn/c/2024-03-12/8181979.shtml.

[3] 林伯强.能源革命促进中国清洁低碳发展的"攻关期"和"窗口期"[J].中国工业经济,2018(6):15-23.

[4] 林伯强.中国迈向碳中和的难题与出路[J].新金融,2021(7):26-29.

[5] 黄勃,李海彤,刘俊岐,等.数字技术创新与中国企业高质量发展——来自企业数字专利的证据[J].经济研究,2023,58(3):97-115.

[6] 张宇燕,管清友.世界能源格局与中国的能源安全[J].世界经济,2007(9):17-30.

[7] 肖祖沔,赵雪晴.我国区域产业链竞争力测度、特征及影响因素研究[J].中国集体经济,2024(6):41-44.

[8] 巫强,姚雨秀.企业数字化转型与供应链配置:集中化还是多元化[J].中国工业经济,2023(8):99-117.

[9] 邱煜,潘攀.企业数字化转型与大客户依赖治理[J].财贸经济,2023,44(10):90-108.

[10] 段文奇,景光正.贸易便利化、全球价值链嵌入与供应链效率——基于出口企业库存的视角[J].中国工业经济,2021(2):117-135.

[11] 倪红福,龚六堂,夏杰长.什么削弱了中国出口价格竞争力?——基于全球价值链分行业实际有效汇率新方法[J].经济学(季刊),2019,18(1):367-392.

[12] 林伯强.碳中和进程中的中国经济高质量增长[J].经济研究,2022,57(1):56-71.

[13] 刘大同,郭凯,王本宽,等.数字孪生技术综述与展望[J].仪器仪表学报,2018,39(11):1-10.

[14]周文,许凌云.论新质生产力:内涵特征与重要着力点[J].改革,2023(10):1-13.

[15]罗铭杰.新质生产力的生态内涵论析[J].河北经贸大学学报,2024,45(2):11-19.

[16]彭绪庶.新质生产力的形成逻辑、发展路径与关键着力点[J].经济纵横,2024(3):23-30.

[17]仲冰,韩颜如,张国生,等.新质生产力视域下我国新兴气体能源创新发展研究[J/OL].中国工程科学:1-12[2024-03-30].http:∥kns.cnki.net/kcms/detail/11.4421.G3.20240326.2033.004.html.

[18]姜海洋,杜尔顺,马佳豪,等.考虑长周期供需不平衡风险的新型电力系统规划方法[J/OL].中国电机工程学报:1-14[2024-03-30].https://link.cnki.net/doi/10.13334/j.0258-8013.pcsee.230440.

[19]刘嫈,孙庆凯,许泽凯,等.能源互联网中的数字孪生技术体系、应用与挑战[J].中国电力,2024,57(1):230-243.

[20]刘丽军,黄伟东,陈泽楷,等.考虑灵活性供需平衡的新型电力系统长短期储能联合规划[J/OL].电网技术:1-13[2024-03-30].https://doi.org/10.13335/j.1000-3673.pst.2024.0224.

[21]王新迎,蒲天骄,张东霞.电力数字孪生研究综述及发展展望[J].新型电力系统,2024,2(1):52-64.

[22]蔡瑞天,姚丽娟,武昕.面向分布式光伏群调群控的数字孪生方法[J/OL].电网技术:1-15[2024-03-30].https://doi.org/10.13335/j.1000-3673.pst.2023.2066.

[23]陶飞,刘蔚然,刘检华,等.数字孪生及其应用探索[J].计算机集成制造系统,2018,24(1):1-18.

[24]陶飞,刘蔚然,张萌,等.数字孪生五维模型及十大领域应用[J].计算机集成制造系统,2019,25(1):1-18.

[25]冯东豪,蒋国栋,刘涛,等.电网数字孪生分析模型建模及应用[J/OL].电力系统及其自动化学报:1-10[2024-03-30].https://doi.org/10.19635/j.cnki.csu-epsa.001382.

[26]罗昊,王长江,王建国.面向数字孪生的电-气综合能源系统可用输电能力计算[J].电力建设,2023,44(11):113-127.

[27]周翔,贺兴,陈赟,等.超大型城市虚拟电厂的数字孪生框架设计及实践[J/OL].电网技术:1-10[2024-03-30].https://link.cnki.net/doi/10.13335/j.1000-3673.pst.2023.2128.

[28]吴泽华,吴宝英,赵林杰,等.面向输变电设备数字孪生的多物理场正反演快速

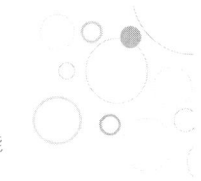

仿真关键技术综述[J/OL].电网技术:1-16[2024-03-30].https://doi.org/10.13335/j.1000-3673.pst.2023.1967.

[29]贺兴,艾芊,朱天怡,等.数字孪生在电力系统应用中的机遇和挑战[J].电网技术,2020,44(6):2009-2019.

[30]陶飞,张贺,戚庆林,等.数字孪生十问:分析与思考[J].计算机集成制造系统,2020,26(1):1-17.

[31]新华社.中央经济工作会议在北京举行习近平发表重要讲话[EB/OL].(2023-12-12)[2023-12-30].https://www.gov.cn/yaowen/liebiao/202312/content_6919834.htm.

[32]郦全民.人工智能在生产力中的角色[J].华东师范大学学报(哲学社会科学版),2023,55(5):6-12,170.

[33]沈坤荣,金童谣,赵倩.以新质生产力赋能高质量发展[J].南京社会科学,2024(1):37-42.

[34]林伯强,占妍泓,孙传旺.面向碳中和的能源供需双侧协同发展研究[J].治理研究,2022,38(3):24-34,125.

[35]ZHANG L,LING J,LIN M. Artificial intelligence in renewable energy: a comprehensive bibliometric analysis[J].Energy reports,2022,8:14072-14088.

[36]程文.人工智能、索洛悖论与高质量发展:通用目的技术扩散的视角[J].经济研究,2021,56(10):22-38.

[37]新质生产力的内涵特征和发展重点(深入学习贯彻习近平新时代中国特色社会主义思想)[N].人民日报,2024-03-01(09).

[38]新华社.习近平在黑龙江考察时强调:牢牢把握在国家发展大局中的战略定位 奋力开创黑龙江高质量发展新局面[EB/OL].(2023-09-08)[2023-12-30].https://www.gov.cn/yaowen/liebiao/202309/content_6903032.htm?device=app.2023.

[39]新华社.习近平主持召开新时代推动东北全面振兴座谈会强调:牢牢把握东北的重要使命 奋力谱写东北全面振兴新篇章[EB/OL].(2023-09-09)[2023-12-30].https://www.gov.cn/yaowen/liebiao/202309/content_6903072.htm.

[40]张夏恒,马妍.生成式人工智能技术赋能新质生产力涌现:价值意蕴、运行机理与实践路径[J].电子政务,2024(4):17-25.

[41]张俊,徐箭,许沛东,等.人工智能大模型在电力系统运行控制中的应用综述及展望[J].武汉大学学报(工学版),2023,56(11):1368-1379.

[42]肖峰,赫军营.新质生产力:智能时代生产力发展的新向度[J].南昌大学学报(人文社会科学版),2023,54(6):37-44.

[43]林伯强,杨梦琦.碳中和背景下中国电力系统研究现状、挑战与发展方向[J].西安交通大学学报(社会科学版),2022,42(5):1-10.

[44]DE VRIES A.The growing energy footprint of artificial intelligence[J].Joule,2023,7(10):2191-2194.

[45]郭桂霞,张尧.数字普惠金融与碳减排关系研究[J].价格理论与实践,2022(1):135-138.

[46]靳国良.碳交易机制的普惠制创新[J].全球化,2014(11):45-59,134.

[47]丁凡琳.中国数字普惠金融对碳强度的影响[J].武汉大学学报(哲学社会科学版),2022,75(6):110-120.

[48]曾红鹰,陶岚,王菁菁.建立数字化碳普惠机制,推动生活方式绿色革命[J].环境经济,2021(18):57-63.

[49]蔡莉妍.数字经济时代数据安全风险防范体系之构建与优化[J/OL].大连理工大学学报(社会科学版):1-8[2024-03-31].https://link.cnki.net/doi/10.19525/j.issn1008-407x.2024.03.012.

[50]卢乐书,姚昕言.碳普惠制理论与制度框架研究[J].金融监管研究,2022(9):1-20.

[51]王中航,张敏思,苏畅,等.我国碳普惠机制实践经验与发展建议[J].环境保护,2023,51(4):55-59.

[52]陈志涛,朱义勇,郭铭雅,等.基于工业互联网的数据安全流通技术研究[J].科技风,2024(8):49-51.

[53]李晓楠.数字经济背景下公共数据开放安全治理[J].济南大学学报(社会科学版),2024,34(2):75-85.

[54]蔡跃洲,马文君.数据要素对高质量发展影响与数据流动制约[J].数量经济技术经济研究,2021,38(3):64-83.

[55]工业和信息化部,教育部,科学技术部,中国人民银行,中国银行保险监督管理委员会,国家能源局.工业和信息化部等六部门关于推动能源电子产业发展的指导意见[J].中国信息化,2023(1):8-13.

[56]王鹏,靳开颜.新质生产力视角下的未来产业发展:内涵特征与发展思路[J].技术经济与管理研究,2024(3):1-6.

[57]张夏恒,马妍.新质生产力驱动数字经济高质量发展的机理、困境与路径[J].西

北工业大学学报(社会科学版):1-8.

[58] 郭朝先,陈小艳,彭莉.新质生产力助推现代化产业体系建设研究[J].西安交通大学学报(社会科学版):1-15.

[59] 张志鑫,郑晓明,钱晨."四链"融合赋能新质生产力:内在逻辑和实践路径[J].山东大学学报(哲学社会科学版):1-12.

[60] 宋月红.新质生产力本身就是绿色生产力[J].新湘评论,2024(6):16-17.

[61] 张明.江苏省能源电子产业发展机遇及对策研究[J].能源研究与利用,2023(5):24-27.

[62] 林伯强,谢永靖.中国能源低碳转型与储能产业的发展[J].广东社会科学,2023(5):17-26,286.

[63] 武魏楠.标准的缺失,是中国光伏行业的最大问题——专访招商新能源集团首席执行官李原[J].能源,2016(6):78-79.

[64] 陈璨,邓鹤鸣,曹阳,等.用户侧储能安全标准现状分析[J].供用电,2021,38(8):12-18.

[65] 张甜,宋庭新,朱清波,等.电动汽车电气系统安全性分析及标准制定研究[J].标准科学,2018(3):47-51.

[66] 王骞,易传卓,张学广,等.兼顾捕碳强度与可再生能源消纳的储能容量配置优化方法[J].中国电机工程学报,2023,43(21):8295-8309.

[67] 陈思梦,郇志坚,王勇.可再生能源发展推动能源转型的现状、问题与路径研究——以新疆为例[J].金融发展评论,2022(11):51-63.

[68] 赵云平,司咏梅.加强新能源产业布局统筹推动新能源全产业链有序高效发展[J].北方经济,2022(11):7-10.

[69] 夏晗,潘陈志,冯加章.基于新能源开发建设的新型电力系统长期规划模型[J].自动化应用,2024,65(1):90-92.

[70] 赵倩."双碳"背景下新能源企业的融资困境探究[J].河北企业,2022(10):21-24.

第3章

新型电力系统建设：新质生产力的基础支撑

无论是数字化转型还是智能化升级,新质生产力的发展都离不开安全稳定的能源电力供应。以高比例新能源出力为特征的新型电力系统将在兼顾环境效益的同时,有力支撑起新质生产力的可持续发展。在供电侧,智能电网代表着一个新的阶段,它如何给现有的电网架构注入更多智能化元素,引领高效输能的革新?在需求侧,新质生产力如何助力调整电力消费行为,确保能源供应的安全与有序?在能源结构转型的过程中,用户侧储能又扮演了哪些关键角色?电能替代将会给新质生产力的发展带来何种深远影响?新质生产力又会如何反过来推动电能替代的顺利实现?在广袤的农村地带,智能微电网的兴起又如何成为支持"三农"新质生产力发展的新引擎?

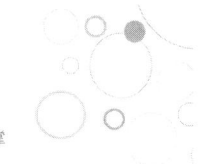

3.1 智能电网

为支持国家实现"碳达峰、碳中和"的宏伟目标,必须深入贯彻能源革命。在能源革命背景下,我们将迈入的是一个以可再生能源为主体的深度电气化时代[1]。然而,能源革命并非一蹴而就,也非僵化守旧,而是在现有基础上升级迭代,不断改革创新。为此,国家提出要逐步构建以可再生能源为核心的新型电力系统。但是,中国新型电力系统建设面临"源网荷"协调困难、用户侧供需互动需求加大、数字化水平有待提升等多方面挑战。习近平总书记指出:"要适应能源转型需要,进一步建设好新能源基础设施网络,推进电网基础设施智能化改造和智能微电网建设,提高电网对清洁能源的接纳、配置和调控能力。加快构建充电基础设施网络体系,支撑新能源汽车快速发展。"同年,新质生产力被首次列入政府工作报告,加快发展新质生产力被列为首要任务。因此,对于电网来说,必须加快建设形成电网新质生产力,以保障电力安全稳定供应与电力供需协同发展。智能电网旨在实现更高效、更可靠、更安全、更环保的电力供应和利用,是传统电力系统的智能化升级。因此,智能电网可以被认为是电网新质生产力,建设智能电网将助推电网新质生产力的发展。

3.1.1 关于智能电网与电网新质生产力的探讨与阐释

本小节梳理了智能电网与电网新质生产力之间的逻辑关系,如图3.1所示。

(1)智能电网并非对传统电网的否定,而是对传统电网的智能化改

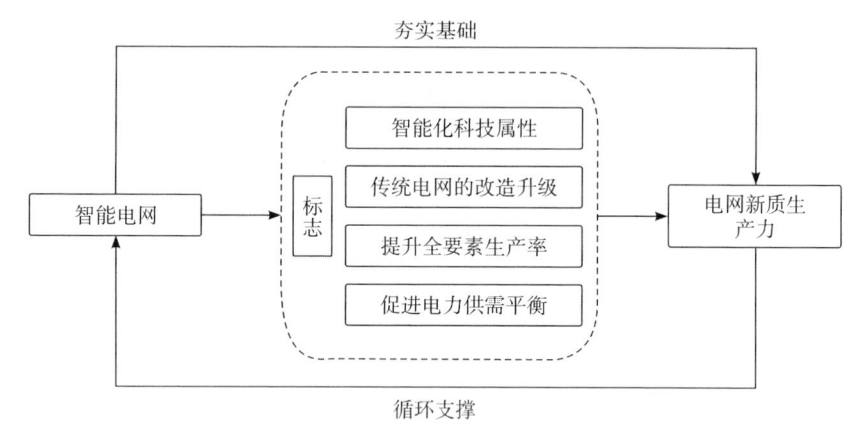

```
                        夯实基础
        ┌─────────────────────────────────────────┐
        │        ┌─────────────────────┐          │
        │        │   智能化科技属性    │          │
        │   ┌──┐ ├─────────────────────┤  ┌─────┐ │
        │   │标│ │  传统电网的改造升级 │  │电网 │ │
智能电网─┼──▶│  │ ├─────────────────────┤─▶│新质 │ │
        │   │志│ │   提升全要素生产率  │  │生产 │ │
        │   └──┘ ├─────────────────────┤  │力   │ │
        │        │   促进电力供需平衡  │  └─────┘ │
        │        └─────────────────────┘          │
        └─────────────────────────────────────────┘
                        循环支撑
```

图 3.1 智能电网与电网新质生产力的逻辑关系

造和升级，从而夯实电网新质生产力发展的基础。发展新质生产力不是忽视、放弃传统产业，而是用新技术改造提升传统产业，积极促进产业高端化、智能化、绿色化。传统电网在大规模电力输送方面扮演着至关重要的角色，然而，随着能源生产形势的变化和社会需求的提升，传统电网在供电可靠性、能源利用效率以及灵活性等方面逐渐显露出局限性。随着不稳定的可再生能源电力占比增加，传统电网越来越难以满足日益复杂多变的能源供需情况[2]。智能电网通过引入先进的信息技术、通信技术和控制技术，实现了对电网各个环节的监测、控制和优化。首先，智能化改进能够实现对供电系统的实时监测和智能调度，及时应对各种突发情况，从而提高供电的可靠性和稳定性。其次，智能化改进能够实现电力优化配置，从而减少能源浪费，提高能源利用效率。最后，智能化改进能够根据实际需求进行动态调整，从而更好地适应不同的能源供需情况，提高电网的适应性和灵活性。需要指出的是，智能电网与传统电网并非对立关系，而是对传统电网的技术、运行方式和管理模式的升级。智能电网的建设将为电网发展注入新的活力和动力，

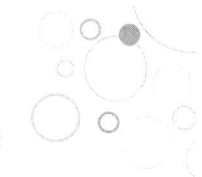

使得传统电网能够更加迎合未来能源发展的需求,从而为新型电力系统的新质生产力提供重要支撑。

(2)智能电网作为一项电力基础设施,可以充分发挥其对社会全要素生产率提升的乘数效应,助推电网新质生产力引领其他新质生产力。新质生产力的核心标志是提升全要素生产率。从全要素生产率角度来分析,首先,智能电网的建设和运营将直接促进电力行业的生产率提升。电网智能化升级带来的电网监测、控制和管理创新,可以协调优化电力生产、调度和配置,从而提高电力生产和传输效率,减少能源浪费和损失,提升电力行业的整体生产率水平。其次,智能电网的发展也将间接影响其他产业的全要素生产率。其中,工业制造业和服务业等电力依赖度高的产业尤其受益于智能电网的优化供应。智能电网的普及和应用可以为这些电力依赖度高的实体带来更为稳定可靠的电力供应,降低因停电或电力波动而造成的生产中断和损失风险,从而降低生产过程中面临的不确定性。这在一定程度上体现出,智能电网具有提高用户侧生产效率和竞争力的特性。最后,智能电网具有提升社会全要素生产率的巨大潜力。例如,建设智能电网可以帮助实现能源资源的高效利用和可再生能源的大规模接入,从而有助于能源产业的低碳发展和转型[3]。智能电网所运用的一系列高新技术和设备,具有催生大量新技术应用和创新的潜力。这些技术包括物联网、人工智能、大数据等,可以在整个社会中得到广泛应用,这将助推电网新质生产力引领创造其他行业的新质生产力。

(3)电网新质生产力可以为智能电网发展提供技术和理论支持,助推电网新质生产力与智能电网发展的良性循环。电网新质生产力截至目前并没有一个统一的定义,但它的主要特点是能够促进能源生产、传输和消费的创新,以满足日益增长的电力需求,并推动整个能源产业的低碳发展和转型。电网新质生产力存在的必要性在于解决传统电网存在的问题,提升电网的运行效率、安全性和可靠性。因此,智能电网可以被理解成电网新质生产力的探索和实践。一方面,电网新质生产力的不断提升可以为智能电网的发展提供源源不断的动力;另一方面,智能电网的应用和推广又为电网新质生产力的实现提供了有效的路径。从技术和理论层面,电网新质生产力可以为智能电网发展提供支持。而智能电网的建设又为电网新质生产力的实现提供了实践和示范。因此,二者相辅相成可以推动电网新质生产力和智能电网的发展相互促进、共同提升,形成良性循环的发展格局。

3.1.2 智能电网的发展现状

早在2015年,国家发改委和国家能源局在《关于促进智能电网发展的指导意见》中已对智能电网的概念有过明确定义。智能电网被定义为一种基于新技术、新材料和新设备集成和创新的新一代电力系统,具有高度信息化、自动化、互动化等特征,旨在实现电网的安全、可靠、经济、高效运行。从产业链视角来看,智能电网产业链的上游、中游和下游涵盖了发电、变电、输电、配电和用户五大环节。其中,上游主要是指发电环节,包括可再生能源和传统能源发电,均可参与智能电网发展,但是传统能源目前占比较大。中游主要涉及智能变电、智能输电和智能配电等,可以看出中游产业链是实现智能电网功能的核心。下游包括电能的终端用户用电环节,主要包括工业用电、居民用电和商业用电等。从运营主体来说,智能电网主要涉及五大发电集团和两大电网,以及多个电力服务和设备制造企业,形成了"5+2+N"运营体系。

根据相关文件,当前智能电网的发展主要面临五个方面的要求:一是智能电网本质就是要求提高传统电网的科技含量。创新性应用新技术、新设备和新材料,来提高电力系统的智能化、自动化程度,使其具备更强的应变能力和智能化管理水平。二是智能电网要求以电网的安全性和可靠性为前提。这涉及引入数字化技术来打造可以实时监测、预测和控制的智能化系统,及时识别和应对电网运行中的问题和风险,确保电力系统的稳定运行。三是智能电网要求实现能源综合利用。即充分整合各种能源资源,包括传统能源和新能源,在电力生产、传输和使用的各个环节实现高效利用,从而提升能源综合利用效率。四是智能电网要求能够促进节能减排。这需要通过提高能源利用效率、优化电力系统运行、减少能源消耗和排放以及促进新能源的大规模利用和接入来实现。五是智能电网要求电力资源的优化配置和灵活调配。这主要是通过信息化、自动化技术实现电力生产、传输和使用更加高效、灵活和可持续,最终实现电网效益和社会效益的最大化。

而在新质生产力理论体系下,需要注意智能电网发展可能面临着更高的要求。具体而言,至少体现在五个方面:一是要求支撑更高比例的可再生能源电力。新质生产力要引领绿色转型。随着"双碳"目标的逐步推进,智能电网需要成为支撑能源绿色转型的中坚力量,以整合和平衡60%以上甚至70%以上更高比例的可再生能源电力并网。二是要求更高效的电力供给与需求之间动态匹配。供需匹配是新质生产力的重要标志。智能电网需要更好地适应中国东西部电力生产和消费之间的差异,以及用户端电力消费需求更加灵活带来的峰谷差距,如适应中国电动汽车普及引发的新电力消费模式。三是要求与其他行业新质生产力更高的协同性。新质生产力之所以能够迸发出强大力量,是因为实现了生产要素的高效协同。智能电网需要注意与其他行业的深度融合,包括但不限于与智能交通、智能制造、智慧城市等领域的紧密结合,共同推动各行业的发展,并实现整体效益的提升。四是要求拥有更广泛的智能市场和交易平台。新质生产力要求更广范围的劳动对象。新型电力系统中的智能电网需要注意打破传统生产者和消费者之间的壁垒,允许不同的能源生产者和消费者之间进行智能化的能源交易,电力消费者也可以作为电力生产者参与交易,共同培育一个更大的电力市场。五是要求培育更高技术的复合人才。新质生产力要求更高水平的新型劳动队伍。以往智能电网更多强调的是技术、材料和设备层面的智能化升级,未来需要注意培育和发挥劳动者在技术学习、应用和创新过程中的作用。他们不仅需要具备电力系统工程的专业知识,还要具备信息技术、人工智能、数据分析等领域的技能。

3.1.3 智能电网发展面临的挑战

受政府政策、市场和信息智能化技术等多方面因素的推动,中国智能电网呈现快速发展态势。尤其是在2014年以来,中国可再生能源实现跨越式发展过程中,智能电网发挥了重要的保障作用。然而,在新质生产力定位下,智能电网的快速发展也存在一些挑战。

(1)高比例可再生能源并入引发的技术性、安全性和智能化挑战,不利于智能电网支撑形成电网新质生产力。首先,政策明确智能电网要以清洁能源为主。智能电网内部电力电量要能实现实时平衡,就需要更加先进的数字化技术进行实时监测、分析和调控。而智能电网中包括多种不同的能源资源和设备,确保它们能够相互协作和可操作是一个技术挑战。其次,大规模数据采集和管理是智能电网的关键,但也

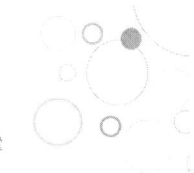

需要确保数据隐私和安全,因此网络安全也是一个重要的挑战。再次,不稳定的风光电力占比提升所引发的电力供应稳定性问题也给电网内部的能源安全带来不小的挑战[4]。最后,智能电网需要高度智能化的能源管理、控制和交易系统。这些系统必须能够实时监测和预测能源供需情况,以确保能源供应和负载平衡,这对未来智能电网的智能化提出了更高的要求。因为电网新质生产力首先就要确保能源安全,并具备智能化等高科技属性。而智能电网面临的技术性、安全性和智能化挑战,不利于智能电网支撑形成电网新质生产力。

(2)智能电网高投资引发的经济性挑战,不利于智能电网快速发展形成电网新质生产力。首先,智能电网建设面临较高的初期投资建设成本。智能电网作为一个更先进的电力系统,其建设初期需要配置高度先进的技术设备,如可再生能源发电设备、储能系统、智能控制器等,而这些设备和系统的成本较高,导致智能电网的初始建设成本相对传统电网更高。其次,智能化程度提升可能会带来更多的后期维护成本。智能电网的设备和系统往往是一个发输配的集成体,它们需要定期维护、更新和升级。这些额外的运营和维护成本可能在一定程度上增加了总体运营成本。最后,从集成的角度来看,运营管理也面临着"木桶效应",需要更多的创新成本来进行弥补。目前来看,部分智能电网技术仍旧未完全成熟,这势必将带来更多的技术风险和不确定性,出现初期运营效率低下、设备故障率高等一系列问题。因为技术的先进性,后期则将需要更多的投入来解决初期的技术问题。所以,智能电网往往面临着高投资需求,智能电网项目可能面临融资难以及经济回报周期长的问题。这些经济成本问题将阻碍智能电网的发展速度,制约其大规模普及和应用,从而影响其形成电网新质生产力的进程。

（3）智能电网发展所面临的电力市场交易机制不健全的挑战，限制了智能电网培育形成长期电网新质生产力。传统电力市场定价机制难以准确反映智能电网内部多能源、多方参与的复杂情况，无法有效促进可再生能源的集成和消纳。首先，智能电网内部产生的电力定价可能需要更灵活、基于实际情况的定价机制[5]。而现有的电力市场机制主要体现在中长期电力交易上，缺乏灵活有效的现货市场来体现灵活性电力资源的潜在价值。其次，未来的智能电网需要促进用户侧参与来实现能源的共享和交易。然而，现在的售电侧市场格局相对单一，用户参与度低，缺乏有效的竞争机制来充分发挥用户侧灵活性和能源共享的优势，限制了其发展空间。再次，中国电力市场长期以来以省为实体，各省之间存在着较大的地区发展差异，阻碍了电力资源的跨省流动。对于智能电网而言，电力跨省级流动将成为常态，故需要更完善的省际电力市场交易机制来确保电力的跨省无障碍流通。最后，风光等可再生能源发电的波动性和难预测性需要更多其他能源预期搭配平衡，如储能和传统火电。然而，当前的电力市场交易机制缺乏完善的调峰资源定价机制与相关能够体现绿色能源环境价值的定价机制。这使得智能电网在协调多品种能源的交易和管理方面存在挑战。电力市场交易机制的完善并非一蹴而就，从长期来看，这将会限制智能电网向电网新质生产力的进一步提升。

3.1.4 助推智能电网形成电网新质生产力的政策建议

要想建设好智能电网，就要突出其安全属性、保障属性、智能属性和经济属性。要想发展好智能电网，关键还是要项目规模化落地见成效。党中央强调："发展新质生产力不是忽视、放弃传统产业，而是用新

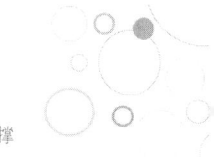

技术改造提升传统产业,积极促进产业高端化、智能化、绿色化。"因此,可从以下五个方面进行入手:

1. 坚持统筹规划,整合各方资源

智能电网作为电网新质生产力需要做好资源配置,加强合作。首先,从顶层设计做好做细智能电网短中长期发展规划,明确发展目标和相应发展路线图。具体来说,应该统筹城乡发展,充分考虑城市和农村地区的不同需求和特点[6]。在城市地区,可以重点关注高负荷区域和能源密集型产业;而在农村地区,可以通过智能微电网解决偏远地区的电力供应问题。其次,打破行业生产要素的进入壁垒,促进人力和资本的跨行业流动。智能电网涉及多个部门和利益相关方,包括了能源、通信、信息技术等领域,这就需要政府、电力企业、科研机构、社会资本等各方加强合作。政府部门可以提供政策支持和税收优惠,电力企业可以提供资金和技术支持以及运营经验,科研机构可以提供技术创新和解决方案,社会资本可以参与投资建设。最后,积极开展智能电网示范项目建设,通过示范效应引导和推动更多地区和企业参与智能电网建设。可考虑从电力调入比例较大的省份和地区入手,如北京、上海和广东省等,这些地区通常面临着更大的电力供应压力和能源管理挑战,且地区居民电力支付意愿和电力质量需求较高[7]。此外,可以重点关注那些能够解决当前电网面临的瓶颈问题和提升电网智能化水平的项目,鼓励和支持一批具有前瞻性和颠覆性的重大智能电网项目。

2. 统一标准制定,加大创新投入,引领技术创新

智能电网作为电网新质生产力需要创新来实现技术的革命性突破。智能电网建设涉及大量的信息化设备和技术,缺乏统一的技术标准将会增加后期的转化成本。首先,建立健全的技术标准和规范是推动电网智能化技术创新的基础和前提。这就需要制定智能电网的技术标准和规范,包括统一设备接口、数据通信协议等,保障不同设备和系统之间的互操性和兼容性,降低技术创新成本,提高系统的可靠性和安全性。其次,技术进步离不开资本的投入,故需要扩宽智能电网项目融资渠道和融资方式。采用资助科研项目、设立专项资金、支持科技企业孵化等方式增加对电网智能化技术的研发投入,重点推动智能能源管理系统、智能电力调度算法、智能储能技术等关键技术的研究和创新。需要注意的是,面向电网新质生产力的投资将典型区别于传统电网的投资模式,要更加注重投资的效益而非投资规模,实现高质量的投资。最后,技术创新还需要更高素质的人才队伍。这就需要更加完善的人才队伍梯队建设,选拔一批优秀的技术和科研领军人才,培养一批智能电网技术、管理和运营等方面知识的专业人才。建立有关智能电网的智能化技术创新平台,实现技术创新资源的整合和共享。制定激励政策,包括给予科研项目资金支持、科研成果奖励、专利奖励等激励措施,提高从事智能电网领域工作人员的积极性和创造性等。

3. 发挥"高精尖"产业链的引领作用,加强上下游合作

智能电网作为电网新质生产力需要带动和孕育一大批新的生产工具。首先,智能电网涉及的技术领域包括分布式能源、储能技术、智能控制系统、人工智能等,这些都是高精尖的技术领域,会向其他产业链产生溢出效应,推动整个产业链的升级,提高相关产业的经济性。例如,先进的能源控制系统不仅可以应用于智能电网,还可以应用于其他制造业领域。探索技术和设备更广泛的应用场景,可以带动相关产业链技术升级,也可以降低整个社会的创新成本。其次,鼓励智能电网产业链上下游企业加强合作,形成完整的产业链条。中国制造业的核心竞争优势在于完善的产业链,发挥其优势的核心要素之一在于上下游的合作[8]。产业链中任何一环的升级都有可能促进整个产业的升级进程。这就需要鼓励企业在技术研发、产品设计、制造加工、销售服务等方面进行合作,形成技术创新、产品优化和市场拓展的良性循环,推动整个产业链的协同发展。最后,在建立智能电网领域技术优势后,需要积极扩展海外市场,支持智能电网产业和技术走出去,提高其在国际市场的竞争力和影响力。只有拥有更强的技术和成本优势才能争取更广大的市场,进而才能不断摊薄技术创新和生产成本。

4. 创新商业模式需注意充分发挥共享经济的作用

智能电网作为电网新质生产力需要更广范围的生产者和消费者参与,实现供需有效匹配。首先,在传统电力系统中,用户往往只是一个消费者,并不需要长期投资和拥有电力设备,并不参与电力生产。这种模式先是由电力生产商依据用户消费行为来动态调整自己的生产模式。而在共享经济模式下的智能电网中的资源使用可以按需进行,也可以参与相关智能电网建设。例如,智能电网中,用户可以共同投资,共享储能设备和设施,共担维护费用,从而降低每个用户的能源成本。其次,共享经济模式可以促进能源的共享和互助。共享经济模式下允许资源的灵活共享,鼓励用户根据需求共享电力,形成小区或社区内的能源共享网络,通过调整自身电力消费行为实现能源互助,增强系统的韧性和可靠性。最后,共享经济模式下需要注意做好收集大量数据来进行数据共享和智能化管理的工作,使得用户可以共享自己的用电数据和需求信息,从而实现能源的智能化交易,以及分析和改进电力系统。可以发现,共享商业模式下的智能电网可以摆脱传统供给和需求实现受生产力发展状况制约的情况,依靠自身来实现能源的供需动态平衡,这是智能电网作为电网新质生产力的典型标志。

5. 优化电力市场机制,保障市场公平竞争和资源配置效率

智能电网作为电网新质生产力要始终把提高电力系统的全要素生产率放在首位。首先,可以建立统一的能源交易平台,为智能电网内外用户提供公平、透明、高效的电力交易服务。但是在统一的交易平台下,可以将电力市场分割为多个区域,根据不同区域的能源特点和需求情况制定相应的电力市场规则,以提高市场的适应性和灵活性。同时需要注意,做好市场监管和监督,以防止垄断行为和不正当竞争,保障各类参与主体在市场中的公平地位。其次,完善多元化的电力市场交易机制,包括电力现货市场、电力长期合同市场和电力辅助服务市场等,以满足不同类型用户和不同时间尺度的需求,促进电力资源的灵活配置和交易,提高市场的积极性和效率。最后,支持弹性需求管理,鼓励用户在电力供应充裕时段调整用电行为,以适应电力系统的负荷变化。可以针对不同的用户类型和能源供需情况采取差别化的定价策略,如对于智能电网内部的自发自用用户和外部交易用户可以实行不同的电价体系,以满足其不同的用电需求和能源供应情况。

3.2 农村智能微电网

培育发展农业新质生产力是推动农业高质量发展、实现农村现代化建设和全面推进乡村振兴的内在要求和关键着力点。新质生产力发展背景下,将数字化、信息化、智能化技术紧密融合到农村电力基础设施提质升级工作中,不仅是以新型生产要素催生新产业、以新型生产工具搭建新业态的必要举措,更是切实保障农业领域新质生产力涌现的重要基石。智能微电网作为一种新型电力系统,通过融合分布式可再生能源、辅助储能和电力电子技术,能够实现高效协调的发用电一体化,在提升电气服务质量、促进分布式可再生能源规模化发展方面具有显著优势[9]。在培育农业新质生产力进程中,智能微电网扮演着至关重要的角色。一方面,当前农村电网仍然存在着建设标准低、供电能力弱、电能质量差等诸多问题,已成为制约农业新质生产力进步的短板。随着技术进步和相关政策不断深化,智能微电网有望凭借其安全性、可靠性和经济性优势,成为农业新质生产力进步的能源支撑。另一方面,智能微电网在农村场景的规模化普及与应用,能够加速形成分布式可再生能源规模化开发和利用的新业态,开拓出科技创新引领下的农村产业化升级新路径。

随着乡村振兴战略深入推进和智能微电网技术持续创新,农村智能微电网建设的迫切性与技术经济可行性正不断提升。在此背景下,有必要准确把握农村智能微电网在新质生产力背景下的新意蕴,全面系统地分析农村智能微电网的发展现状及其所面临的技术经济挑战,进而针对农业新质生产力培育的现实需求,提出推动农村智能微电网健康有序发展的政策建议,为推动农业新质生产力发展添翼赋能。

3.2.1 新质生产力视角下农村智能微电网的角色定位

农村智能微电网建设与新质生产力之间的关系是相辅相成的(图3.2)。一方面,新质生产力的蓬勃发展,为农村智能微电网建设提供强大的创新支持和广阔的应用场景,推动了其在农村地区的普及与深化;另一方面,农村智能微电网建设有助于大幅提升农村电力供应的可靠性与智能化水平,为农村产业升级、新模式和新业态培育以及绿色生产力增长提供坚实的能源支撑,进而为新质生产力在农业领域的涌现添翼赋能。

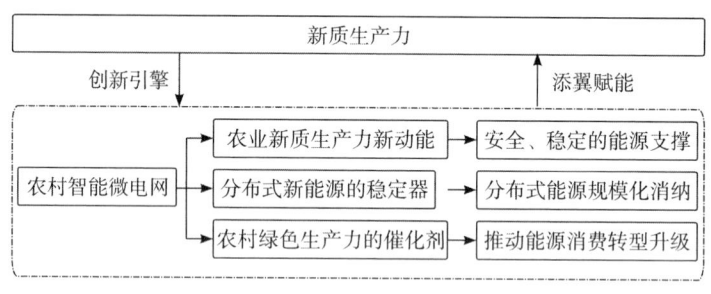

图 3.2 农村智能微电网建设与新质生产力的逻辑关系

(1)新质生产力是农业领域实现可持续、高质量发展的重要引擎,安全、稳定、可靠的电力基础设施是支撑这一引擎高效运转不可或缺的能量源泉。新质生产力在农业领域的应用,涉及精准农业、智能农机、农产品电商等多方面,这些创新技术和先进模式的应用和运行离不开稳定的电力供应。然而目前,农村电网建设和运营仍然存在着整体规划滞后、网架结构不合理、设备老旧超载、运营维护不足等问题[10],严重威胁着电力供应的安全性和可靠性。农村是培育农业新质生产力的主战场,进一步完善电力基础设施,对于加快培育农业领域新技术、新模式和新业态至关重要。发展智能微电网是缓解农村电力供需矛盾、补齐农村电网短板的重要出路。首先,在电源供给方面,智能微电网通过充分利用分布式可再生能源发电,构建符合农村特点的多种综合能源互补的电力供给模式,结合农村地区资源禀赋状况优化能源配置效率,为新质生产力的形成提供能源支撑。其次,在供电安全方面,智能微电网集成了先进的监控、通信和控制技术,具备自我调节和恢复能力,可以基本实现电力自主控制和自给自足,为新质生产力的涌现提供安全保障。最后,在灵活性和扩展性方面,智能微电网采用标准化和模块化

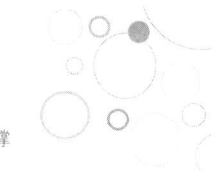

设计,不仅易于大规模复制和推广应用,降低建造和运维难度,优化整体系统的费效比,还可以根据新质生产力的需求进行定制和优化,灵活调整电力供应策略和能源配置。同时,通过智能监测和优化调度技术,智能微电网实现用电负荷的精细化管理,实现用电效率和质量的全面提升,契合新质生产力的高效率、高质量内涵。

(2)新质生产力注重能源的清洁、低碳和可持续发展,智能微电网建设有助于推动农村分布式可再生能源的优化配置,促进分布式可再生能源就地就近消纳。作为新一代配电网和能源管理技术范式,智能微电网能够促进分时分散的可再生能源在不同时间和空间实现有效配比,从根本上消除分布式可再生能源大规模开发利用过程中的技术制约,形成智能化、共享化的农村可再生能源生产消费新模式[11][12]。发展分布式可再生能源与培育新质生产力是相辅而行的。一方面,目前农村地区分布式可再生能源波动性强,不适宜通过简单并网的方式实现规模化消纳,亟须新质生产力为其提供创新动能。新质生产力发展背景下,数字化、网络化、智能化技术的深度融合,不仅能够显著提高可再生能源发电效率,优化运行调度机制,降低运营成本,还能够推动形成农村地区多种能源综合利用的新模式,为农村地区能源产业的可持续发展注入强大动力[12]。在先进的信息通信技术与多能互补协调控制技术支撑下,智能微电网能够实现对农村各类分布式可再生能源发电的高效集成监控、优化调度与消纳,从而打通农村可再生能源规模化利用的"最后一公里"。另一方面,智能微电网带动分布式可再生能源规模化发展,正是新质生产力在能源领域涌现的具体体现。农村智能微电网充分利用太阳能、风能、生物质能等分布式可再生能源,并借助数字化、人工智能等新技术进行智能化开发利用,具有清洁、高效、灵活等新质生产力特征。农村智能微电网的发展将带动农村能源类型从集中式化石能源向分布式可再生能源转变[13],体现了生产力由高度集中向高度分散、网络化的转变趋势,凸显了新质生产力的渗透性和融合性属性。

(3)作为新质生产力在农村能源领域的重要应用,智能微电网建设有助于加快培育农村地区绿色生产力,构建绿色、低碳、可持续的农业农村发展新格局。在当前中国农村地区能源消费结构中,非商品能源如散煤、薪柴、农作物秸秆等仍占很大比例,能源商品化和清洁化程度与城市地区存在较大差距[14]。通过对各类分布式可再生能源发电的高效集成利用,智能微电网可以大幅提高农村的电气化程度,显著降低农业机械化和信息化建设的能源限制。同时,农村居民可以通过向微电网反馈自产的过剩电力获取收益,实现能源自给与经济效益双丰收。发展智能微电网能够加速推进农村地区"能源替代"进程,形成以绿色低碳能源为驱动的新质生产力。另外,农村智能微电网建设有助于构建绿色农业发展新模式。智能微电网与农业物联网、精准灌溉等新技术融合,有利于农业绿色智能化转型,实现农业节能减排。此外,智能微电网电力本地化供应,有助于发展农村分布式生物质等农业能源利用产业,促进农业资源能源循环利用,构筑新质生产力产业载体。智能微电网通过结合分布式能源、信息技术、新型商业模式等新质生产力要素,体现了生产力向网络化、智能化、绿色化方向发展的新趋势。智能微电网发展能够加速推进农村地区能源替代和能源消费革命,是培育农村地区新质生产力、构建可持续农业农村发展新格局的重要途径和关键抓手。

3.2.2 国内外智能微电网发展现状

智能微电网作为一种新兴的能源供应模式,将可再生能源、储能技术和智能电网技术相结合,能够实现能源的高效利用和智能管理,本身是新质生产力在能源领域的具体表现。按照应用场景划分,智能微电网主要分为居民微电网、工商业微电网、特殊保障型微电网和孤岛微电网4种类型,见表3.1。近年来,智能微电网在全球范围内受到广泛关注与部署。目前,全球已经有1.9万个智能微电网,在为4700万人提供电力服务[①]。从国家和地区来看,美国是最早提出并部署智能微电网的国家,拥有全球最多的智能微电网示范工程。2023年10月,美国能源部明确提出将在美国44个州建设部署400个独立智能微型电网。近年来,为了向远离大型电网的偏远社区提供安全稳定的电力,澳大利亚和加拿大政府也投入了大量资金积极部署智能微电网项目。目前,加拿大共有近300个边远地区独立微电网,但是大多数电源类型还是化石能源。此外,欧洲也相继建设了一批智能微电网示范工程,如希腊基斯诺斯岛微电网示范工程、德国曼海姆微电网示范工程、英国埃格岛微电网示范工程等。英国苏格兰埃格岛微电网项目已成为离岛型微电网的典范,它充分利用了岛上的自然资源,包括分布式光伏、小型风力发电和水力发电,使得整个系统能够满足岛上居民的电力需求,凸显了智能微电网在偏远地区的巨大潜力。

中国的智能微电网发展起步较晚,目前仍处于实践探索和应用示范阶段。中国可再生能源发展"十二五"规划明确提出,把新能源微电

---

① 数据来源:世界银行。

表 3.1　智能微电网的主要应用场景

类　型	居民微电网		工商业微电网	特殊保障型微电网	孤岛微电网
应用场景	居民小区、公寓、别墅	农村	高耗能企业	开发区、生态城、酒店、商场、办公楼	政府机关、军事基地、机场、医院、信息中心	偏远山区、海岛
显著优势	提升住宅智能化水平；提高房地产附加值；优先利用新能源；削峰填谷，降低电费		保障电网安全稳定运行；大幅降低企业能耗成本，使企业利润最大化同时兼顾环境效益	不依赖市电；保证重要负荷不间断供电	因地制宜利用当地资源；安装地点灵活；弥补大电网不足

数据来源：申万宏源研究。

网作为可再生能源和分布式能源发展机制创新的重要方向。在此之后，智能微电网作为培育能源领域新质生产力的关键抓手，发展进程快速推进。2020年起，中国政府陆续发布多个推进微型电网部署的文件，加快智能微电网布局建设，使得部分地区和企业陆续启动了一系列智能微电网试点示范项目。从应用场景来看，中国的智能微电网项目主要部署在工业园区，取得了较为显著的经济和环境效益。例如，位于北京亦庄的碳中和智慧园区绿色微电网项目可实现风电和光伏发电量780万千瓦·时，每年可节约电费355万元，减少4448吨二氧化碳排放[1]。除了工业园区，中国在边远地区、沿海岛屿也建立了一批多能互补独立微电网系统示范项目，比如山东即墨大管岛波浪能、风、光互补发电系统等示范工程，青海玉树10兆瓦级风、光、柴、储互补微电网示范工程，以及浙江东福山岛、鹿西岛、南鹿岛3座兆瓦级风、光、柴、储互

---

[1]　数据来源：工业和信息化部。

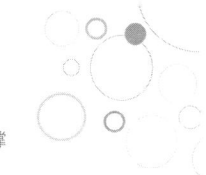

补微电网等。工业园区、沿海岛屿等场景的智能微电网建设项目为农村智能微电网的部署与建设积累了丰富经验。

作为一种新型电网形态，通过集成可再生能源发电、储能系统、智能控制等技术，智能微电网能够实现对农村地区电力需求的优化调配和高效利用，已逐渐形成一种支撑中国农村新质生产力增长的新业态。在政策支持方面，2022年3月，国家发展改革委和国家能源局印发的《"十四五"现代能源体系规划》明确提出，要提升向边远地区输配电能力，在具备条件的农村地区、边远地区探索建设高可靠性可再生能源微电网。目前，吉林省四平市、福建省三明市、江苏省睢宁县、河北省石家庄市平山县等多个地区已经陆续开展了农村智能微电网试点项目。这些试点项目不仅有效提高了电力供应的可靠性和稳定性，还大幅降低了农村地区的能源消费成本，为农民生活和农业生产提供了更加安全、便捷和经济的电力服务，成为推动农村经济转型升级的重要动力。总体而言，中国农村智能微电网建设呈现出政策积极推动、现实需求迫切、优势明显但挑战并存的特点，在新质生产力发展背景下，有望展现出更加强劲的发展势头和拥有更为广阔的发展空间。

3.2.3 新质生产力视角下农村智能微电网发展面临的挑战

（1）技术层面，农村智能微电网在环境适应性、设备集成、储能、精细化监控等方面存在技术瓶颈，缺乏支撑新质生产力进步的创新动力。首先，实现分布式可再生能源技术、储能技术、载波通信技术以及先进测控技术在复杂的农村环境中高可靠性、高适用性应用，是实现农村智能微电网赋能农业新质生产力的基本前提。广大农村地区环境复杂，对智能微电网的设备发电效率和通信质量构成严重威胁。间歇性可再生能源接入具有随机性强、波动大的特征,极端天气下容易导致发电量剧变,威胁着智能微电网的稳定。目前,旨在克服这些挑战的技术创新进展仍比较缓慢,不利于新质生产力的快速进步。其次,在设备集成方面,不同类型的分布式发电设施、储能系统、智能电网运行控制系统之间的兼容性和协同性不足,导致各类型设备的融合度偏离于最优状态,阻碍了新质生产力的质量提升。再次,在能源存储方面,储能系统包括蓄电池、超级电容器等在内的多种储能技术,长时间承受频繁的充放电循环,在严苛的户外条件下,面临技术寿命短的问题。同时储能系统成本高昂,技术储能效率还比较低,严重制约着储能系统规模化应用,影响储能在平滑微电网波动、提高系统控制能力等方面的效用发挥。最后,在精细化监控方面,农村智能微电网面临着负荷分散、数据采集困难、用电行为难以预测等严峻挑战,数据碎片化成为新质生产力要素形成的限制性因素。

(2)商业模式层面,农村智能微电网的现有运营模式缺乏稳定性、可持续性,成为制约新质生产力进步的机制梗阻。一方面,农村智能微电网基础设施建设需要大量前期投入,包括分布式电源、储能系统、控制系统以及负荷等多个环节,面临着严重的融资约束。农村地区电力需求规模较小,进一步恶化了智能微电网投资回报周期长、投资回报率低的窘境,导致投资者对农村智能微电网项目持观望甚至消极态度。目前,中国农村地区的智能微电网建设仍以试点和示范工程为主,大部分项目由政府补贴,难以吸引社会资本流入。另一方面,智能微电网的运营模式与盈利模式存在诸多问题,如计量计费体系不完善、电价补贴政策不明确、运营成本与运行利润难以准确预测等。由于涉及分布式电源、储能系统、控制系统等多个环节,智能微电网的电能计量和计费

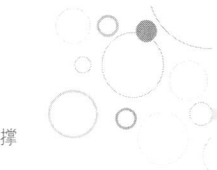

过程相对复杂。计量计费体系不完善,导致电费收取不准确、不合理,从而影响投资方收益和用户满意度。由于农村用户的分散性和支付能力约束,农村智能微电网的市场化程度受到重大制约,没有成熟的商业运营模式与之匹配。现行的电价机制和补贴政策还难以使投资方获得合理稳定回报。另外,农村地区电力需求波动大,增加了智能微电网运营成本和收益的预测难度,不利于吸引社会资本流入。农村特殊的地理环境和居民消费水平,加剧了智能微电网商业模式的堵点和难题,容易形成智能微电网与农业新质生产力融合不深、融合不全以及融合不便的窘境。

(3)政策体系层面,电力体制改革缓慢和配套政策不健全,制约了农村智能微电网规模化部署与良性发展,减缓了新质生产力的发展进程。新质生产力的形成是一个复杂的系统工程,需要辅之以相适应的生产关系[15]。而塑造适应新质生产力的生产关系,必须从政策体系上做出合理调整。而在现行电力体制下,电力销售价格受到严格监管,电价未能充分反映电力市场的供求关系和资源的稀缺性。智能微电网作为一种新兴的供电模式,其供电成本和供电价格与传统的供电模式存在较大差异。然而,由于电力体制改革的滞后,智能微电网的盈利模式尚未得到充分认可和保障,不利于稳定可持续的商业模式形成。现有的电力交易市场机制以及配套的辅助服务市场不完善,导致无法形成支持分布式电源平等参与交易的市场环境,制约了智能微电网的市场化运作。另外,智能微电网相关技术标准和业务规范缺乏,无法有效规范智能微电网市场秩序。农村智能微电网的技术要求、业务模式、运营主体资质认证、电力交易规则等关键节点均缺乏统一和权威的标准规范,增加了农村智能微电网的建设运营难度,制约了产业的健康有序发展。现行的配套政策与法规体系尚不完善,如缺乏明确的电价补贴与收购政策,缺乏对智能微电网运营主体的激励机制与监管框架,这不仅制约了社会资本的积极性,也增加了智能微电网商业化进程中的政策与法律风险。这些外部环境的薄弱环节大大减缓了智能微电网核心技术的成长进程和新质生产力的形成速度。

3.2.4　推进农村智能微电网发展的政策建议

(1)通过财税激励和政策扶持,大力支持智能微电网关键核心技术研发与创新应用。科技创新是发展新质生产力的核心要素,必须加强政策对科技创新的扶持力度,为培育新质生产力注入动能。在技术研发上,政府应设置专项资金和基金,用于支持智能微电网的核心技术研发与创新,建立支撑新质生产力进步的创新高地。要重点关注智能微电网系统的环境适应性分析与优化、智能化调度与控制、储能技术与可再生能源深度融合等前沿技术领域,使智能微电网系统能够更好地适应农村地区复杂多变的电网环境与多样化的应用需求。对企业的智能微电网技术研发活动,可以考虑给予所得税优惠、折旧加速折让、进口关税减免等多层次支持,鼓励其加大研发投入力度,以优惠政策组合助推新质生产力培育。同时,组织开展针对农村复杂电力环境的各类智能微电网先进技术示范与验证,不断提高智能微电网的环境适应性,降低新质生产力培育过程的不确定性风险。在应用示范上,政府应加大对农村智能微电网建设运维的成本补贴力度以及关键示范工程的资金支持力度,鼓励企业强化在储能装置、先进通信设备等智能微电网关键配套技术领域的研发投入与规模化应用,以提高农村智能微电网的技术经济可行性。对示范应用项目,政府应提供投资补助、税收返还、电

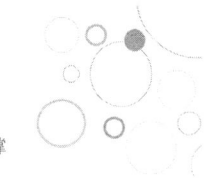

价补偿等扶持措施,分担部分投资风险。此外,加强农村负荷数据采集与分析应用,提高负荷预测与系统优化调度的智能化水平。利用技术研发与应用示范双轮驱动的方式,逐步攻克农村智能微电网建设过程中面临的关键技术难题,为加快培育新质生产力注入科技创新动能。

(2)通过完善投资机制、创新盈利模式、拓宽融资渠道、简化准入许可等举措,增强农村智能微电网的投资价值和可持续发展能力。一是明确农村智能微电网全生命周期的电价政策与补贴收购机制,打破阻碍新质生产力发展的机制藩篱。制定科学合理的电价体系,既要合理反映智能微电网的运营成本,也要兼顾农村用户的承受能力。建立完善的补贴收购机制,尽可能保障投资方收益,增强智能微电网项目的投资吸引力,逐步完善新质生产力赋能农业发展所需的市场供需和价格补偿机制。另外,监管部门还要建立智能微电网运营的闭环监管机制,完善电价调整、补贴发放、盈亏核算等政策,形成标准化、制度化的长效机制,探索能够助推新质生产力持续发展的新型生产关系。二是发展"光伏＋农业"、"微电网＋扶贫"等产业融合的农业新形态,实现农业增收、光伏发电收益、智能微电网运营收入多渠道获得。采用产业融合的方式深入挖掘农业新质生产力的增长点,拓宽农村智能微电网的盈利空间,有效链接、加速黏结和深度融合智能微电网和农村产业。三是创新农村智能微电网项目的融资模式,发挥政府、银行、电网企业的协同作用,使其共同承担建设投资和前期风险,从而健全支撑新质生产力发展的多元化、多层次和多渠道融资机制。四是,监管部门要简化准入许可和交易结算模式,降低智能微电网运营方的运营成本,增强智能微电网项目的投资吸引力。总之,要多策并举形成合力,使农村智能微电网成为一个可持续的、有生机的新业态,支撑农业新质生产力可持续增长。

(3)加快制定切实可行、适应农村特点的智能微电网技术规范标准并出台配套的政策法规,为农村地区智能微电网的规模化应用提供制度保障。首先,良好的市场秩序是提升创新生产要素配置效率、推动新质生产力迭代升级的基础保障。要加快制定农村智能微电网在技术、业务、交易、监管等方面的标准和规范,明确参与主体的权利义务和责任,规范市场秩序。例如,制定智能微电网接入配电网的技术要求和操作标准、智能微电网商户资质认证规则、智能微电网运营数据接口规范等。标准制定时要充分考虑农村地区电力基础设施条件较差、电力负荷分散等特点,使之更具针对性和可操作性。在制定标准和政策时,要充分调研用户的负荷特征、电价承受能力、服务需求等,因地制宜制订方案。在智能微电网运营过程中鼓励用户监督参与,提高服务质量。其次,健全农村智能微电网的监管体系与风险管理机制,以保障农业新质生产力的健康有序发展。避免监管缺失和监管过度,要明确监管边界、监管方式和监管内容,形成与农村智能微电网商业运营相适应的监管规则,建立政府引导、运营主体自律、用户参与的监管合作机制。最后,要完善智能微电网的网络安全监管和数据安全保护制度,并建立应急预案和故障处置机制,降低政策与法律风险。

(4)农村智能微电网建设是实现农村地区绿色低碳发展、培育农业新质生产力的重要路径,但其推进必须因地制宜,遵循"先易后难"的原则。具体来说,直接在相对欠发达且电网基础设施薄弱的广大农村区域全面建设智能微电网,需要承担巨大的经济与社会成本。因此,政府部门可以考虑先在分布式可再生能源资源较为丰富的典型农村地区开展示范工程。这既可以验证智能微电网的关键技术、运营方案与经济可行性,也可在成功运营的基础上形成"可推广、可复制"的样板方案。

利用示范工程的良好带头作用,展示智能微电网建设带来的经济和环境效益,激发其他农村地区对智能微电网建设的热情和积极性,从而为全面激发农业新质生产力奠定良好基础。在推广实施过程中,各地方政府需要充分考虑本地实际情况,对农村智能微电网建设的可行性与经济效益进行前期的详细评估与论证。例如,在风能、太阳能资源禀赋丰裕但是配电基础设施相对薄弱的地区,可以优先考虑发展独立式或并网式的智能微电网方案,实现可再生能源的就地就近消纳;而如果当地可再生能源的开发利用潜力有限,则可以考虑与配电网或用户侧的分布式电源形成互补联合,发挥整体系统的优化配置作用。因地制宜地规划与建设,既可以推进农村配电网设施的智能化与绿色化升级改造,也可以确保智能微电网的平稳、经济、安全运营,塑造发展农业新质生产力的良好生态。

3.3 电力需求侧管理

新质生产力推动新型电力系统发展,对"源网荷储"协调发展提出新的要求。新质生产力发展背景下,电力系统将迎来一场更深入的变革。新质生产力助力需求响应在电力系统中的负荷侧发挥着不可或缺的作用。在新质生产力的引领下,电力系统不再是简单的发电、输送和消费的模式,而是转变为一个数字化、智能化的综合系统。在这一变革中,源、网、荷、储四大要素被整合到一个统一的框架中,形成了一体化的新型电力系统[16]。各种能源资源、电网设施以及储能技术被有机地结合,实现能源的高效利用和平衡调配。需求响应通过智能化的负荷管理,能够精准地预测和调节电力需求,从而使得供需之间的匹配更加精准。精准的供需匹配不仅可以提高能源的利用效率,还能够有效地平衡电力系统的运行,确保其稳定可靠地向用户提供电力。因此,在新质生产力的引领下,电力系统正朝着智能化、高效化的方向迈进,需求响应作为重要的需求侧管理工具[17],为电力系统的建设和发展注入了强大的动力。

3.3.1　新质生产力助推需求响应机制发展

图 3.3 展示了新质生产力与电力需求响应机制的逻辑关系。第一条逻辑关系为新质生产力改变现有的能源产消环境,能源供需的不稳定性增加,亟待需求响应调节供需矛盾。第二条逻辑关系为新质生产力促进电网数字化发展,为需求响应机制发展提供基础设备保障。第三条关系为新质生产力促进需求响应主体不断涌现,为电力需求响应提供动力。

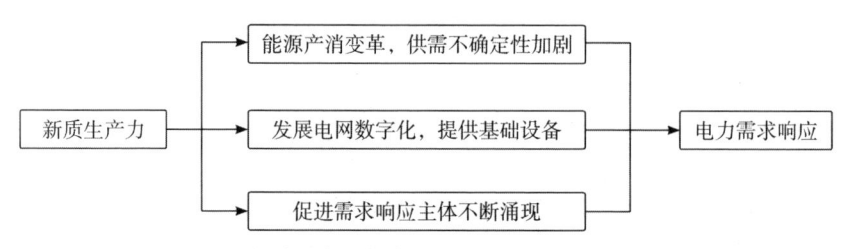

图 3.3　新质生产力与电力需求响应机制的逻辑关系

1. 新质生产力推动能源产消环境变革,亟待需求响应调节供需矛盾

新质生产力推动能源生产和消费环境的巨大变革,需求响应机制有利于调节能源供需矛盾,实现供给与需求的平衡。在供给侧,随着新质生产力的不断推进,风光发电等清洁能源在能源结构中所占比重持续扩大。然而,这些清洁能源具有较强的随机性和波动性,给能源供给带来了不确定性和挑战。与此同时,在用电侧,新质生产力的发展也带

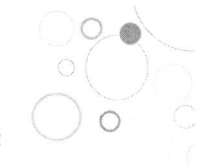

动了电动汽车充电桩等负荷的快速增长,进一步增加了电力需求。然而,这些新负荷的出现也使得对用电负荷的预测变得更加困难。在这样的背景下,电力需求响应的作用显得尤为重要,通过多方共同参与,电力需求响应可以灵活地调节电力需求,缓解电力供需矛盾[18]。电力需求响应不仅能够提高电力系统的灵活性和适应性,还能进一步汇聚负荷侧的资源,促进清洁能源的消纳。通过与供给侧的协同作用,电力需求响应有助于形成保障电力安全供应的合力,推动能源生产和消费环境朝着更加平衡、可持续的方向发展。

2. 新质生产力发展电网数字化,为需求响应机制落实提供基础

新质生产力推动着智能电网的发展,使电网数字化成为发展的必然趋势,数字化是新型电力系统发展建设的重要推动力[19]。这一趋势为实现需求响应提供了坚实的基础设备支撑,促进了电力系统的智能化、高效化发展。电网企业在深化应用互联网、大数据、人工智能等先进技术手段的同时,也在不断探索融合贯通各类数字化平台的路径。新质生产力通过将数字化平台融合贯通,促使电网企业能够更好地整合各种数据资源,实现数据的共享和交互,提高信息的利用效率,从而为需求响应提供更为可靠和高效的支持。这种数字化发展为多种主体参与需求响应创造了更为广阔的空间。无论是电力供应商、消费者还是第三方服务提供商,都可以通过数字化平台实现信息的共享和交流,实现需求响应的协同管理。同时,在新质生产力的推动下数字化平台也使得需求响应的管理更加精准和灵活,能够更好地适应电力系统的动态变化。在这样的背景下,电网企业积极探索"一键响应"新模式,即通过数字化平台和智能化系统实现对电力需求的一键管理和调控。这种新模式不仅能够简化需求响应的流程,提高操作的便捷性和效率,还能够实现更加精准和及时的响应,为电力系统的稳定运行和资源的合理利用提供了有力支持。因此,电网数字化发展为落实需求响应提供了基础设备支撑,并且为多种主体参与需求响应提供了更广泛的空间,有助于强化负荷管理,推动电力系统朝着智能化、高效化的方向迈进。

3. 新质生产力促进需求响应主体不断涌现

新质生产力不仅推动了技术的更新换代,更是推动了需求响应主体的涌现和多样化。首先,随着新型储能技术的不断涌现和普及,储能设备不再局限于传统的电池,而是涵盖了更多的形式和技术。新型储能技术的发展为能源系统提供了更多选择,并且使得能源的供给与需求之间能够更加灵活地匹配。这进一步激发了各种主体参与需求响应的积极性。其次,新质生产力助力分布式电源系统的兴起,也为需求响应主体的增多提供了契机。传统的集中化发电方式逐渐向着分布式、多元化发展,园区、企业甚至是小型社区都有可能成为能源的生产者和消费者。这种去中心化的发展趋势使得需求响应的主体不再局限于传统的电力供应商和大型工业企业,而是涵盖了更广泛的范围。此外,电动汽车技术的普及也为需求响应主体的增多提供了新的机遇。随着电动汽车的普及程度不断提高,其充电需求成为一个新的电力负荷。因此,电动汽车车主以及相关的充电设施提供商也成为需求响应的重要参与者。最后,空调负荷等家庭和商业用电设备的智能化也为需求响应主体的增多提供了可能。智能空调、智能家居等技术的应用使得电力使用更加智能化和灵活化,使得家庭和商业用户也能够参与到需求响应的行列中来。新质生产力的发展促进了需求响应主体的增多,从而为电力系统的稳定运行和能源资源的有效利用提供了更广泛的支持和保障。

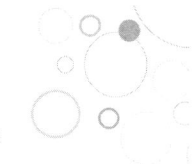

3.3.2 需求响应机制的发展现状

2023年9月颁布的《电力负荷管理办法》和《电力需求侧管理办法》鼓励需求响应主体积极参与电力市场、辅助服务市场和容量市场等，以获取经济收益。中国实施的价格型需求响应主要通过价格信号引导用户自主调整用能习惯[20]。在现货市场连续运行的地区，市场化工商业用户可根据现货市场的价格信号灵活调整用电需求；而在现货市场未运行的地区，则主要采用行政手段，如分时电价、峰谷电价和阶梯电价等。中国实施的激励型需求响应是通过向用户发起需求响应邀约，直接发放需求响应资金补偿实现的。

表3.2整理了部分省份的需求响应政策。各地区的需求响应定价方式、补偿标准和资金来源不尽相同，一些地区采用固定补偿标准，而另一些地区则根据削峰填谷需求邀约主体报价出清来确定价格。云南省制定了统一的实时响应补贴标准，由直接参与市场化交易的用户按月度冻结用电量比例进行分摊；广东省规定了报价上下限，其资金来源包括电力用户分摊、现货市场发电侧市场的考核以及返还费用；江苏省则根据约定需求响应和实时需求响应分别设定了补贴标准，并且资金来源于执行尖峰电价政策产生的额外收益；重庆市按照工业用户和商业及其他用户的标准进行补贴。需求响应机制成为协调可再生能源波动和维护电力系统稳定性的关键工具。

需求响应机制有利于削峰填谷和有序用电，当可再生能源供应不足时，通过激励用户推迟用电，降低系统负荷，减轻供需矛盾。随着新质生产力理念的不断深入，利用智能用电技术，需求响应可以根据可再生能源的预测情况，提前调度用户的用电计划，确保用电与能源生产的平衡。需求响应不仅降低了电力系统在可再生能源波动时的风险，还促进了清洁能源的更好整合和利用。需求响应的实施也能够促进电力系统的智能化和高效运行。新质生产力注重技术创新和信息化，通过引入智能化的用电设备和系统，以及利用大数据和人工智能等先进技术，可以实现对用户用电行为的智能监测和管理，从而更加精准地进行需求响应。智能化系统能够实现对电力需求的动态调节，更好地适应可再生能源的波动性，提高电力系统的灵活性和稳定性。

表 3.2　部分省份需求响应政策

省　份	时　间	需求响应政策
贵州	2023-07-10	《贵州省电力需求响应实施方案（试行）》
福建	2022-05-24	《福建省电力需求响应实施方案（试行）》
浙江	2021-06-08	《关于开展2021年度电力需求响应工作的通知》
广东	2023-05-19	《关于广东省市场化需求响应相关事项的通知》
云南	2023-04-27	《2023年云南电力需求响应方案》
甘肃	2023-04-21	《甘肃省电力需求响应市场实施方案》（试行）
四川	2023-04-19	《关于四川电网试行需求侧市场化响应电价政策有关事项的通知》
河北	2023-04-06	《河北省发展和改革委员会关于进一步做好河北南部电网电力需求响应市场运营工作的通知》
天津	2022-01-21	《天津市2022年电力需求响应实施细则》
江苏	2022-10-24	《江苏省电力需求响应实施细则》
宁夏	2022-06-14	《宁夏回族自治区电力需求响应管理办法》
山东	2022-06-07	《2022年全省电力可中断负荷需求响应工作方案》
陕西	2021-05-21	《2021年陕西省电力需求响应工作方案》
安徽	2022-01-19	《安徽省电力需求响应实施方案（试行）》

数据来源：笔者根据公开资料整理。

3.3.3 需求响应与新质生产力融合发展的现实挑战

1. 用户参与度不足

需求响应机制的成功实施面临着一系列现实挑战,其中主要的挑战之一是用户参与度不足。新质生产力要求电力系统需要更加智能化、高效化,要求电力系统"源网荷储"协调发展,而需求响应机制正是实现这一目标的关键环节之一。然而,用户参与度不足成为实现需求响应的障碍之一。

居民用户的典型负荷构成主要包括照明设备、温控设备、通信和娱乐设备以及其他家用电器。这些设备通常是日常生活中不可或缺的一部分,用户更注重设备的便捷使用而较少关注电力系统的运行和能源管理。居民用户的用能特性表现为单体容量小、主体数量多,他们对需求响应的认知可能相对较低,在日常生活中对电力系统的直接感知较少,缺乏对能源效率和需求响应机制的清晰认知。居民用户更倾向于将电力系统视为一个被动的供应者,而非自己参与的一部分,对系统参与感的认知差距导致居民用户对需求响应机制的积极参与意愿较低。此外,虽然在新质生产力的推动下,智能化设备和技术正在逐渐普及,但是居民用户仍普遍缺乏与智能电网技术互动的技术能力。智能电网技术的应用通常涉及智能电表、智能家居设备等,而一些居民用户可能对这些技术缺乏了解或使用起来存在一定的困难,限制了他们对需求响应的实际参与。居民用户对需求响应参与度不足的原因主要源于他们对电力系统的认知水平相对较低,对需求响应的实际贡献感较差,技术能力受限以及智能化设备的购置和使用尚未普及。

商业用户对需求响应参与度不足的根本原因在于其强烈的经济导

向和对运营成本的敏感性。商业用户的典型负荷构成包括生产用能、行为用能和环境维护用能,涵盖了生产设备、电梯、会议设备、空调等多个方面。在新质生产力的引导下,商业用户开始意识到能源消耗与环境保护之间的紧密联系,但经济效益仍然是他们参与需求响应的核心考量因素。商业用户更注重能源的经济效益和运营成本的控制。他们通过有效的能源管理来控制运营成本,而需求响应可能被视为增加运营不确定性和成本的因素。商业用户开始认识到通过参与需求响应,不仅可以降低运营成本,还可以为环境保护作出贡献,但仍需要清晰的经济回报和成本效益的保障。另外,商业用户担心需求响应可能对正常业务运行造成干扰,这也是参与度不足的原因之一。商业生产活动通常具有复杂的运营计划和生产流程,需要高度的稳定性和可控性。因此,需求响应机制的设计应当充分考虑商业用户的运营敏感性,保障其正常业务运行的稳定性。为提高商业用户对需求响应的参与度,需要制定更加有效的经济激励政策,增加其参与需求响应所带来的经济效益,并充分考虑新质生产力的理念,将环保与经济效益相结合。同时,需求响应机制的设计应当平衡经济效益和运营稳定性,以促进商业用户的积极参与,实现电力系统与商业需求的协同发展,进一步推动新质生产力的实现。

工业用户对需求响应参与度不足的原因主要根植于其面临的复杂生产流程和对生产计划的高度依赖。这些用户的典型负荷构成主要包括生产用能和生产辅助用能,涉及制造、开采、加工等多个方面。工业用户的用能特性表现为单体容量大、用能集中、能源管理水平较高。在新质生产力的发展下,尽管越来越多的工业用户开始重视能源效率和提升环保意识,但仍然存在着需求侧参与度不足的问题。首先,工业用

户面临着复杂的生产流程,这使得对电力需求的响应受到生产计划的制约。他们担心需求响应措施可能对生产过程造成干扰,进而影响生产效率。在这一背景下,需要更加精细的平衡,以确保需求响应的实施不会对生产计划产生不可控制的影响,同时保证电力供应的稳定性,维持生产的顺利进行。其次,部分工业用户可能认为实施需求响应需要较大的投资,并且回报周期相对较长。考虑到工业用户的投资决策通常需要综合考虑设备更新、生产效率提升等因素,对于需求响应,需要引入智能设备和技术,这可能需要一定的初始投资。因此,长期投资的不确定性可能会减弱他们参与需求响应的积极性。解决工业用户对需求响应参与度不足的问题需要深入理解其生产流程的特点,并制定能够与生产计划相协调的需求响应措施。同时,需要提供清晰的经济回报和成本效益分析,以降低他们在长期投资方面的不确定性。为工业用户量身定制需求响应方案,并结合新质生产力的理念,更好地融入其生产体系,可以有效提高他们的参与度,促进需求响应机制的实施,实现工业生产的可持续发展。

2. 技术障碍限制推广范围

居民用户面临智能设备技术成本和复杂性的挑战,不利于需求响应作为新质生产力的组成部分实现电力系统的整体协同发展。虽然智能家居设备的价格逐渐下降,但一些居民用户仍可能面临经济承受能力有限的问题,或者需要额外费用进行安装和配置。与此同时,网络和通信基础设施的不完善也可能影响智能设备的正常运行和数据传输,尤其是在偏远地区或网络覆盖较弱的地方,居民用户难以充分享受智能设备带来的便利性。

对于商业用户而言,需要集成不同的能源管理系统以满足特定的业务需求。这可能需要定制化的软件开发和硬件配置，并且需要专业的技术团队进行支持和实施。同时，商业用户可能面临大数据处理和分析能力的不足，限制了他们对需求响应的参与。他们需要处理大量的能源数据，并进行深度分析以优化能源利用效率。此外，商业用户对能源数据的安全和隐私非常关注，需要采取额外的安全措施来保护数据的机密性和完整性。

随着新质生产力的发展，工业用户在应对技术障碍方面可能会有所改善，但仍面临一些挑战。尽管智能化升级和自动化改造可以提高对用电的控制精准度，但引入先进的自动化设备和智能控制系统仍需要大量的技术投入和专业知识支持。在新质生产力的背景下，可能会出现更多创新型的技术解决方案，如基于人工智能和大数据的智能控制系统，以及更加智能化和可持续的能源管理方案，这将有助于降低技术投入成本并提高系统性能。另外，工业用户对供电的稳定性和可靠性要求较高，备用电源和电网联络设备等系统需要更加智能化和自适应，以更有效地应对参与需求响应后的波动。尽管新质生产力为工业用户带来了诸多机遇，但在实践中仍需要克服一些障碍。例如，新技术的应用可能需要一定的学习和适应期，工业用户需要投入时间和资源来培训员工并调整生产流程。此外，新技术的可靠性和稳定性也需要得到验证，工业用户可能需要进行一定的试点和测试，以确保新技术的可靠性和适用性。尽管新质生产力为工业用户带来了更多的技术选择和创新机会，但仍需要持续努力克服技术障碍，实现对需求响应的有效参与。

3. 市场机制、法规和监管障碍

需求响应机制在实施过程中面临着来自法规和政策方面的一系列

现实挑战,这些挑战可能对其顺利推行和用户积极参与产生不利影响。首先,法规和政策的不一致性可能导致需求响应机制的执行存在困难。不同地区往往拥有不同的电力管理法规和政策框架,这可能导致在跨省层面推动一致的需求响应机制变得复杂。法规的差异可能导致电力市场存在不同的规则和标准,阻碍了需求响应的统一实施,限制了其效果的最大化。其次,法规和政策的不透明性可能使用户对需求响应机制产生疑虑。最后,随着新质生产力概念的提出,政策的变动性和不稳定性也是一个挑战。电力领域受到能源政策和市场竞争等多种因素的影响,政策的频繁变动可能对需求响应机制的长期规划和执行造成困扰。市场机制的不完善以及法规和政策方面的挑战,常常相互交织,对需求响应机制的顺利实施带来复杂的影响。市场机制的不完善可能导致缺乏统一的市场规则和奖励机制,这使得用户在参与需求响应时面临着不确定性。由于缺乏标准化的市场规则,不同的电力市场可能对需求响应提供不同的奖励方案,使得用户难以比较和选择最优方案。同时,缺乏明确的奖励机制可能使得用户对需求响应的经济激励不明确,降低了其参与的积极性。缺乏明确的政策指导和保障措施可能使用户对需求响应的风险感到担忧,从而抑制了其积极参与的愿望。市场机制的不完善与法规和政策方面的挑战相互作用,共同制约着需求响应机制的推广和实施,不利于新型电力系统领域中新质生产力的发展。

3.3.4 新质生产力视角下推动需求响应的政策建议

1. 提升用户认知水平

为了提升电力用户对新质生产力和需求响应的认知水平,需要采取一系列综合的措施,以促进协同认知的提升。电网公司举办电力知识讲座、需求响应知识讲座等社区活动,同时将新质生产力的概念融入其中,强调电力系统的运行原理和需求响应的重要性。利用社区媒体、社交平台等途径进行宣传,让更多居民了解参与需求响应的实际效益,并了解新质生产力对电力系统的优化作用。定期开展培训课程,教授居民如何利用智能电表和分时电价机制参与需求响应,从而提高他们的技术能力和对新质生产力的认知水平。

对于商业用户,制订定制化的信息推广计划至关重要,深入了解商业用户用电行为和需求,同时向他们传达新质生产力的理念。为商业用户提供详细的经济效益分析,突出需求响应对运营成本的降低作用,强调新质生产力对提高企业竞争力的重要性。利用行业内的经验分享平台,组织行业峰会等活动,促进商业用户之间的交流与互动,增强对需求响应和新质生产力的认知和信心。

针对工业用户,推动行业协会和政府部门的合作至关重要。举办定期的研讨会、培训课程等活动,深入解析工业用户的复杂生产流程,帮助他们更好地理解和整合需求响应措施到其生产计划中,并将新质生产力的概念融入其中。建立政府与企业的合作机制,为工业用户提供更加灵活和可持续的需求响应方案,同时通过政策支持和产业引导,促进新质生产力和需求响应在工业领域的传播和应用。

2. 制定有吸引力的经济激励政策

经济激励措施作为推动需求响应的关键手段,在促进用户参与响应的同时,也在很大程度上塑造了能源消费行为的模式和趋势。通过经济激励,用户被引导着在电力使用中更加理性和高效,从而实现整个电力系统的优化和平衡。针对居民用户,优惠电价政策和用电抵扣券

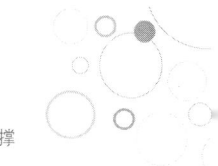

等经济奖励措施可以激励他们参与需求响应,并通过新质生产力的智能设备实现用电方式的灵活调整。新质生产力和新型生产关系的发展是促进需求响应的重要因素之一,新质生产力的发展使得电力系统可以更加智能化、高效化地运行,为用户提供了更多参与需求响应的机会。实时调整需求响应补偿电价,可以有效提升居民用户的参与意愿,提高居民用户的需求响应参与度[21]。对商业用户而言,差异化的电价政策和与能效项目的结合,能更有针对性地激发其参与需求响应,通过新型生产关系中的能源共享和互动实现能源利用效率的提升。对工业用户而言,长期的激励机制和创新性的激励手段,则能够降低其参与需求响应的投资成本和风险,从而更积极地采取智能用电方式。新质生产力和新型生产关系为需求响应提供了技术支撑和组织基础,而经济激励措施则在此基础上促进了用户的参与需求响应,推动了电力系统的智能化和可持续发展。

3. 借助新质生产力克服技术障碍

推广智能电网技术是落实需求响应机制的关键举措之一,尤其是在新质生产力的背景下,其意义更加突出。为了让居民用户更容易理解和参与需求响应机制,可以利用新质生产力推行的机遇,通过推广简易的智能家居设备来帮助居民用户参与需求响应。智能家居设备不仅包括传统的智能电表、智能插座和灯具,还可以结合新质生产力的科技创新,如智能家居控制中心等,使居民用户能够更便捷地实现能源的监测和控制。为了增加居民用户采用智能设备的可能性,利用新质生产力的供应链优化优势,与上下游企业建立长期稳定的关系,降低家庭智能设备的价格。此外,结合新质生产力的数字化技术,可以提供更便捷的购买渠道和个性化定制服务,进一步降低居民用户的经济负担,促进智能设备的普及率。对于商业用户和工业用户而言,投资智能能源管理系统也是提升生产效率、降低成本的重要手段。在新质生产力的支持下,与技术供应商建立更加紧密的合作关系,共同推动智能能源管理系统的创新和应用。结合新质生产力的数据分析、人工智能等技术,提供更精准的能源监测和控制解决方案,帮助商业用户和工业用户实现能源的智能化管理,提升生产效率,降低能源成本。

4. 强化政策支持和稳定性

制定明确、稳定的需求响应政策是确保电力市场健康运行和用户权益得到充分保障的关键一环。需求响应政策不仅要能够有效应对当前的市场需求和技术发展,还应具备足够的灵活性和适应性,以在未来新质生产力不断发展的环境中持续发挥作用。为此,定期评估和修订政策是至关重要的,以确保其与电力市场的演变和技术创新保持一致,同时减少用户在政策不确定性下的风险。在政策制定过程中,与各级政府和产业协会的紧密合作是不可或缺的。多方共同努力,可以建立起支持需求响应的法规框架,并制定统一的行业标准,从而提高市场的透明度和可预见性。这不仅有助于吸引更多的参与者,还能为用户提供更加稳定和可靠的需求响应服务。需要综合考虑多种因素,包括新质生产力的发展水平、用户的认知水平、经济激励机制、技术水平以及整体的政策环境,只有在这些因素的综合作用下,才能有效地提高用户对需求响应的参与度,推动需求响应机制的发展。

3.4 用户侧储能

"十四五"以来,以"技术密度高、建设周期短、选址灵活、调节能力

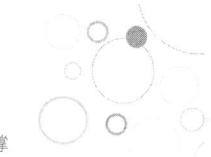

强、响应快速"等特点著称的新型储能新增装机直接推动了超过1000亿元的经济投资,有力支撑新型能源体系建设和经济高质量发展,为新质生产力提供强劲的新动能。用户侧是新型储能重点开发的应用场景。积极发展用户侧储能对于中国能源系统清洁转型、确保能源安全、加快电力系统形成新质生产力具有重要意义。展望未来,用户侧储能将为建设新型电力系统、发展新质生产力提供源源不断的动力支持。然而,当前用户侧储能的发展面临新型储能技术成熟度整体不高、成本回收存在难点、辅助服务收益难以实现、安全性有待提高等限制,不利于新质生产力的快速发展。本节在梳理用户侧储能存在问题以及一些处于发展前沿省份的经验的基础上,提出有针对性地提高用户侧储能投资积极性的政策建议,为其他地区用户侧储能健康可持续发展、助力打造新质生产力提供参考。

3.4.1 用户侧储能在培育电力系统新质生产力中的角色定位

"发展新型储能"和"发展新质生产力"同时被列入2024年的政府工作报告当中。积极发展用户侧储能这一新兴产业和未来产业有助于加快电力系统形成新质生产力。一方面,用户侧是新型储能的重要应用场景,用户侧储能属于新型储能。而新型储能属于典型的新质生产力。在新质生产力的视角下,用户侧储能具备以下五个主要特点:①创新活动蓬勃发展,技术迭代频繁加速了产业化进程。②创新技术通过不同产业之间的嵌入和融合方式发挥作用。不同技术路线间存在融合趋势,如电池储能、超级电容、压缩空气储能等多种技术今后会加快融合,同时新型储能技术还将与人工智能、大数据、云计算等深度融合。③这些技术具有丰富的功能,布局灵活,应用场景不断拓展,推动技术发展,具备多重价值。④产业化应用方面目前还缺乏相应的成本价格政策或市场回报机制,但随着技术成熟度的提高,未来建设运营成本将会逐渐降低。⑤由于工程应用具有高度专业化的技术性,需要根据实际应用场景的特点制定个性化、系统化和市场化的建设方案和运行策略。

另一方面,用户侧储能在新型电力系统中扮演重要角色,新型电力系统的建设能够有效培育新质生产力。同时,发展用户侧储能符合新质生产力引领推动能源产业的转型升级和可持续发展的内涵[22]。能源是经济社会发展的命脉,能源变革能够驱动和支撑生产力变革。打造新型能源体系是发展新质生产力的关键。能源电力系统的新质生产力的含义是,通过研发和应用先进技术,培育壮大新能源市场,加强产业融合和协同,实现系统智能管理和能源优化配置,推动产业低碳转型。积极发展用户侧新型储能有助于支持新能源发展,减少对化石能源的依赖,降低碳排放,对于中国能源系统清洁转型和安全高效运行具有重要意义[2]。而《"十四五"新型储能发展实施方案》指出,实现新型储能灵活多样发展,探索储能融合发展新场景,拓展新型储能应用领域和应用模式。具体而言,用户侧储能的主要应用价值包括:①节约能源成本,减少基本电费和电量电费:当前中国对变压器容量在 315 千伏安及以上的大工业用电采取两部制电价。基本电费可选择按变压器容量或者最大需量的方式计收。一方面,工业用户可以通过储能系统代替变压器容量降低最高用电功率,进而节省容量成本;另一方面,工商业用户调用储能系统可以在低峰时段或能源价格较低时充电,然后在高峰时段或能源价格较高时使用储能系统的电力,实现峰谷套利以降低电量电费。②能源调节和供电备份:储能系统可以平衡能源供需之间的

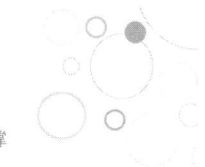

差异,避免用户需求过大导致电网过负荷或能源供应不足压力。此外,在电网停电时,储能系统可以为用户提供备用电力供应。③网络支持和频率调节:用户侧储能系统可以与电网互动,辅助一次调频,支持电网的稳定运行和频率调节,缓解电网调峰,减轻电网的负荷压力。④碳减排和支持可再生能源发展与新型电力系统构建:用户侧储能系统有助于提高电网对清洁能源的消纳、配置和调控能力,促进对可再生能源的利用,提升新能源富集地区送出水平,减少新能源弃电量,减少对化石能源的依赖,降低碳排放。用户侧储能系统与新质生产力的逻辑关系如图3.4所示。

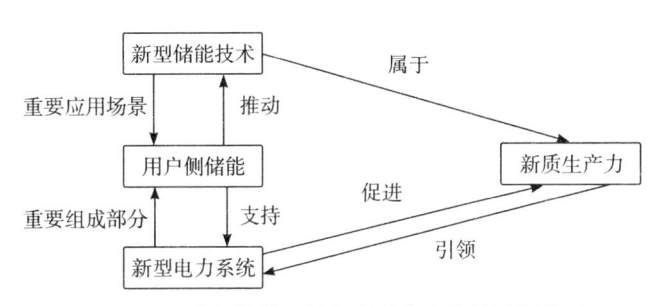

图 3.4 用户侧储能系统与新质生产力的逻辑关系

3.4.2 用户侧储能实施现状与发展机遇

用户侧储能是指在家庭、工业或商业建筑等用户内部安装和使用的储能系统,通常由储能逆变器、电池组和能源管理系统组成。其应用场景包括工商业园区(主要场景)、充电站、5G基站、分布式发电以及数据中心等。其通过与光伏系统、风力发电系统或电网连接,实现对清洁能源的储存和灵活使用。据国家能源局统计数据显示,截至2023年9月底,中国已投运电力储能项目装机规模75.2吉瓦,同比上涨50%。新型储能规模发展迅速,累计装机功率25.3吉瓦,同比增加280%。抽水蓄能装机比例连年下降,当前占比65.7%。新型储能占比33.5%,熔融盐储热占0.8%。在新型储能中,锂离子电池(磷酸铁锂)仍是主流,同时非锂储能技术应用逐渐增多,铅蓄电池占1.7%,液流电池占0.7%,压缩空气占0.8%,飞轮储能占0.2%。

积极开展新技术创新应用是切实提升新质生产力的关键。当前,锂离子电池、传统铅蓄电池、铅炭电池、钠硫电池、全钒液流电池、锌溴液流电池、全铁液流电池、抽水蓄能、传统压缩空气等储能技术都进入了商业化应用;而铁铬液流电池等其他液流电池、飞轮储能、超临界压缩空气储能、超导磁储能、超级电容器尚未实现商业化应用。中国锂离子电池储能处于国际先进水平,基本实现国产化。全钒液流电池储能总体处于国际领先水平,质子交换膜主要由国外厂商掌握核心知识产权,双极板和电极由于产业链不完善尚未摆脱国外市场的制约。先进压缩空气储能技术研发处于国际领先水平,但是大功率电动机的设计和制造水平较为欠缺。大储能量飞轮、高速电机、磁悬浮等关键技术积累不充分。混合型电容器处于国际领先水平,双电层电容器和赝电容器处于跟跑水平[23]。表3.3整理了用户侧储能的价值类型、响应时间、时长要求、直接价值以及间接价值。

表3.3 用户侧储能应用类型

应用类型	响应时间及时长要求	直接价值	间接价值
削峰填谷	分钟级,几小时	提升新能源富集地区送出水平,减少新能源弃电量,缓解调峰压力	代替火电深度调峰,提升机组安全性及寿命;提高火电发电效率,节煤降碳;延缓电网升级扩建;平滑负荷曲线,降低线损

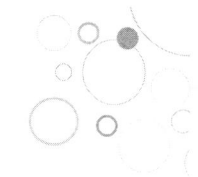

续表

应用类型	响应时间及时长要求	直接价值	间接价值
辅助一次调频	毫秒至秒级,30秒至几分钟	减少一次调频考核,满足并网要求	相较基于新能源场站预留备用容量参与一次调频的策略,通过配储参与新能源一次调频可促进新能源消纳;减少火电机组一次调频次数,提升机组安全性、发电效率,减少碳排放
辅助二次调频	几秒至十几秒,30分钟至1小时	提升火电燃煤机组响应速率、爬坡速率,提升系统整体调频能力	受限于出力特性,火电机组频繁参与自动发电控制,易造成设备疲劳和磨损,降低安全性、使用寿命、发电效率,增加碳排放

数据来源:笔者根据公开资料整理。

国家层面出台了一系列的相关政策,为新型储能这一新质生产力的发展指明方向,同时确立了明确的规划目标。2017年发布《关于促进储能技术与产业发展的指导意见》,明确开展储能研发示范和试点应用。2021年《关于加快推动新型储能发展的指导意见》指出,到2025年新型储能装机规模达30吉瓦,并逐步形成独立市场地位,完善价格形成机制。2022年《"十四五"新型储能发展实施方案》指出,电化学储能系统成本到2025年下降三成。2022年《关于进一步推动新型储能参与电力市场和调度运用的通知》,表明满足一定条件独立储能的充电不必承担输配电价和政府性基金及附加。2021年《关于进一步完善抽水蓄能价格形成机制的意见》明确建立容量电价机制。《抽水蓄能中长期发展规划(2021—2035年)》要求,到2025年抽水蓄能投产总规模6200万千瓦。

新型电力系统的储能需求与能源清洁转型程度密切相关。随着新能源出力份额的攀升,对储能需求将相应提高。当新能源出力小于40%时,短时储能即可满足需求,功率为最大负荷的2%~5%。当新能源渗透率处于40%~70%时,同时需要短时储能和长期储能,功率约为最大负荷的30%~40%,储电量为年用电的0.5%~2.0%。当新能源的渗透率大于70%时,需要依托"电转气"等技术,构建广义储能[24]。以下梳理了构建新型电力系统新质生产力背景下的今后用户侧储能将呈现出的发展特征:

(1)用户侧储能向多元化方向发展,全方位助力新质生产力提质增效。蕴含高科技是新质生产力的典型特征。作为新型电力系统发展过程中的一项重要技术应用,储能技术主要包括电化学储能(如铅酸电池、锂电池等)、电磁储能(如超导电磁储能、超级电容等)、物理储能(如抽水蓄能、压缩空气储能、飞轮储能等)、热储能等。当前装机规模靠前的两类储能技术是抽水蓄能和电化学储能。同时,以压缩CO_2、空气储能氢储能、储热/冷技术、电磁储能和飞轮储能等为代表的新型储能技术也在不断进步。在新型电力系统下,多种新型储能技术将得到规模化布局和应用,呈多元化发展态势。能够实现日内调节的新型储能技术路线有压缩空气储能、电化学储能、热(冷)储能、火电机组抽汽蓄能等。10小时以上长时储能技术有机械储能、热储能、氢能、基于液氢和液氨的化学储能等。储能设施又可区分为储电、储热、储气和储氢。储能技术今后将朝着低成本、大容量、高稳定性、长周期的趋势发展[25]。

(2)不同时间尺度与规模的灵活储能技术通过有机结合和协同运行得到广泛应用,发挥调节电网安全重要作用。"高效能、高质量"也是新质生产力的突出特点。相较于传统化石能源,新能源发电特性与负荷特性不匹配给电力系统平衡调节造成更大的压力。不同规模、时间

尺度、类型的储能是重要的调节性、支撑性资源,是缓解系统调节难题和电力保供的关键渠道。各类储能路线陆续步入快速发展轨道。不同容量、时间尺度的各类储能技术的有机结合和协同运行将缓解大规模新能源调节和存储难题,有效增强电力系统运行灵活性。依托电源侧系统友好型"新能源+储能"电站、基地化新能源配建储能、火电或核电+储能、电网侧调峰调频顶峰备用独立储能、延缓或替代城市负荷中心输变电投资等电网功能替代性储能,以及负荷侧重要负荷应急备用电源等用户侧储能削峰填谷、共享储能等模式,各侧同步开展规模化储能布局应用,为电力系统动态平衡和供电稳定性提供重要支撑。新型储能技术将与电力系统其他技术深度融合,协同运行,全面提升新能源发电的主动支撑能力和系统安全稳定运行水平。

当前用户侧储能的主要盈利渠道是峰谷套利,同时不少地区也重视推动储能参与调峰、调频和启动等辅助服务,以给用户侧储能带来额外收益机会。据中电联统计,2022年全国全国工商业配置储能新增总能量达0.76吉瓦·时,比上年增长超一倍。受益于5G、物联网、新能源汽车等代表性新质生产力高新技术产业发展速度加快,用户侧储能应用需求日益旺盛。2023年11月,全国近一半省份峰谷价差超过0.7元。广东价差甚至达1.3169元/(千瓦·时)。迎峰度冬期间电力供应,有13个地区执行尖峰电价,峰谷价差明显拉大,为用户侧储能发展创造空间。补贴政策是激励用户侧储能投资积极性的另一抓手,部分地区有1~3年补贴。考虑到相较于其他用户侧储能形式,电动汽车车网互动成本较低,且能为用户附加收益,或将成为今后用户侧储能发展的重要方向。根据中国电动汽车百人会预测,2030年中国电动汽车保有量将超过8000万辆,能提供2.8亿千瓦的调节能力,相当于至少

15%的全国统调最大负荷。

近几年,受用电量增长超预期、煤炭供应短缺、新能源发电不足以及节能降耗等多方面因素叠加影响,多个省份陆续启动限电措施,如停产、削减产能、错峰生产、分时段限电以及削减用电优惠等。高耗能产业和碳排放量较高行业受到更大影响。根据电力规划设计总院的预测,"十四五"期间全国电力供需形势总体趋紧,电力缺口逐年扩大,若不及时加强支撑能力建设,华北、华东、华中、南方等地或将出现系统性硬缺电风险。随着构建新型电力系统步伐的逐渐加快,储能需求总量越来越大,需求结构越来越复杂。在此过程中,用户侧储能价值也将同步得到凸显。展望未来,用户侧储能发展前景良好,市场热度预计将持续提升,将为加快建设新型能源体系、发展电力系统新质生产力提供更强劲的新动能。同时,随着先进通信技术、新能源汽车、新型储能技术的进步,作为新质生产力的代表性技术,中国用户侧储能技术的应用场景和规模也会不断拓展壮大。

3.4.3 新质生产力视角下用户侧储能发展面临的挑战

新质生产力的发展过程并非一帆风顺。当前,用户侧储能发展受诸多挑战制约:新型储能技术成熟度整体不高,成本回收存在难点,辅助服务收益难以实现,盈利情况面临较多不确定性等。此外,新型储能经济性与安全可靠方面的协同问题也需着力解决。因此,分析发展困境有助于为优化用户侧储能发展、加快提升新质生产力指明方向。

(1)技术革命性突破是新质生产力的重要特征。然而,当前各种类型的用户侧储能技术亟待创新和突破,成本与经济性问题是制约用户侧储能发展的瓶颈。科技创新是发展新质生产力的核心要义。在短周

期储能技术中,电化学储能和压缩空气储能当前处于初级发展阶段,是今后的关键突破点。提高电化学储能的安全性和循环次数,需要寻求更高化学稳定性的正负极材料和基于水系电解液或固态电解质的锂基、锌基、钠基等新型电池技术。压缩空气储能则需要通过突破先进超临界压缩空气技术、液态空气存储技术、热回收利用技术等,实现额定功率可达百万兆瓦级的大规模、低成本发展。

中国周、月、季等中长周期储能技术的开发和利用尚处于起步阶段,大容量储能高成本问题亟待攻关突破。目前行业对大容量、长时储能需求日益迫切,但满足不同情景的多时间尺度的储能技术尚未全面形成。虽然中国拥有世界上最大的抽水蓄能装机和电化学储能装机(主要为锂电池,占新型储能总装机比例超九成),但其他储能技术的成熟度和实用性有待提高。电力的长周期规模化储存尚且无法实现。物理储能、电磁储能和热储能等其他储能形式尚未得到规模化商业化发展。北京大学能源研究院指出,目前市场应用最广泛的电化学储能的度电成本仍高达0.6元/(千瓦·时)以上,若想实现规模化应用,需要将成本降至0.4元/(千瓦·时)左右。

未来要重点突破热储能和化学储能。在热储能方面,北京大学能源研究院指出,2021年中国光热装机总量仅约54万千瓦,不足全球总装机比重的8%,与中国光伏累计装机连年位居全球首位的发展规模相比差距巨大。在化学储能领域,氢能及氢制品是今后重要的长周期储能工具,但仍处于发展初期。当前,氢储能系统效率低于70%,成本高达13000元/千瓦,与抽水蓄能、压缩空气储能、电化学储能等相比存在明显的效率差距。同时,氢储能系统在关键核心材料、技术成熟度、使用寿命等方面与国际先进水平有一定差距,并且绝大多数应用局限于交通领域,在电力行业的推广和应用尚未得到充分探讨。若中长周期储能技术不能得到突破性发展,中国在面对数周乃至数月风光出力不足或遇到极端天气的情况下,电力系统安全稳定运行将存在巨大隐患。

(2)储能成本疏导机制尚不完善,用户投资积极性不高,制约能源体系新质生产力建设。加速形成新质生产力在建设新型能源体系的关键时期显得尤为重要。目前,储能建设成本较高,以锂离子电池、液流电池为代表的电化学储能的度电成本与抽水蓄能电站相比还有一定差距。新能源电站强制配套储能政策尚存争议,且储能设备利用率普遍较低,难以回收投资成本。现有市场机制和商业模式获利空间有限,储能多元价值未能充分体现[5]。用户侧储能主要以分时电价差来获利,价差小的地区开发价值较小。用户侧储能具有明显的外部性,部分价值难以清晰衡量分摊对象。储能参与电力市场的准入条件、交易机制和技术标准仍不成熟。完善储能成本补偿机制,实现储能对支撑新能源发电的辅助服务价值回报是从根本上保障储能产业健康快速发展的关键。当前,相关的电价政策和市场机制不够完善,储能投资回报机制不畅、应用场景界定不清、有效利用率不高,在很大程度上制约了储能行业健康可持续发展,阻碍其公共服务价值的发挥。储能系统如何参与电网调度尚无明确政策。储能系统参与市场的条件仍有待进一步发掘,一些政策的落实情况并不乐观,未达到预期效果,部分储能系统利用率不高,存在较大的提升空间。此外,在成本回收困难、盈利不确定性较大的情况下,如何提高相关新能源企业的投资主动性也是目前存在的突出问题。按需缴费对用户侧储能经济性影响较大,如果企业用电负荷曲线相对平稳,则无法实现用能成本降低。另外一个难题是储能场地的选择。工厂通常对土地利用率有较高要求,很难有符合储能

设备安装条件的大量空地。

(3)新型储能安全管理仍需加强。保障能源安全稳定供应是培育能源领域新质生产力的基本要求。随着新型电力系统中储能规模的扩大,其安全问题不容小觑。全球范围内储能火灾事故频发,较一般火灾控制难度大,同时可能释放出有毒化学物质产生化学危害,造成重大损失。气候因素、温度过高、人员操作不当、整合过程失误、电池管理系统故障等因素均可能造成储能系统失火。其中,锂电池储能系统火灾容易出现复燃,水源仅仅起到降温作用,无法有效灭火,只能等化学反应完全结束,火势才能被扑灭,消防难度大,容易触电。确保安全稳定是新型储能规模化发展道路上的关键因素之一。随着政府加快发展新质生产力目标的提出,为用户侧储能的发展指明了方向,其安全性能的重要性日益提升,并逐渐成为技术发展和产品研发的共识。除了储能设备的安全性和可靠性,相关安全标准的建立健全、安全管理规范、消防设计策略、消防装备数量和质量、专业技术操作人员的安全素养和专业能力等均有待进一步提升。

3.4.4 用户侧储能支撑电力系统新质生产力发展的政策建议

本小节结合一些用户侧储能处于发展前沿的典型省份的经验,提出了一些促进用户侧储能健康发展,提高用户投资积极性,更好地发挥对新质生产力的推动作用的政策建议。

(1)科学制定用户侧储能发展路径,为新质生产力的发展和进步创造沃土。作为战略性新兴产业的用户侧储能是发展新质生产力的主阵地之一。各地区应根据本地电源基础数据,结合电网需求,科学测算本地合理的储能建设时序与规模,预测各类储能技术的循环寿命、日历寿命、系统效率和单位成本,制定"技术适配、规模合理"的储能规划,引导不同类型储能技术有序发展。充分利用新兴业态,推动多元化发展,如电动汽车-车网互动,可能是未来规模非常庞大的移动储能[26]。用户侧储能应当以提高电能质量、提升供电可靠性为发力点。对于水电大省来说,其储能需求集中在长周期能量时移、超短时抑制超低频振荡。应当根据常规电源的调峰能力和负荷特性,计算系统调峰需求,确定储能功率需求。根据典型年、月、周内的亏缺、盈余、平衡电量,计算储能的能量需求。对于火电大省来说,储能用于消纳本地新能源、调频和紧急功率支撑,应当采取就近部署储能的原则,重点选择负荷密集点、调峰调频困难等关键电网节点。对于新能源大省来说,储能的作用主要是平滑新能源出力、跟踪计划出力、能量时移、调频等,应当在分析风电、光伏出力特性的基础上,结合平滑输出功率波动、跟踪计划出力曲线、削峰填谷,辅助频率调节,提供电网调峰,无功电压支撑等应用场景确定储能配置规模。

广东省和山西省的用户侧储能发展规划具备一定的参考价值。广东省拥有丰富的工商业资源,用户侧储能具有多元应用场景。该省储能电池产业基础较好,全产业链均有所覆盖。新型储能产业具有高竞争力,产业发展形势向好。2023年3月,广东发布《广东省推动新型储能产业高质量发展的指导意见》,随后13个省级配套政策和12个地市政策相继出台,全方位布局储能产业。6月印发的《广东省促进新型储能电站发展若干措施》,被业界称为"最强用户侧储能支持政策",指出先进优质的用户侧储能项目产品的用电量单独计量。随后9月发布《广东省独立储能参与电能量市场交易细则(试行)》,旨在建立健全独立储能参与电能量市场交易机制,构建独立储能价格市场形成机制,逐步完善广东新型储能商业运营模式,为提高储能项目的使用效率提出了更多政策保障。预计盈利渠道的拓宽将良好带动广东储能市场的发展。同时,广东电力市场化改革走在全国前沿,伴随着峰谷电价差拉大和峰谷时段优化,2023年用户侧储能或将迎来爆发式增长。目前,广东的储能电池产业正着力打造以广州、深圳、珠海、惠州等地为重点的集聚区。以广东惠州豪鹏科技马安园区储能电站为例,该项目以"两充两放"模式进行削峰填谷。根据广东省人民政府在试运行阶段的测算结果,该储能项目每天能储存、释放电能约1.6万度。采用智能控制模式,利用电价峰期、谷期差额,每年可为企业节省约300万元用电成本。在确保用电稳定性、安全性和经济性的基础上,既缓解区域电网负荷压力,又可作为企业的应急后备电源。作为能源大省的山西省,目前共有近20个新型储能项目并网投运,装机规模超40万千瓦。山西省坚持以市场化路径推动新型储能发展。山西是全国首个实现现货市场和一次调频收益叠加的省份,为新型储能参与市场打下基础,通过市场竞争发现和满足系统需求,推动提升各种新型储能技术路线的经济性。

(2)拓宽用户侧储能盈利渠道,畅通成本疏导机制,建立支持新质生产力发展的长效配套政策。新质生产力是推动经济社会发展的新动力,同时也需要建设完善的满足新质生产力发展的体制和制度保障机制。就用户侧储能而言,完善的成本分担机制是推动这一新兴产业健康可持续发展,进而打造能源领域新质生产力的有力保障。应遵循"谁收益,谁分摊"的原则,完善市场交易机制。目前,新型储能政策多数为原则性纲领性文件,缺乏参与电力市场的具体可操作的实施准则,储能身份认定、注册和结算流程、支付方式、执行品种、时序、补偿额度等具体问题均不清晰[27]。本小节提出以下政策建议:一方面,推动新能源和储能作为联合主体参与市场,新能源配建储能可在一定程度上降低新能源出力预测精度低、可信容量低等劣势。二者作为整体参与现货、辅助服务市场,有助于提升新能源电站竞争力。另一方面,制定和完善独立储能参与现货市场的规则细则,畅通辅助服务市场机制,明确储能参与规则,完善交易品种。定期发布辅助服务需求预测规模。探索用户侧储能通过聚合商、虚拟电厂等模式参与到电力市场机制。制定和完善独立储能容量成本回收机制。从国内外典型地区独立储能收益来源看,这些地区基本上都出台了容量成本回收机制,为保障独立储能可持续发展,需要进一步丰富其收益模式。

山东省和甘肃省在用户侧储能的盈利机制的构建上,对其他地区而言具有一定的借鉴意义。山东省为用户侧储能项目设计了多种收益来源,以提升项目经济性。除容量租赁和现货套利外,为保证电力系统长期容量充裕性,山东是首个执行容量补偿电价的省份。然而,存在的问题也不容忽视,比如新型储能产业利用率低、市场模式单一、用户侧储能盈利能力弱等问题,各部分收益存在不确定性。容量租赁一些细则尚未明确,由储能电站和新能源电站双方协商签订租赁期限,租赁费用面临一定的不确定性。容量补偿机制多次调整带来收益缩水。为此,山东省2023年11月印发《支持新型储能健康有序发展若干政策措施》,通过扩大分时电价实施范围、调高峰谷浮动系数、减轻新型储能费用负担的方式,提高经济性和盈利能力。甘肃省是中国重要的能源基地,拥有得天独厚的优势和条件。甘肃省是全国首个为储能开放调峰容量市场的省份。独立储能项目可同时参与现货、调峰容量市场和调频市场,收益来源多样化较好地保证了储能电站的收益。以甘肃金川区西坡500兆瓦·时/2000兆瓦·时储能电站为例,项目采用共享储能

模式,对满足储能辅助服务市场准入条件的各侧储能资源进行全网优化配置。

3.5　电能替代

新质生产力的发展依赖于清洁且高效的能源,电能替代有助于满足这一需求。因此,在新质生产力发展的背景下,电能替代被赋予了新的时代使命。一方面,传统的能源模式已经难以满足新质生产力的发展需求,随着气候变化、环境污染等问题日益严重,能源变革的需求日益迫切,人们开始寻求更加可持续、清洁的能源替代方案;另一方面,清洁的新型电力系统供应体系的电能替代为新质生产力的发展提供了坚实支撑,而新质生产力的发展反过来也为电能替代的稳步推进注入了全新的动能,新质生产力与电能替代的互动融合成为推动能源变革的关键一环。

新质生产力,作为信息化与智能化时代的产物,对于提升生产效率、优化资源配置和推动绿色发展起着至关重要的作用。在这一过程中,电能替代作为一种重要的技术手段和能源变革策略,与新质生产力存在着密切的联系,电能替代的推广应用可以促进新质生产力的提升,推动经济的绿色低碳转型。然而,在当下面向新质生产力发展的重要时期,电能替代的推进虽取得一定成效,但仍存在一系列问题阻碍了电能替代的广度和深度。为此,本节将聚焦于新质生产力发展背景下中国电能替代所处的重要深水区时期。首先,深入理解新质生产力与电能替代的融合互动关系;其次,阐明梳理目前中国电能替代的发展现状;再次,深入剖析现阶段电能替代面临的问题和存在的痛点、难点;最后,根据新质生产力背景下中国推进电能替代所面临的挑战,针对性地提出相应的解决措施和政策建议,以期为能源变革下的新质生产力与电能替代的融合发展提供参考。

3.5.1　新质生产力与电能替代的融合互动关系

新质生产力代表了生产方式、生产工具和生产组织的更新和改造,是数字化时代下符合新发展理念的先进生产力。而电能替代,则是指利用电力替代传统能源(如煤炭、石油等)在生产和生活中的应用,来满足能源清洁高效的需求。这两者之间存在密切的联系,其融合发展将推动能源领域的革新升级以及经济社会的绿色低碳转型与高质量发展。电能替代与新质生产力的逻辑关系如图 3.5 所示。

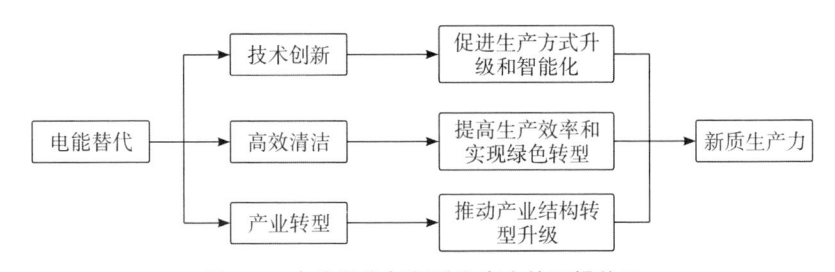

图 3.5　电能替代与新质生产力的逻辑关系

1. 新质生产力与电能替代的融合体现在技术创新方面

电能替代促进了生产方式的升级和智能化,从而推动了新质生产力的发展,同时,新质生产力利用先进的数字技术,也为电能替代的稳步推进赋能。新质生产力由技术驱动,先进的技术支持是推动其发展的重要引擎。电能替代正是利用新技术来替代传统能源的典型代表。例如,智能电网技术的应用可以实现对电力系统的智能监控和管理,提高能源利用效率。同时,新型电力系统的电能替代技术与智能控制、大

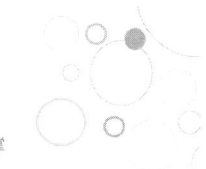

数据分析等技术相结合，推动了生产设备的智能化升级。相比于传统的化石能源，电能可以更精确地控制能源的输出，使生产设备更加智能化，通过实时监控优化生产过程，提高生产效率。此外，电能驱动的生产设备通常具有更多的数字化监控和控制功能，通过传感器、数据采集系统和智能控制算法，生产过程可以实现实时监测和调整，生产线可以实现更高程度的自动化，从而助推新质生产力发展。这种数字化和智能化生产方式与新质生产力强调的创新驱动、数字经济发展的理念相契合，为企业提供了更为先进和可持续的生产模式。

2. 新质生产力与电能替代的融合体现在高效清洁方面

电能替代可以通过提高生产效率和实现绿色转型来助推新质生产力发展，同时在新质生产力新发展理念引领下电能替代也得以有序推进。新质生产力注重绿色、可持续的生产方式，减少资源浪费和环境污染。传统以煤炭、石油为主的能源体系无法有效助推新质生产力的提质增效，新质生产力的发展需要更加清洁、高效的能源支撑。电能替代通过使用电能替代传统能源，能够很好地满足绿色高质量的新质生产力发展需求。一方面，传统能源在生产和使用过程中存在着许多资源浪费和环境污染问题，而电能替代在生产和消费过程中用电力代替传统的煤炭、石油等能源，通过提高能源利用效率和减少环境污染来推动新质生产力的发展。另一方面，电能替代为生产提供了更为灵活和高效的能源选择。传统的能源形式如煤炭、石油等受限于地域和资源条件，而电能本质就是一种依托于可再生能源的更为清洁的能源形式，并且电能替代技术能够通过多种方式实现能源转换。电能的清洁高效和多样化的能源选择方式能够为企业提供更大的灵活性，企业能够依据需求和环境条件进行选择，从而提高生产效率。这种高效化和清洁化的生产方式能够更好地助力经济社会绿色转型,符合新质生产力先进的发展理念。

3. 新质生产力与电能替代的融合还体现在产业转型升级方面

电能替代通过促进产业结构的转型升级助推新质生产力提质增效,同时在新质生产力先进生产力质态下电能替代也得以进一步推进。随着工业、建筑和交通等领域电能替代的有序推进,能源领域的产业结构正在发生深刻变化,电动汽车、可再生能源等新兴产业迅速发展。传统的能源产业逐渐式微,而新兴的清洁能源产业则蓬勃兴起。这种产业结构的调整既为新质生产力的发展提供了新的市场空间,也为电能替代的推广应用创造了更加广阔的场景。一方面,电能替代推动了传统能源产业向清洁能源产业的转型,促进了产业升级和结构调整。传统能源的开采和利用往往伴随着环境污染和资源浪费,而电能替代技术的应用能够减少对传统能源的依赖,推动产业向清洁、低碳方向发展。这种产业结构的调整不仅有利于环境保护和可持续发展,也为新产业的兴起和发展提供了契机,从而助推新质生产力的发展。另一方面,电能替代还能扩展和完善相关产业链条,传统行业中依赖传统能源的企业可能面临着成本上升、竞争力下降等问题,而引入电能替代技术可以促使其转型甚至催生出新的产业,进一步推动新质生产力的形成和壮大。

3.5.2 电能替代的发展现状

电能替代是指在终端能源消费环节,用电能取代散烧煤和燃油等传统能源的现代能源消费方式。多年来,全国各区域积极推进电能替代工作,在工业、交通、居民采暖等多个领域科学有序实施电能替代,为中国的电气化进程做出重大贡献,同时为发展新质生产力提供重要支撑。在当前发展新质生产力的关键时期,积极推动电能替代是正确处理好传统能源与新能源关系,实现减少对化石能源的依赖,以及推动能源变革与传统产业转型升级的不可或缺之路。目前,电能替代的发展呈现出以下三个特点:

(1)新质生产力发展下电能占终端能源消费比重稳步增长。如图3.6所示,2012—2022年电能占终端能源消费比重稳步增长,2012年电能占终端能源消费比重为19.3%,2022年这一比重则上升至27%,这10年,电力在终端能源中的占比累计提高了近8个百分点。这主要归因于近年来热泵、港口岸电、电动汽车、电锅炉、电窑炉等电能替代技术逐渐成熟,以及电能替代相关政策的有序指引。因此,随着电能替代技术的不断创新,新质生产力发展提质增效,电能替代的广度和深度将不断扩大,有效推动了终端用能电气化率的提升

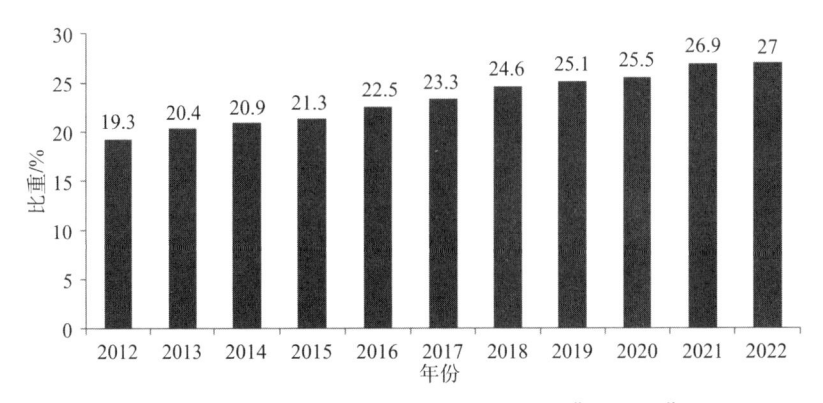

图3.6 2012—2022年电能占终端能源消费比重一览

数据来源:国家能源局。

(2)新质生产力发展下中国电能替代步入"深水区",近两年替代电量略有下降。自2016年《关于推进电能替代的指导意见》首次颁布之

后,中国的电能替代工作迅猛发展。如图3.7所示,2017—2020年的替代电量分别为1280亿千瓦·时、1558亿千瓦·时、2066亿千瓦·时、2252亿千·瓦时,替代电量占用电增量的比重从2017年的33%提高至2020年的82.5%,在这一时期电能替代实现了从无到有的飞速增长。然而,2021—2022年中国电能替代增速逐渐放缓,2021年和2022年的替代电量分别为1891亿千瓦·时和684.3亿千瓦·时,较之前出现了明显下降。这说明中国的电能替代工作已步入"深水区",处于中期成长阶段向中期转型阶段过渡,充满机遇与挑战。因此,2022年颁布的《关于进一步推进电能替代的指导意见》以及2023年颁布的《电力需求侧管理办法(2023年版)》与《2023年能源工作指导意见》都在对当前处于"深水区"的电能替代工作加以进一步的规范和引导,以期能为进一步提高新质生产力蓄势赋能。

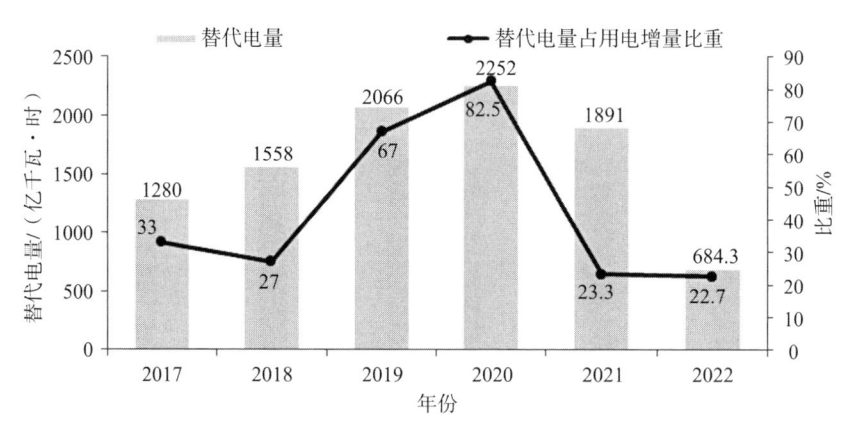

图3.7 2017—2022年全国替代电量及替代电量占用电增量比重变化情况

数据来源:国家能源局。

(3)新质生产力发展下的电网替代重点领域终端用能清洁化趋势明显。2023年,中国颁布了《电力需求侧管理办法(2023年版)》和《2023年能源工作指导意见》,这两项法规共同强调了扩大电能替代在工业、建筑、交通等重点领域的广度和深度的重要性。如图 3.8 所示，建筑供暖领域电能占终端能源消费比重最大并且呈逐年上升趋势，从 2016 年的 34.6% 上升至 2022 年的 49.5%，远高于全领域的电气化水平。而工业生产领域和交通运输领域的电气化水平则稳中有升，2022 年工业生产领域和交通运输领域的电能占终端能源消费比重分别为 27.1% 和 4.5%，终端用能清洁化趋势明显。因此，工业、建筑、交通等重点领域电能替代工作的有序推进，都在为各领域新质生产力的发展固本增基。

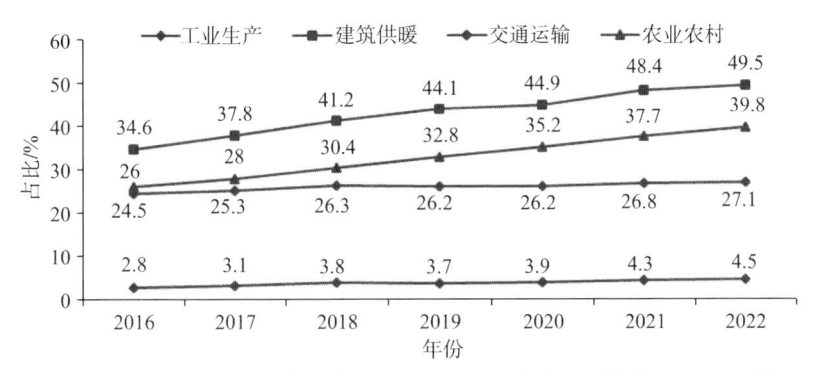

图 3.8　2016—2022 年电能替代四大领域电能占终端能源消费比重变化情况

数据来源：国家能源局。

3.5.3　新质生产力视角下电能替代面临的挑战

新质生产力要求摆脱传统经济增长方式、生产力发展路径。与传统的能源相比，电能更加清洁、高效。电能替代后劳动资料重新组合，推动传统产业电力化、智能化、高效化。电能替代一直以来都是一项长期且持续的工作，尽管中国电能占终端能源消费比重一直在稳步提升，但是近年来由于替代电量的下降和替代电量占用电增量的比重增速放缓,中国的电能替代已步入了"深水区",阻碍了新质生产力的发展步伐。因此,在面向新质生产力发展的关键时期,进一步稳步推进电能替代还需要解决以下几点难题:

(1)电能替代技术成熟度与先进性有待提高,影响新型电力系统电能供应清洁化需求,不利于新质生产力技术发展。新质生产力发展下电能生产侧的清洁化直接影响着电能替代的推进速度和效果。清洁能源的生产能够为电能替代提供可靠的能源支持,只有在电能生产侧实现了清洁化,才能够更好地推动电能替代在消费侧的广泛应用和普及。首先,新质生产力发展下新型电力系统需要采用更先进的技术来实现电能替代,如智能电网、能源存储技术和可再生能源技术等。电力供应依托创新驱动、技术先进的生产设备,然而这些技术在成熟度和创新性上仍存在改进空间,同时新技术的研发、部署和推广也需要大量资金投入,从而阻碍了新质生产力的发展。其次,新质生产力发展下新型电力系统电能替代面临着对现有电力基础设施进行升级和改造的挑战。传统电力系统的基建和设备已经无法满足新质生产力发展的要求,需要采用更为先进的清洁能源技术和建设更多的可再生能源发电设施、智能电网和充电基础设施等来推动新质生产力的发展。最后,新质生产力发展下电能替代还面临着电力系统供需平衡和稳定性的挑战。随着新型电力系统可再生能源占比不断增加,电能替代的电能供应面临着波动性和不确定性。由于可再生能源如风能和太阳能具有间歇性和波动性,因此需要有效的能源存储技术来平衡供需之间的差异。而目前清洁能源技术和能源存储技术尚未完全成熟,制约着电能供应的清洁化发展,从而在技术层面限制了新质生产力的发展。

(2)电能替代项目实施成本较高,缺乏专项补贴支持,不利于新质生产力高效发展。新质生产力本身就是绿色生产力,全社会各领域用更加清洁高效的电能替代传统化石能源能够有效助推新质生产力的发展。然而,电能替代的经济性问题阻碍了电能替代的有序推进,从而限制了新质生产力的发展。首先,电能替代缺乏专项补贴的支持是当前能源转型面临的一大挑战。尽管中国已经实施了一系列电能替代政策,但缺乏专项补贴的支持导致电能替代项目的推进难度越来越大。目前中国电能替代工作已进入"深水区",前期社会经济效益显著、容易推进的电能替代项目的基本完成,使得后续项目的经济性和实施难度愈发凸显。在此基础上,当前的政策仍主要以规范引导为主,而缺乏专项补贴,使得电能替代项目在经济性方面面临更大的压力。其次,初期投资建设经济性较低,而不同产业和企业推进电能替代的成本差异较大。中小企业在推进电能替代时面临融资难的问题,这成为制约其发展的重要因素。虽然在初期投资阶段政府补贴可能会起到一定作用,但随着补贴逐渐减少甚至退出,电能替代项目的经济性问题将更加凸显。最后,随着电能替代项目大规模地接入,对电网等配套基础设施提出了更高的要求。电能替代项目的电网投资和运维成本往往难以通过售电回收,这增加了电网投资的代价,同时也带来了配电网改造的压力,从而导致电能替代推进进程放缓,不利于新质生产力的高效发展。

(3)电能替代消费侧用户接受意愿较低,用户对电能替代先进技术接受程度较低,限制新质生产力的发展速度。相比于传统能源,电能替代能带动消费侧各领域的产业转型升级,同时摆脱传统生产方式,提高生产效率,从而助力新质生产力发展。然而,在推进电能替代的过程中,消费侧用户的接受意愿问题是一个关键性的挑战,部分用户对电能替代接受程度较低可能会限制新质生产力的整体发展速度。首先,用户会关注电能替代方案的经济成本。这包括了初始投资、运营费用以及长期维护成本。如果这些成本过高,就会降低用户采用电能替代技术的意愿。尤其是对于普通家庭用户和小型企业来说,经济性是他们考虑的重要因素之一。其次,电能替代技术的可行性和实用性,以及新型电力系统的稳定性与可靠性也会直接影响用户的接受意愿。用户希望使用的能源替代方案不仅需要具备环保性和高效性,还需要在实际使用中能够稳定可靠地运行。频繁的故障或不稳定的供电会削弱用户对电能替代技术的信任,从而降低他们的接受度,可能导致用户拒绝采用或未能使用这些技术,这将进一步阻碍电能替代的推广进程。最后,部分贫困地区的居民用户由于长期以来的观念影响,仍然倾向于使用传统能源,如用煤炭进行取暖等来满足日常生活需求。这些用户可能对于电能替代项目的接受意愿较低,因为他们对于新技术的接受程度较低,同时也可能缺乏相关的经济条件来进行电能替代,进而阻碍电能替代成效,不利于产业转型升级,限制了新质生产力的整体发展速度。

(4)电能替代技术及设备的标准体系建设不完善,缺乏统一和系统的电能替代标准,阻碍新质生产力长足发展。在能源变革的浪潮下,电能替代技术及设备的标准体系建设是电能替代面临的又一挑战,缺乏统一的标准会影响电能替代技术创新的可持续性,从而限制新质生产力的长足发展。首先,电能替代缺乏行业内的共识和统一的标准制定机制。当前电能替代涉及技术和设备种类繁多,然而它们往往呈现出分散、碎片化的特点,缺乏统一的装置技术要求以及有效的效果评价方法。这导致了标准之间的不协调和冲突,从而导致市场上出现了各式各样的产品,难以辨别优劣,无法形成统一有效的标准体系,给行业发展带来了不确定性。其次,电能替代标准体系相对滞后于技术的发展。

随着新质生产力的发展和电能替代技术的不断创新,电能替代技术设备标准的制定往往滞后于新兴电能替代技术的发展,没有能够及时跟上技术的创新步伐。这导致标准的制定不完备且过时,进而影响到电能替代设备的设计生产质量和销售商的服务水平,使得市场上出现了良莠不齐的情况。最后,电能替代标准体系的缺失导致了无法从宏观上对电能替代进行统筹规划和宏观把控,这对于行业的发展和整体效益都产生了负面影响,不利于新质生产力发展。此外,国际标准在电能替代领域的影响力较大,但中国的标准体系与国际标准体系之间存在差距,从而会影响到中国电能替代技术及设备的国际竞争力和市场地位。虽然中国参照国际标准化组织(International Organization for Standardization,ISO)和美国电气电子工程师协会(Institute of Elecbrical and Electronics Engineers,IEEE)制定了一些标准,但依然存在全面性和系统性不足的问题,从而影响电能替代技术创新的可持续性,阻碍新质生产力的长足发展。

3.5.4 新质生产力视角下推进电能替代的政策建议

在新质生产力发展的推动下,当前以化石能源为主导的能源结构亟须转型。广泛使用散烧煤、燃油等化石能源在生产和生活中引发的众多资源与环境问题,已经成为中国先进生产力发展的障碍。绿色低碳转型需要中国稳步持续地推进电能替代,进一步拓宽电能替代的广度和深度。结合中国现阶段新质生产力发展下推进电能替代面临的挑战,提出了以下几点政策建议:

1. 加快可再生能源发展,完善新型电力系统电能清洁化

这是全球能源转型和应对气候变化的重要任务,是新质生产力新发展理念下的必然要求。为此，需要加快可再生能源发展，促进新型电力系统对可再生能源的消纳以及清洁化转型，实现电能生产侧的清洁化，从而助力新质生产力发展。首先，针对太阳能、风能等可再生能源，必须加大研发和投资力度。采用政策和经济激励措施，鼓励企业和研究机构加大对这些能源的研究和开发，特别是在技术创新和成本降低方面，需要持续投入资金，以提高可再生能源的竞争力和市场占有率，从而为终端用能电气化水平的提升提供坚实保障。其次，应加大对新型电力系统的技术支持和对输电网络基础设施的投资建设。整合和利用可再生能源，解决其波动性和间歇性问题，促进新能源消纳，提高电能生产的稳定性和可靠性。针对电能替代的技术创新需求，诸如能源转化技术、电能替代发电与存储技术方面，需要不断创新，开发出具有高科技和高效能的电能替代设备，以助力新质生产力的发展。最后，为了推动电力系统向清洁能源方向转型，需要加强对电能替代的统筹规划。各级政府应该协同推进落实国家关于电能替代的政策，同时加强对传统能源的监督和管控，强化政策对清洁能源的支持力度，积极引导企业和社会各界参与清洁能源建设和利用。此外，在能源替代项目的选址、规划和实施过程中，需要充分考虑可再生能源的利用潜力和市场需求，确保其能够实现高质量发展和长期可持续性，有效推动新质生产力发展。

2. 加强电能替代项目的资金支持，降低电能替代推进成本

这是助力发展新质生产力和实现能源转型的重要举措。首先，需要加强电能替代的顶层设计，建立健全的政策体系，通过奖励、补贴等形式对电能替代项目提供资金支持。政府可以制定相关政策，设立专项资金，为符合条件的电能替代项目提供资金补贴或奖励，从而降低企

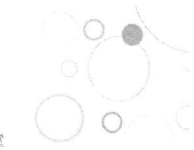

业参与电能替代的成本。同时,可以针对电能替代成本较高的问题,制定特殊的输配电价政策,给予适当的电价优惠,降低企业用电成本,推动电能替代项目的实施。其次,可以设立专门的低息贷款和融资担保机制,以降低电能替代项目融资的成本,吸引更多投资者参与电能替代项目。政府可以与金融机构合作,设立绿色金融基金或专项贷款,为电能替代项目提供低息贷款和融资担保服务,帮助企业解决资金短缺和融资难题,降低项目的融资成本,提升项目的可行性和吸引力。最后,可以鼓励金融机构推出绿色金融产品,提供有利于电能替代项目的融资方案,降低企业融资的门槛和成本。金融机构可以针对电能替代项目的特点和需求,设计创新的金融产品,如绿色债券、可再生能源投资基金等,为企业提供更加灵活、多样化的融资渠道,降低企业融资的成本和风险,推动电能替代项目的快速实施和推进,助力新质生产力提质增效。

3. 考虑用户能源需求,提高电能替代接受意愿

提高用户对电能替代的接受意愿,需要综合考虑用户的能源需求、经济状况和环保意识。为此,可以采取一系列措施来提高用户对电能替代的认知和接受度,从而促进清洁能源的推广和应用,助力绿色低碳转型与新质生产力发展。首先,应该提高用户对电能替代的认知,使新质生产力的新发展理念深入人心。举办教育和宣传活动,向用户解释电能替代的优势和益处,以及采用清洁能源对环境和能源可持续性的积极影响,或者采用举办讲座、展览、宣传册等形式,向用户介绍电能替代技术的发展现状和应用案例,引导居民形成选择电能的绿色消费习惯。其次,提供经济上的激励,引导各领域推进电能替代,助力新质生产力发展。政府可以通过降低电能替代设备的购买成本、提供税收减免、推出电能替代的补贴政策等方式,为用户提供经济上的优惠和激励,吸引用户采用电能替代技术与设备。最后,制订个性化的电能替代方案,考虑到用户的能源需求、使用习惯和经济状况,可以进一步提高用户对电能替代的接受度。国家电网可以根据用户的具体情况,提供定制化的电能替代方案,包括设备选择、安装调试、售后服务等方面的支持,帮助用户更好地理解和使用清洁能源,提高其满意度和接受度,促进相关行业利用高效电能实现转型升级,推动新质生产力快速发展。

4. 加强电能替代技术研发创新,统一电能替代技术和设备标准体系建设

新质生产力的发展需要由先进的电能替代技术进行驱动,同时在电能替代推进的过程中也会受到新质生产力的反哺。因此,加强电能替代技术研发创新,统一电能替代技术和设备标准体系建设,是新质生产力融合电能替代实现能源变革的关键保障。首先,需要增加对电能替代技术和设备的创新与研发投入。政府与企业应共同加大资金、人力和物力投入,支持电能替代技术的研发与创新,通过新质生产力引领电能替代更加数字化、清洁化、智能化。同时,要及时修订和更新电能替代技术的相关标准,以适应技术的不断发展和创新;对电能替代新技术应及时进行评估与标准化,以确保其安全、高效、可靠地应用于实际生产,从而助力新质生产力的发展。其次,不断完善电能替代技术标准和准入制度。建立一套完善的监管机制,对电能替代技术的生产企业、产品进行资质认证和审核,以提高整个行业的准入门槛,确保电能替代技术质量和安全符合国家标准要求,为新质生产力的发展兜底。最后,应当鼓励电能替代产业组织、能源电力等行业协会等组织积极参与标准制定过程,国家标准委员会应该起到牵头引领作用,组织相关行业标

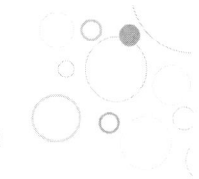

委会共同探讨现有标准规范的不足,制定电能替代技术及设备从制造到运营的各方面的国家标准,保证技术创新的可持续性,助力新质生产力的长足发展。利用合作机制有效汇聚行业智慧,确保电能替代技术标准更贴近实际应用,兼顾各方需求,以推动电能替代在各领域的深入应用,助推各领域电能替代技术革命性突破、要素创新型配置与产业深度转型升级,从而有效发展新质生产力。

参考文献

[1] 林伯强.碳中和进程中的中国经济高质量增长[J].经济研究,2022,57(1):56-71.

[2] 林伯强,谢永靖.中国能源低碳转型与储能产业的发展[J].广东社会科学,2023(5):17-26,286.

[3] 林伯强,杨梦琦.碳中和背景下中国电力系统研究现状、挑战与发展方向[J].西安交通大学学报(社会科学版),2022,42(5):1-10.

[4] 林伯强.中国新能源发展战略思考[J].中国地质大学学报(社会科学版),2018,18(2):76-83.

[5] 林伯强.优化电力体制机制 保障电力供应安全[J].煤炭经济研究,2024,44(2):1.

[6] 林伯强,姚昕.电力布局优化与能源综合运输体系[J].经济研究,2009,44(06):105-115.

[7] 林伯强,刘畅.收入和城市化对城镇居民家电消费的影响[J].经济研究,2016,51(10):69-81,154.

[8] 林伯强,李江龙.基于随机动态递归的中国可再生能源政策量化评价[J].经济研究,2014,49(4):89-103.

[9] 陈晓红,唐润成,胡东滨,等.电力企业数字化减污降碳的路径与策略研究[J].中国科学院院刊,2024,39(2):298-310.

[10] 戈国莲,刘磊.乡村振兴背景下我国农村公共基础设施投资测算与建设研究[J].农业经济问题,2022(10):133-144.

[11] 伍心怡,何爱平.数字技术助推中国现代能源体系构建:赋能机制、现实问题与实现路径[J].经济问题探索,2024(1):1-14.

[12]林伯强,占妍泓,孙传旺.面向碳中和的能源供需双侧协同发展研究[J].治理研究,2022,38(3):24-34,125.

[13]王宁.乡村振兴要做好分布式能源"文章"[J].人民论坛,2019(11):64-65.

[14]李安,尹逊之.我国农村居民生活能源消费碳排放影响因素分析[J].山东社会科学,2024(2):169-176.

[15]洪银兴.新质生产力及其培育和发展[J].经济学动态,2024(1):3-11.

[16]张智刚,康重庆.碳中和目标下构建新型电力系统的挑战与展望[J].中国电机工程学报,2022,42(8):2806-2819.

[17]孙毅,胡亚杰,郑顺林,等.考虑用户响应特性的综合需求响应优化激励策略[J].中国电机工程学报,2022,42(4):1402-1413.

[18]赵晓东,土娟,周伏秋,等.构建新型电力系统亟待全面推行电力需求响应——基于11省市电力需求响应实践的调研[J].宏观经济管理,2022(6):52-60,73.

[19]李鹏,刘念,胡秦然,等."新型电力系统数字化关键技术综述"专辑评述[J].电力系统自动化,2024,48(6):1-12.

[20]张尧翔,刘文颖,庞清仑,等.计及综合需求响应参与消纳受阻新能源的多时间尺度优化调度策略[J].电力建设,2023,44(1):1-11.

[21]刘晓峰,陈雪颖,柏颖,等.计及多重影响因素的居民需求响应行为分析[J].电力工程技术,2022,41(6):116-124.

[22]林伯强."双碳"目标下储能产业发展新趋势[J].人民论坛,2024(3):78-83.

[23]白晓娟.储能产业的商业运行模式分析——评《投资新型储能产业》[J].电池,2023,53(4):471-472.

[24]李建林,姜冶蓉,马速良,等.新型电力系统下分布式储能应用场景与优化配置[J].高电压技术,2024,50(1):30-41.

[25]李建林,梁策,张则栋,等.新型电力系统下储能政策及商业模式分析[J].高压电器,2023,59(7):104-116.

[26]鲁跃峰,郭祚刚,谷裕,等.国内外新型储能相关政策及商业模式分析[J].储能科学与技术,2023,12(9):3019-3032.

[27]李明,郑云平,亚夏尔·吐尔洪,等.新型储能政策分析与建议[J].储能科学与技术,2023,12(6):2022-2031.

[28]陈春常.当代电能替代技术的应用[J].中国高新科技,2023(5):38-39,48.

[29]李明达.面向碳中和的中国电能替代发展路径规划方法探讨[J].自动化应用,2023,64(5):36-38.

[30]李苏秀,刘林,张宁,等.新型电力系统产业发展展望:产业结构、要素作用、价值创造[J].新型电力系统,2024,2(1):65-77.

[31]蒲清平,黄媛媛.习近平总书记关于新质生产力重要论述的生成逻辑、理论创新与时代价值[J].西南大学学报(社会科学版),2023,49(6):1-11.

[32]屈博,刘畅,卜凡鹏,等.能源结构转型背景下的电能替代发展路径探索[J].电力需求侧管理,2022,24(6):1-5.

[33]石建勋,徐玲.加快形成新质生产力的重大战略意义及实现路径研究[J].财经问题研究,2024(1):3-12.

[34]王睿佳.电气化是能源绿色发展必由之路[N].中国电力报,2023-11-01(004).

[35]王亚磊,熊永军,刘辉,等.电能替代技术状况与展望[J].电子技术,2023,52(1):190-191.

[36]王巳腾,石研,张禄晞.电力数字化转型背景下电能替代实现路径与建议[J].中国市场,2022(25):194-196.

[37]余璇."电能替代"向深水挺进[N].中国电力报,2023-06-06(003).

[38]袁兴宇,梁俊宇,王达达,等.典型电能替代技术的成本效益分析[J].电力需求侧管理,2022,24(6):6-13.

[39]张强,王超,李欣蔚,等.考虑典型电能替代的配电网新能源接纳能力研究[J].可再生能源,2023,41(10):1414-1420.

第4章

能源安全：新质生产力的重要保障

能源安全不仅是国家稳定和经济发展的重要基石，也是新质生产力发展的重要保障。随着能源转型进程的持续推进，该如何有针对性地保障中国不同发展阶段的能源安全，以实现经济的高质量发展？在极端天气频发和全球地缘政治风险加剧的双重背景下，如何建设新型电力系统以形成能源领域的新质生产力，从而更好地应对能源供应不稳定的挑战？煤电作为新质生产力发展的压舱石，该如何调控煤电装机以追求经济增长和环境改善的双赢？煤炭作为中国的主要传统能源，可以为相关产业的新质生产力发展提供重要支撑。新质生产力要想引领油气资源的安全供应，面临的挑战和阻力又是什么？最后，随着可再生能源行业的快速崛起，如何保障中国清洁能源金属供应安全，以厚植新质生产力发展的物质基础？

4.1 能源结构转型

在碳中和约束下,如何在保障能源供应安全的前提下,实现能源结构的低碳转型,是一个复杂且艰巨的任务。面对这一挑战,发展新质生产力成为应对之策,具有重要的战略意义。首先,需要明确碳中和与能源结构转型的内在关系。"双碳"目标的实现,要求在经济社会发展过程中,实现碳排放与碳吸收的动态平衡。这意味着必须大幅减少化石能源的使用,提高可再生能源的比例。如何确保能源供应的稳定性与安全性,是转型成功的关键。在这种情况下,发展新质生产力成为推动能源结构低碳转型的重要途径。新质生产力,指的是通过技术创新和产业升级,提高能源利用效率,推动清洁能源的发展,进而实现经济社会的可持续发展。具体来说,新质生产力的发展可以从以下几个方面助力能源结构转型:一是新质生产力推动技术创新,提高可再生能源的利用效率和可靠性。研发更高效的光伏材料、风力发电机组等,降低可再生能源的生产成本,提高可再生能源市场竞争力。同时,加强智能电网建设,实现能源的优化配置和高效利用。二是新质生产力促进产业升级,推动清洁能源产业的发展壮大。利用政策扶持和市场引导,鼓励企业加大在清洁能源领域的投资,形成完整的产业链和价值链。加强与国际的合作与交流,引进先进技术和管理经验,提升中国清洁能源产业的国际竞争力。三是优化能源消费结构,推动绿色低碳生活方式的形成。采用普及节能知识、推广节能产品等方式,提高公众的节能意识和能力。新质生产力鼓励发展低碳交通、绿色建筑等,减少能源消耗和碳排放。但是,在实现碳中和进程中,保障能源安全对发展新质生产力的要求有所不同,应根据不同发展阶段的具体特点来制定不同的应对策略,发挥新质生产力对保障能源安全的重要作用。能源安全与新质生产力的逻辑关系如图 4.1 所示。

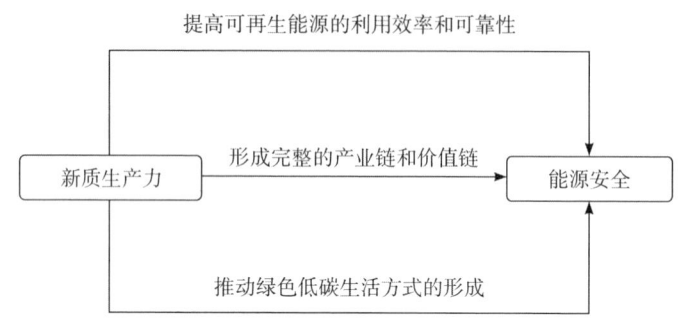

图 4.1 能源安全与新质生产力的逻辑关系

4.1.1 碳中和进程下中国能源系统约束带来的潜在能源安全问题

(1) 化石能源在中国能源结构中占比过高,能源消费对煤炭依赖严重。新质生产力作为推动经济社会持续健康发展的核心动力,要求实现能源结构的优化和转型升级。中国拥有全球最大的能源生产和消费系统,但"富煤、贫油、少气"的资源禀赋使得新质生产力的释放受到一定制约。因此,降低煤炭在能源消费中的比重,提高清洁能源的利用比例,成为推动新质生产力发展的关键一环。化石能源占比过高,加之巨大的能源消费量导致中国的高碳排放量。就化石燃料的碳排放量而言,燃煤造成的二氧化碳排放量已逾 75 亿吨,占化石燃料中的碳排放量 75% 以上;油气消费引起的碳排放,占比分别约为 14% 和 7%[①]。可

---

① 中国碳核算数据库:https://www.ceads.net.cn/。

见,中国在实现低碳、洁净的转变过程中,需要有计划地降低煤炭消耗。但是,煤炭电力是保障供应和支撑能源基础的"压舱石"。煤炭电力是一项传统基础设施,煤电机组单位容量大,投资规模高达数十亿元,寿命一般长达30年,而中国煤炭电力的平均寿命只有15年,说明还有相当长的路要走。随着煤电装机比重首次降至50%以下,明确以新能源为主体的新型电力系统发展方向以及要实现"双碳"目标,中国煤电在电力系统中的角色地位要发生重大转变。煤炭发电从主动式供电,逐渐过渡到提供可靠的电力调峰调频的基本能源。

(2)风电和光伏发电的不稳定性,与新质生产力所追求的稳定性、高效性能源系统产生矛盾。风力发电受自然因素影响的不连续性导致其功率输出具有断续性。太阳能发电技术在实际应用中受到日照强度、角度等多种因素的影响,具有显著的随机性。这些新能源发电方式的不稳定性,与新质生产力所追求的稳定性、高效性相悖,给能源系统的平稳运行带来了挑战。在电力负荷方面,人民的生活节奏导致了电力需求的波动,而风电、太阳能等新能源电力系统的大规模接入,进一步加剧了电力系统的随机间断输入。传统的电力系统要求输入平稳,但风电、光伏发电等新能源的随机性使得这一需求难以满足,给电力系统的安全带来了风险。在现有的电网结构中,可以通过相对可控的发电端来调节用电端的负荷变化,但风电和光伏的加入使得发电端也成为一个不可控的输入。这不仅加大了对电网平稳运行的冲击,增加了调峰的难度,也对储能技术提出了更高的要求。风电、光伏发电对电力系统的不稳定性与新质生产力的发展要求不符,需要通过技术创新和产业升级,提高新能源发电的稳定性和可控性,以满足新质生产力对能源系统的需求。

(3)新质生产力的发展要求我们必须加快产业结构的优化升级,进一步提高第三产业在 GDP 中的比重,并有效控制第二产业能源需求的无序扩张。在煤炭消费方面,大约 1/3 的煤炭直接用于消费,而剩下的 2/3 煤炭用于资本形成。鉴于当前相对较低的人均资本存量,中国的能源需求预计仍将维持较快的增长势头。参考发达国家的经验,人均资本存量与能源需求的增长轨迹表明,中国的人均能源消费在未来一段时间内仍将继续上升。这种"生产型"能源消费结构意味着电力需求与 GDP 之间存在紧密的联系,对经济增长产生显著影响。自改革开放以来,GDP 增长、产业结构调整、效率提升等因素对能源和电力需求的影响显著。其中,GDP 增长在大多数时间里与能源和电力需求呈正相关关系。鉴于中国能源结构以煤炭为主导,如果不进行产业结构调整,GDP 的增长将不可避免地导致碳排放量的持续增加。在已实现"碳达峰"的发达国家中,第三产业对 GDP 的贡献率通常超过 65%,这些低能耗、高产出的高新技术产业和服务业对 GDP 增长贡献显著,而工业能耗相对较低。相比之下,中国在 2023 年第三产业对 GDP 的贡献率约为 49%,与这些"碳达峰"国家相比存在较大差距。因此,新质生产力的发展要求中国必须加快产业结构的优化升级,进一步提高第三产业在 GDP 中的比重,并有效控制第二产业能源需求的无序扩张。这样既能实现节能减排的目标,又能确保社会的平稳发展。通过推动产业结构向低碳、高效方向转型,中国可以更好地挖掘新质生产力的潜力,推动经济社会的可持续发展。

4.1.2 面向潜在能源安全问题的能源转型方案

(1)鉴于中国庞大且年轻的煤电装机和煤炭禀赋,未来中国煤电退出的基本形式不会是大规模的拆除"退役",而是通过降低整体利用小时数为清洁能源腾出空间。由此,应该加强煤电对电力系统安全稳定的"压舱石"作用,通过灵活性改造和碳捕集技术,使煤电向调峰电源、备用电源进行转变,实现煤炭的清洁高效利用。实现碳中和目标要以安全稳定充足的能源供应为前提,未来煤电的退出、让路和转型是构建新型电力系统的必然趋势。在此过程中,统筹考虑电力系统转型成本和电力系统安全稳定这两个根本问题。一方面,煤电厂灵活性改造是提升电力系统运行的灵活性综合成效的技术选择。但是,灵活性改造将会使得煤电利用小时数降低,并影响收益。目前煤电企业已经存在收益困难的问题,进行灵活性改造会增加煤电厂的财务负担,政府应该考虑利用政策手段来降低灵活性改造成本。另一方面,碳捕集技术也将是煤电行业的重要出路之一。碳捕集技术目前面临多重挑战,比如成本过高、技术不够成熟等,布局和支持碳捕集技术迫在眉睫。特别是中国煤电体量庞大,如果未来煤电要继续在电力供应中发挥作用,配合以风电、光伏为主体的电力系统,要依赖碳捕集技术。借助CCUS技术对煤电机组进行改造,降低风、光等可再生能源对能源系统的不稳定性冲击,以较低的成本支持经济增长和实现碳中和目标,间接实现对煤电装机和煤炭资源的有效利用。

(2)需要积极布局光伏、风电等可再生能源,并解决风电和光伏发电的不稳定性问题。一方面,加快推进以沙漠、戈壁、荒漠地区为重点的大型风电和光伏发电基地建设。这些地区具备良好的自然条件,充足的日照和风能资源适宜建设大规模的新能源发电项目。加大对这些地区的规划和建设力度,可以有效提高新能源的产能,并且减少对传统能源的依赖,实现能源结构的优化升级。此外,在工业企业和工业园区加快发展分布式光伏、分散式风电等新能源项目,推动工业绿色微电网、源网荷储一体化、新能源直供电等模式创新。利用模式创新实现工业企业和工业园区的能源自给自足,降低能源成本,提高能源利用效率,推动工业绿色发展。提高终端用能的新能源电力比重,需要推动太阳能与建筑的深度融合发展。另一方面,大力发展储能技术及其他保障性技术,强化能源电力系统的稳定性。推动储能技术创新,提出研发储备技术方向,并同时兼顾创新资源的优化配置,以最终实现储能技术的大规模商业化。加快先进储能技术的创新示范和工程实践,并促进成本的下降。推动重点区域开展区域性储能示范区建设,并制定差异化政策,以加快储能技术的推广应用。鼓励各地在新型储能发展中积极开展技术创新、健全市场体系和政策机制的试点示范。利用示范应用的推动,带动储能技术的进步和产业升级,并支持储能高新技术产业基地的建设。

(3)考虑到中国"生产型"的能源消费结构,需要进行产业结构优化,确保在控制能源消费的前提下,保证中国经济的高质量发展。具体而言,驱动产业结构调整和升级,逐步实现经济增长和能源消费的脱钩。结合碳交易等市场化手段及必要的行政管制抑制高碳能源消费,引导钢铁、煤化工等高耗能产业的结构调整和居民用能结构的变化,逐步淘汰高耗能、高污染产业,加快现代服务业、高科技产业以及先进制造业的发展。同时,应当通过市场化的调节手段并且完善现有的碳交易市场,特别是深化对电力市场的改革,形成碳市场与电力市场的联动。鼓励消费者行为的低碳绿色化,提升大众低碳消费的意愿。这不仅可以引发新的低碳经济增长点,倒逼传统高耗能企业进行低碳升级,还能够吸引更多的市场主体参与低碳经济,有利于提高普通民众对于绿色低碳的社会认知。倡导循环经济的发展,提高资源回收利用效率。循环经济以资源的高效、循环利用为核心,也是对粗放式的传统增长模式的根本变革。循环经济能够以较小的资源消耗和环境代价,达到较高的经济产出和较低的资源消耗。利用数字化、智能化技术提高能源系统的运行效率。能源转型的大趋势是推动能源结构向低碳清洁化转型,而风电、光伏是未来清洁能源系统的主体能源,今后将面对用"越来越不稳定的能源系统"去应对"越来越不稳定的气候条件"。因此,保障安全、稳定、充足的能源供应,数字化、智能化技术在此过程中将发挥至关重要的作用。例如,可以利用数字化、智能化技术和管理模式促进分布式能源生产、输送、交易、消费等环节高效运转,为光伏、风电等清洁能源大规模接入提供保障。

4.1.3 不同阶段兼顾能源转型与能源安全的政策建议

(1)当前至2030年,碳达峰阶段。碳达峰阶段的主要目标是在供给侧布局低碳转型技术,逐步完善电力市场与碳市场,推进工业低碳转型;在消费侧引导居民养成低碳意识,有序推进碳达峰。在能源领域,大力推动煤炭消费的替代与转型升级,扩大风电和太阳能发电的高质量发展规模,建设风电和光伏发电基地,并积极探索新能源与储能技术的深度融合,实现多种能源之间的互补与储能系统的优化配置。同时,应积极推进水电基地的建设,完善抽水蓄能发展机制,利用储能、数字化、智能化技术提升能源系统的运行效率。此外,深化电力体制改革,构建全国统一的电力市场体系,并进一步扩大和完善碳市场。在工业领域,需要驱动产业结构的调整和升级,加速淘汰落后产能,并大力发展战略性新兴产业,推进传统产业的绿色低碳改造。中国要促进工业能源消费的低碳化,推动化石能源的清洁高效利用,提高可再生能源在工业领域的应用比重;还应加强对电力需求的管理,提升工业电气化水平,推动工业领域的绿色低碳发展。在科技领域,应加强对应用基础研究的投入,推动低碳、零碳和负碳技术装备的研发取得重大突破,特别要关注化石能源的绿色智能开发和清洁低碳利用、可再生能源的大规模利用等领域的技术创新。同时,积极开展先进核电技术的研发,并加强对可控核聚变等前沿颠覆性技术的研究,为碳达峰目标的实现提供科技支撑。在消费领域,要加强全民节约意识、环保意识和生态意识的培养,倡导简约适度、绿色低碳、文明健康的生活方式;引导企业积极适应绿色低碳发展的要求,强化环境责任意识,提升绿色创新水平,共同推动新质生产力的快速发展。

(2)2030—2050年,加速减排阶段。在加速减排阶段,中国的主要目标是继续发展零碳技术,推进成熟低碳技术的推广与应用,同时以降低利用小时数的方式逐步实现煤电的退出。在推进新质生产力的发展过程中,中国的核心目标是深化零碳技术的研发与应用,推动低碳技术的成熟与普及。具体来说,在此阶段将全力投入大电网的安全稳定运行与控制技术的研发,积极推广绿色低碳技术的创新应用,特别是二氧化碳捕集、利用与封存等先进成熟技术的推广。同时,中国将加速氢能技术的研发与示范应用,并探索在储能等关键领域实现规模化应用,以推动新质生产力的快速发展。另外,加快煤炭减量的步伐,有序淘汰煤电中的落后产能,以促进能源结构的优化升级。还需要推动现役机组的节能升级和灵活性改造,积极推进供热改造,使煤电向基础保障性和系统调节性电源的双重角色转型,逐步降低煤电利用小时数,为新质生产力的崛起创造更有利的环境。这些措施将不断推动新质生产力的发

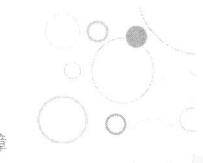

展,为实现绿色、低碳、可持续的经济发展目标奠定坚实基础。

(3)2050—2060年,减排冲刺阶段。在减排冲刺的关键阶段,中国应深化对新质生产力的探索,要特别关注生物质能与碳捕集封存技术以及碳汇的巨大潜力。生物质能——碳捕集封存技术不仅整合了可再生资源的利用和清洁能源的生产,还通过捕集并封存燃烧过程中释放的二氧化碳实现负碳排放,从而凸显出其在推动新质生产力发展中的重要优势。这一技术不仅有助于中国实现碳中和的宏伟目标,更为中国实现"双碳"目标开辟了一条全新的减排路径。同时,碳汇作为另一种重要的减排手段,通过植树造林、植被恢复等措施,有效吸收大气中的二氧化碳,降低温室气体浓度,进一步增加负碳排放。为此,应依托自然资源调查监测体系,建立起完善的生态系统碳汇监测核算体系,开展碳汇本底调查、碳储量评估和潜力分析等工作。此外,还应积极探索生态保护修复碳汇成效的监测评估方法,建立能够真实反映碳汇价值的生态保护补偿机制,并研究制定碳汇项目参与全国碳排放权交易的相关规则。最后,应加强陆地和海洋生态系统碳汇基础理论、方法和前沿技术的研究,不断提升碳汇能力,确保碳中和目标的顺利实现。这些措施的实施不仅能够推动新质生产力的发展,还能够为构建绿色低碳的可持续发展社会做出积极贡献。

4.2 极端天气与新型电力系统

新质生产力是以科技创新为引领的生产力,符合经济高质量发展的生产力[1]。能源产业作为支撑经济社会发展的支柱性行业,是形成新质生产力的重要领域。要想发展能源领域新质生产力,必须以满足能源的安全稳定供应作为首要任务。2021年3月15日,党中央在中央财经委第九次会议上提出,构建以新能源为主体的新型电力系统。新型电力系统包括可再生能源装机、智能电网与储能等多种新技术、新业态,是未来中国能源领域新质生产力的重要组成部分,应该以保障电力稳定供应作为首要目标,加快培育能源领域新质生产力,支撑中国经济社会高质量发展。

4.2.1 新型电力系统安全稳定供应与能源领域新质生产力的内在逻辑

为培育能源领域的新质生产力,必须有效应对气候变化对能源稳定供应带来的一系列挑战。在全球性气候变化的大背景下,中国发生极端天气事件的概率明显增加,多省份频繁地出现极端高温、大规模寒潮等现象,并且夏季高温与冬季严寒天气通常呈现出强度大、范围广与持续时间长等特点[2]。在这种局面下,电力负荷在冬季和夏季持续攀升,形成明显的双峰特征,叠加极端天气给新型电力系统的供给、输配及用电侧带来诸多负面影响,给电力保供带来严峻挑战。在极端天气频发的背景下,新型电力系统作为能源领域新质生产力的重要组成部分,首先需要保障安全稳定的电力供应(逻辑关系如图4.2所示)。电力短缺意味着能源领域生产力的短缺,极端天气会冲击电力系统而增加电力短缺的风险。这不仅会对工业生产、居民生活等各方面带来显著的负面冲击,还会对国民经济发展造成严重损失。因此,本节将分析极端天气影响能源领域新质生产力的现状及带来的挑战,并探讨未来新型电力系统的源网荷储环节应如何应对极端天气,实现电力安全稳定供应。最后,本节将针对加快培育能源领域新质生产力应对电力短缺提出一些针对性的政策建议,这对于保障中国经济社会高质量发展具有重要现实意义。

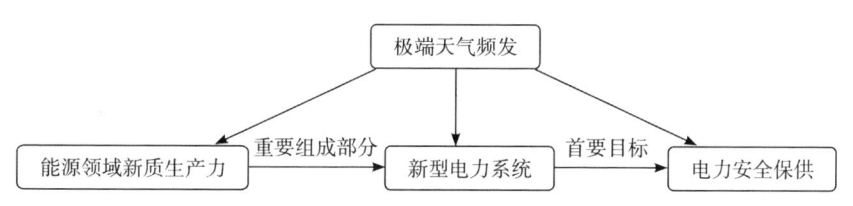

图 4.2 新型电力系统安全稳定供应与能源领域新质生产力的逻辑关系

4.2.2 极端天气导致电力短缺的现状

电力是能源领域新质生产力的基本要素,是支撑国家经济社会发展的重要动力。电力行业是支撑工业生产与居民生活的支柱性行业。随着电动汽车的逐渐普及,电力在交通领域的作用扩大,电力的重要性也日益提升。中国经济的快速增长需要电力作为重要生产力。国家能源局公布的数据显示,2010 年至 2023 年中国全社会用电量保持着持续增长势头(图 4.3)[1],从 2010 年的 41923 亿千瓦时增长至 2023 年的 92241 亿千瓦·时。未来中国经济还有很大的增长空间,由此也会引起电力需求的持续上涨。同时,世界气象组织发布的《2020 年全球气候状况》报告显示,2011 年至 2020 年是有记录以来最热的 10 年,2020 年全球平均气温较工业化前高出约 1.2 摄氏度[2]。世界各国的新闻报道中频繁地出现"最热一年""多地气温屡破纪录"等报道。在全球气候变暖的影响下,极端天气事件的发生频率明显增多。夏季高温与冬季严寒天气表现出强度大、范围广与持续时间长等特点。中国国家气候中心

---

[1] 国家能源局:https://www.nea.gov.cn/。
[2] 数据来源:https://data.cma.cn/article/getLeft/id/41131/type.html。

监测数据显示，2023年夏季中国大部分地区气温接近常年同期或偏高，高温时长偏长、范围更广[3]。南方区域受影响尤其明显，江西、湖南、广东、广西、云南、四川等地区多次出现超过37摄氏度的高温，局部地区最高气温甚至超过40摄氏度。极端的夏季酷暑高温与冬季霜冻严寒不仅对经济生产及居民生活带来很多不利影响，而且会显著影响能源领域新质生产力，甚至导致全球多国出现电力短缺事件。

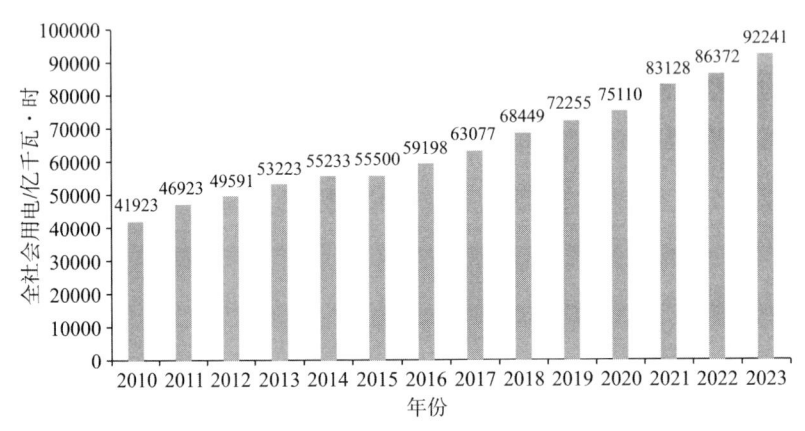

图 4.3　2010—2023年中国全社会用电量

数据来源：国家能源局。

例如，2020年12月，中国江西省、湖南省与四川省等多地遭受冬季大寒潮叠加疫情后生产活动复苏，出现严重的电力供应短缺问题，不得不实施有序用电与局部限电等措施。2021年2月，美国得克萨斯州遭受异常寒冷与暴雪天气的负面冲击，引发区域大规模的电力短缺，居民用电成本大幅上升[4]。造成这次事故的主要原因是极端低温与暴雪天气导致居民取暖需求大幅上涨，用电负荷激增。同时天然气管道与风电机组被冻结，电力供应减少，造成电力供需严重不匹配，进而引发电力短缺。2021年9月，风电出力不足叠加煤炭价格大幅上涨，中国东北

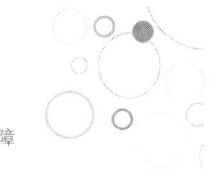

三省也出现了大范围的缺电现象。另外,2022年8月,极端高温引发空调制冷需求的激增,干旱天气与丰水期缺水导致水电机组出力下降,电力供给与需求端的不匹配导致中国典型水电大省四川省也出现电力电量"双缺"的局面[5],不仅给工业生产带来很大的负面冲击,而且影响居民正常生活。综上所述,可见中国新型电力系统的安全保供形势不容乐观,极端天气频发给发展能源领域新质生产力带来了诸多挑战。因此,在加快培育能源领域新质生产力的过程中,建设新型电力系统很有必要考虑极端天气因素对电力安全保供造成的不利影响,提前设想应对措施将极端天气的负面影响降到最小。

4.2.3 极端天气对能源领域新质生产力发展的挑战

本小节将从电源侧、电网侧与需求侧等方面详细讨论极端天气可能给能源领域新质生产力带来的挑战。

(1)从电源侧来看,可再生能源作为新质生产力会逐步替代煤电等旧生产力,但叠加不稳定的气候,电力系统供应的不稳定性显著提升。国家统计局公布的数据显示,2023年末全国发电装机容量291965万千瓦,水电装机42154万千瓦,并网风电装机44134万千瓦,并网太阳能发电装机60949万千瓦;2023年水电、核电、风电、太阳能等清洁能源发电量为31906亿千瓦时。从装机规模与发电结构可见,中国电力系统的发展历程是新质生产力逐步替代旧生产力,可再生能源逐步替代化石能源的过程[6]。与煤炭、石油等化石能源相比,水电、风能、太阳能作为能源新质生产力具备可再生、清洁低碳等优点。但是,可再生能源对光照、风速与降水等气象因素更为敏感,较难以应对极端天气下区域性以及季节性用能紧张问题。具体而言,夏季陆上风电机组容易受副热带高压的影响,持续高温无风天气导致陆上风电机组发电效率下滑。冬季严寒天气容易引发风电机组被冻结,降低发电效率。雨雪等天气多日无光,也不利于光伏发电机组的出力。此外,夏季持续高温易引发多条河流干旱,水流量显著减少,导致水电机组的发电量大幅下滑。随着大规模的风电与光伏并网,以可再生能源为主的新型电力系统难以及时满足随时变化的电力需求[7]。不稳定的气候叠加不稳定的可再生能源电力系统,中国出现电力供应短缺的风险也随之增加[8],给保障电力稳定供应带来严峻挑战。例如,2022年夏季中国水电大省四川省遭遇极端的高温干旱天气,各大河流水位下降造成水电出力骤减,并叠加用电量与用电负荷的攀升,导致电力供需严重不匹配,进而引发电力电量"双缺"的局面。综上,可再生能源作为新质生产力在中国发电结构中占比会持续增加,但极端天气影响下新型电力系统电力供应的不稳定性也随之上升。在形成能源新质生产力的过程中,可再生能源小发期间电力供应不足和大发期间消纳等问题并存,叠加迎峰度夏与迎峰度冬等季节性用能紧张时期,给新型电力系统的电力保供带来严峻挑战。

(2)从电网侧来看,严寒及暴雪等极端天气会给电力输配带来负面冲击,不利于形成能源领域新质生产力。能源的输配是形成能源新质生产力的重要环节,极端天气会对输配环节产生显著影响。一方面,中国化石能源及可再生能源丰富的地区主要是西部地区和"三北"地区,而用电需求中心主要集中于东部地区。电力供应与需求负荷逆向分布的特征决定了跨区域输电的必要性。因此,中国电力输配呈现着"西电东送"的格局。然而,台风、霜冻及雨雪等灾害天气不仅会对发电机组造成负面影响,而且也会给电网输配等基础设施的正常运行带来较大

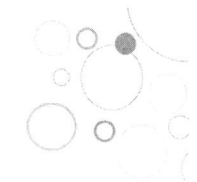

考验。冬季低温、雨雪及冻雨天气可能引发电力输配线路结冰与积雪，增加线路故障的概率，影响电力正常输配，增加供电中断风险。另一方面，国家统计局公布的统计数据显示，2023年中国清洁能源消费占能源消费比重为26.4%；火电装机容量139032万千瓦，同比增长4.1%。可见，虽然煤炭是能源领域的旧生产力，但仍承担着中国能源供应的重要角色，短期内煤电依旧是中国发电的主要来源。中国煤炭资源区域间分布不均衡，资源丰富区与消费区逆向分布，呈现目前北煤南调、西煤东运的运输格局。因此，中国不同区域间电煤的有效供应也是保障电力安全稳定供应的又一个重要因素。然而，从实际情况看，中国煤炭运输主要依靠铁路及公路运输，冬季若出现暴雪、冻雨等极端天气，则会引起道路结冰、积雪，进而容易导致铁路停运、车辆无法上路，区域间煤炭运输不通畅。电煤输送通道不畅，进一步增加了局部电力供应短缺风险。

(3)从需求侧来看，在形成能源新质生产力的过程中，夏季高温及冬季严寒引起制冷、取暖等电力负荷激增，导致电网尖峰负荷屡破纪录。近年来，中国电网的高峰负荷持续增长，主要原因是极端天气导致冬季与夏季的取暖、制冷等用电负荷快速增加。此类用电负荷具有尖峰高、随机性强与波动性大的特点。整体来看，中国电力负荷日益呈现出以下几点趋势：第一，年内最大负荷持续攀升，增速高于用电量增速。受到经济增长、电气化和气候变化等多项因素的叠加影响，全国年度最大用电负荷呈现持续上升态势，各区域电网的年度最大用电负荷屡创新高，导致部分地区用电高峰时期电力供应紧张。第二，用电负荷在冬季和夏季时期会明显攀升，日益呈现年内明显负荷双峰的季节性特征，迎峰度夏和迎峰度冬的压力越来越大。夏季持续的高温天气会增加空调的使用,引发用电负荷急剧抬升与电力系统过载。同理,冬季严寒天气会增加取暖设备的使用频率,进而推高用电负荷,增加供电压力。此外,春节时期大规模的人员流动,大量城市务工人员会返回农村,农村地区各类居民生活保障的用电需求逐渐开始攀升;但是农村地区的电力基础设施建设较为薄弱,电力保供压力可能会更大。第三,由于日间人们生产与生活的特性,日内电力负荷曲线趋于两头陡、中间平的"鸭子曲线"。因此,极端天气对电力供应的负面冲击叠加用电负荷的快速上涨,容易引发电力供需不匹配的困境,发展能源领域新质生产力需要重点应对冬、夏两季季节性供电压力大的局面。

4.2.4 针对培育能源领域新质生产力应对电力短缺的政策建议

基于以上极端天气影响新型电力系统安全保供的现状与挑战,针对未来中国形成能源领域新质生产力来实现电力安全稳定供应,本小节从电力系统的电源侧、电网侧、负荷侧以及储能侧等角度提出以下几点政策建议。

(1)从电源侧来看,发展新质生产力并不是抛弃旧生产力。电源侧需要树立"先立后破"的发展观,协调好新质生产力可再生能源与旧生产力化石能源间的关系,构建多能互补电力供应格局,提升新型电力系统应对极端天气的能力。能源领域新质生产力的底色是绿色,中国发电结构向清洁、低碳的可再生能源方向转变是必然趋势。可再生能源是形成与发展新质生产力的重要方面,发展前景广阔。虽然水电、风电及光伏发电具备绿色、低碳与可再生的优点,但同时也具备随机性、不稳定性等特征。发展新质生产力并不是忽视、放弃化石能源等旧生产

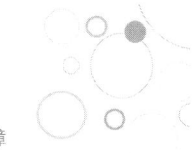

力。从资源禀赋来看,中国拥有全球最庞大的煤电机组[9]。虽然煤电是旧生产力,但其具备成本低、供应稳定与可靠性强等优点。因此,各地应从现实出发,根据电力供需情况,先立后破,因地制宜,协调推进新质生产力与旧生产力发展,掌握好可再生能源电力增长与煤电退出的节奏,完善多元化的电力供应格局。各地区煤电的退出形式应该为整体利用小时数降低,机组退而不拆,避免因煤电过快退出导致区域电力供应短缺的情况发生。以中国四川省这种典型水电大省为例,有必要适当提升其他发电电源的比例,优化电力供应结构,注重风电、光伏等能源新质生产力的发展,并且可根据实际情况适当地增加一些煤电等稳定性高的电源机组。总之,统筹推动新能源机组与煤电机组的协同发展,协调好新质生产力与旧生产力间的关系,是保障中国新型电力系统清洁低碳转型与安全稳定供应,形成能源领域新质生产力的关键。

(2)从电网侧来看,新质生产力需要借助数字技术,持续推进智能电网建设,构建区域间互联互通的电网。技术创新是塑造能源领域新质生产力的核心动力。首先,利用大数据、区块链、云计算等新技术,加快电网智能化进程,加强实时管理与智能调度的能力。同时,电网结合深度学习技术,增强危机处理能力,迅速调节工商业和居民用电量比例,具备快速响应与解决临时性电力短缺等突发事件的能力,减少行政手段存在的一些弊端。届时毫秒级的电力调度与调峰将一定程度上降低可再生能源波动性所带来的电力供应不稳定性,实现电力与电量的安全保供。其次,电网的建设应该从系统、互联的角度出发,尽量避免出现独立电网,构建区域间互联电网。一方面,当前可再生能源装机快速增长,区域间电网互联互通能够及时消纳可再生能源电量,避免电力资源的浪费;另一方面,在高比例可再生能源接入电网后,极端天气可能会频繁地造成区域性缺电,跨省跨区域间的电网调度能够很好地缓解局部电力电量供应不足的紧急情况。

(3)从负荷侧来看,培育能源领域新质生产力,需要提升电力系统对极端天气的感知与预测能力,提前预警并制订应对预案,根据天气情况提升保障等级。提前感知极端天气是能源新质生产力应对极端天气的基础。未来,人们会面临一个越来越不稳定的气候。极端天气事件,如高温、寒潮等,导致可再生能源供应不足,短时间内取暖、制冷等用电负荷的激增,可能会是导致新型电力系统电力供应短缺的重要原因。为缓解高峰供电压力,避免拉闸限电的情况发生,电力部门需要提前做好对天气因素与实际电力供需情况的预测及监测等工作。目前,国家气候中心平台对洪涝、高温、台风、雨雪等极端天气的预测技术已较为成熟,为中国各地区和各行业应对气象灾害、评估灾害风险提供可靠数据支持。因此,国家气候中心与电力部门有必要建立高效的信息沟通机制。各地区的气象部门可借助数字技术提前对当地冻雨、暴雪等极端天气进行预测与预警,并及时向电力部门反馈气象信息,为保障电力稳定供应提供决策支持。电力部门则应根据气象数据和实际电力供需情况,评估气象灾害对整体电力系统的影响,制订电力安全保供预案。同时,在极端天气发生前,各地区、各部门需要加强各环节电力系统基础设备的检修与维护工作,以应对可能发生的各种风险。例如,电网企业可提前对存在风险的输配线路进行排查;发电企业应提前检修与维护发电机组,确保特殊时期发电机组的稳定运行。这些及时性、预防性措施将帮助中国新型电力系统更好地应对极端天气带来的挑战,提升电力供应的稳定性和安全性,并在已知风险发生时,及时提升保障等级,确保电力系统可靠运行。

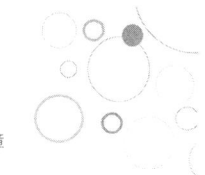

(4)从储能侧来看,储能是发展能源领域新质生产力的重要技术,应推进储能技术创新及项目应用,并理顺对应的市场机制。在中国新型电力系统建设的过程中,储能可能成为新质生产力至关重要的一环。"可再生能源+储能"是满足可再生能源大规模并网,解决弃风、弃光问题以及推进新质生产力高质量发展的重要领域。未来储能作为一种新兴技术和新业态,具有成为新质生产力的潜力,在新型电力系统的发电侧、电网侧、用户侧均可能得到广泛应用,需求前景广阔。然而,目前储能行业面临着应用成本较高、市场机制不完善等困境,难以得到规模化应用。为了保证可再生能源的安全稳定供应,一方面政府需要为储能提供适当的研发补贴,鼓励各类储能技术进步,补齐关键技术短板;另一方面有必要制定相应的容量市场机制,突出储能在电力市场的地位。突破相关技术与理顺市场机制,积极促进储能产业发展,扩展储能应用场景,推进储能项目落地。以储能作为新技术将风电、光伏变为稳定出力的电源,充分发挥储能在电力保供方面的潜力,提升可再生能源利用率和电力系统的稳定性。与此同时,中国也有必要推进煤电机组等旧生产力的灵活性改造升级,推动煤电由主体电力供应电源向灵活性电源转变。"煤电灵活性改造+CCUS技术"在电力系统中可继续充当长时储能的角色,参与电力系统调峰并作为备用电源保障电力安全稳定供应,应对极端气候事件。综上,通过关键技术突破与完善市场机制,"可再生能源+储能"以及"煤电灵活性改造+CCUS技术"具备成为能源领域新质生产力的潜力,保障新型电力系统的安全稳定供应。

(5)释放冬季煤炭产能,畅通煤炭运输通道,是保障能源领域新质生产力的重要举措。短期内,发展中国能源领域新质生产力需要煤炭作为前提支撑。煤炭是中国迎峰度冬、迎峰度夏等特殊时期的重要保障,也是极端天气发生时应对能源、电力供应不足的"压舱石"与"稳定器"。入冬之后,取暖需求持续上涨,全国各地对于煤炭的需求旺盛。然而,冬季的雨雪低温天气导致道路积雪与结冰,进而引发区域间煤炭运输不畅,可能是造成中国冬季区域电力短缺的重要原因。一方面,在入冬之前,煤炭生产企业需要提前做好充足准备,释放优质产能;另一方面,为了迎接冬季电力需求的高峰,交通运输部门需要确保全国各大煤炭运输通道畅通无阻。同时,做好应对极端天气的预案,降低雨雪等极端天气对铁路和公路运输产生的不利影响,提升运输能力,保障各地都有充足的电煤储备。另外,冬季煤炭需求上涨可能推动煤炭价格走高,煤炭价格决定了煤电企业的发电积极性。为了稳定煤炭供应和保障企业利润,煤电企业可以采取签订煤炭中长期合同的措施。通过这种方式,发电企业可以锁定一定期限内的煤炭价格,降低煤价波动对企业经营的影响,提升煤电企业的发电积极性,从而确保电力供应的稳定性。

(6)完善电力价格机制是形成能源领域新质生产力的前提保障,可优化电力资源配置。合理的电力价格机制是引导能源领域新质生产力健康稳定发展的重要前提,在引导用户合理用电方面发挥着重要作用。采用市场化定价、差别化定价等措施优化电力用户消费行为,调动需求侧资源实现电力安全保供。首先,持续推进电力市场化改革,建立完善的竞争机制,让电力价格能够反映实时的电力供需关系。同时,在制定电力价格时,也需要考虑电力系统中灵活性资源的成本,强化电力生产成本与电价间的联系。其次,依据实时电力供需状况,可以制定用电高峰时的高电价以及用电低谷时的低电价,引导电力消费者合理调整用电行为,实现削峰填谷的目标。最后,建立公开透明的电力价格机制,

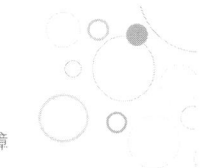

让电力供应商、消费者和监管机构明晰相关政策。政府根据电力品种的差异,可以制定化石能源电力与可再生能源电力的差别化定价,突出可再生能源发电的低碳优势,引导电力用户消费绿色电力,支撑可再生能源的开发利用。同时,也需要彰显煤电在实现电力保供中的重要作用,保障煤电企业相应利润。

(7)培育能源领域新质生产力,有必要挖掘需求侧响应潜力,应对用电负荷高峰。解决极端天气发生时电力保供的难题,不仅电源侧、电网侧需要持续发力,而且有必要挖掘需求侧潜力,全面推进能源领域新质生产力的形成。政府及用电企业需要探索及时平滑用户侧电力负荷高峰的方法。极端天气发生时居民用电负荷通常呈现突发性强、波动大、尖峰高等特点,但持续性不强。若仅仅通过增加电力系统供给侧的电源装机,满足电力用户的用电需求,该方法既难以应对突发性的电力电量激增,又会造成较多的冗余电源装机、装机利用率低等问题,并且带来很大的经济性成本。然而,利用需求侧响应机制引导工业企业有序用电,既能快速响应高温、严寒天气导致的用电负荷突增,又能保障居民的正常生活用电,也是经济成本较低的方法。与此同时,在极端天气引起用电紧张期间,政府还可以统筹做好节约用电的宣传工作,呼吁居民关闭不必要的取暖与照明设备,加强公众节能意识。甚至在用电负荷尖峰时期,政府与电力公司还可以采取经济性激励的方式,鼓励电力用户积极参与需求侧响应,引导用户合理调整用电行为,缓解短时间内用电高峰时电力保供压力。

4.3 煤电装机

2021年4月,政府明确表态:中国将严控煤电装机项目,"十四五"

时期严控煤炭消费增长，"十五五"时期逐步减少煤炭消费。但由于近年来中国遭受能源价格大幅上涨及极端气候事件频发等复杂挑战的影响，国家能源安全格局面临前所未有的压力。为了稳固能源基础以支撑经济可持续、高质量发展，在经历多年的压缩、淘汰落后产能后，煤电装机迎来新一轮的项目建设热潮。习近平总书记强调，要把能源的饭碗牢牢端在自己手中，化石能源退出必须建立在清洁能源安全可靠替代的基础上，能源安全关乎经济社会发展全局。2024年也是政府首次将新质生产力列为首要任务的一年，党中央在深入阐述新质生产力本质和内涵时也将安全放在了重要位置。基于中国"富煤、贫油、少气"的资源禀赋特点，能源安全对于新质生产力的形成和发展至关重要，而煤电装机在能源系统中的主体地位依然突出，中国短中期内依旧难以彻底摆脱对于煤电装机的依赖，这导致中国需要新增煤电装机以保障中国的能源供应安全。因此，如何理解煤电装机在新质生产力中的站位至关重要。从兼顾能源成本和能源安全的视角来看，煤电装机可被认为是新质生产力发展的重要保障。

4.3.1 煤电装机支撑新质生产力发展的内涵

图4.4展示了煤电装机与新质生产力之间的逻辑关系。

(1)煤电装机主要是通过保障能源安全来为新质生产力保驾护航。目前，中国拥有一个庞大的能源系统，这个系统以煤炭为主体。一直以来，煤炭都在中国的能源结构中占据重要地位。中国的电力以煤为主，其稳定持续、相对低价的供给为满足中国近几十年来快速增长的电力需求和经济发展提供了重要动力[10]。为了实现"双碳"目标，中国在未来十几年要建设以风电、光伏等新能源电力为主体的清洁能源系统，有

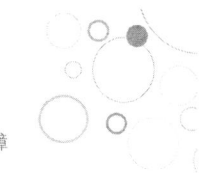

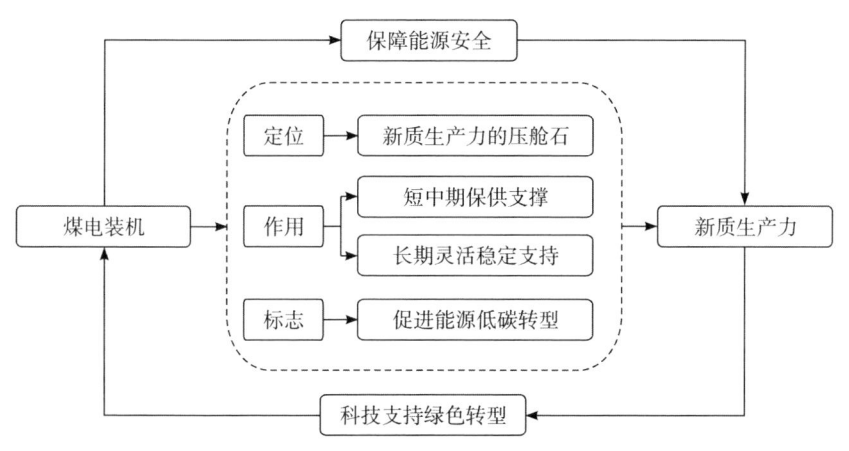

图 4.4 煤电装机与新质生产力的逻辑关系

序退出化石能源(煤炭)。但是,传统能源逐步退出需要建立在新能源安全可靠前提下。由于现阶段的风电和光伏供给占比较低,相当一段时间内,化石能源(煤炭)依然是满足社会经济发展需求的重要能源。所以,为保障电力系统的稳定,新核准煤电装机的增长需要与经济发展实际情况相匹配[11]。由此,现阶段中国的低碳转型仍需要兼顾能源成本和能源安全,短中期内很难摆脱对于煤电的依赖,能源和电力消费结构依然会以煤炭为主。从这一点来看,新质生产力的形成需要一个有效的能源系统为经济和社会提供可持续、安全、成本可接受和可获得的能源。所以,在新质生产力形成和发展过程中,煤电装机可以保障能源安全从而起到支撑作用。

(2)在实现"双碳"目标进程中,煤电装机始终具有支持新质生产力的潜力,但不同阶段发挥的作用不同。实现碳中和是一个循序渐进的过程。作为发展中国家,由于能源与经济密切相关,中国电力需求仍将保持较快增长。中国目前仍然是以"生产型"的能源消费为主,工业是电力消费的主要用户。这种"生产型"的能源消费结构导致 GDP 和能源消费密切相关,经济发展仍然需要以大量的能源消耗作为基础。短中期看,煤电除了满足能源电力需求,也可以对中国碳中和进程有积极的正面作用,如保证电力系统稳定供给等。可以预见,未来中国的煤电装机基本不会大规模地拆除"退役",而是在风电、光伏等可再生能源发电比例较小难以满足电力需求增量的情况下,满足电力需求的增长。长期而言,煤电将逐渐退居次要地位,转成以可靠性和可控性为优势的辅助电源,参与调峰和作为备用电源以确保电力供应的稳定性和电网的安全。灵活可靠的煤电机组能够在风电、光伏大规模接入电网的过程中,作为电力系统的备份,进行调峰和保障稳定。因此,在整体碳中和进程中,煤电仍将是能源电力结构中不可或缺的组成部分[12]。总之,保留煤电装机对于支持能源低碳转型具有重要意义。在此过程中,可以发现煤电装机始终具有支撑新质生产力的潜力。

(3)新质生产力可以为煤电装机高质量发展赋能,从而进一步夯实煤电装机对新质生产力的保障性功能。煤电装机在保障新质生产力过程中所发挥的作用并不是一成不变的,这需要煤电装机在不同的阶段做出相应转变。科技属性是辨别新质生产力和传统生产力的显著标志,可以扩宽生产工具的生产空间。尽管近年来中国煤电装机的全要素生产率持续改善,已居世界前列,但是中国煤电装机的绿色全要素生产率仍旧有较大的改进空间(即降低能耗同时降低排放)。新质生产力的科技属性通常借助于先进的科技手段,如人工智能、大数据分析、物联网等,具体体现在技术创新、管理创新、生产方式变革等方面,以提升生产效率、创新产品、改进管理的方式推动行业的高质量发展。因此,对于煤电装机,新质生产力可以为煤电装机引入先进的技术和工艺,来提高煤电的生产效率和电力质量,实现更高的能源利用率、更低的排放

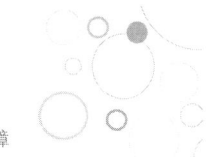

水平,从而提升绿色全要素生产率。因此,新质生产力可以提升煤电装机的数字化和智能化水平来提高其全要素生产率,还可以通过实现绿色技术创新来提升煤电装机的绿色全要素生产率,帮其更加适应市场需求变化,提供更加符合消费者期待的产品和服务。这将会进一步夯实煤电装机保障新质生产力的作用。

4.3.2 煤电装机支撑新质生产力发展面临的挑战

(1)受新能源发电的波动性和电力基础设施制约,煤电装机难以在短时间内大幅度下降,不利于给新质生产力扩容。从供给侧来看,随着可再生能源电力替代火电进程加快,对电网的系统稳定性也提出了更高的要求。中国是制造业大国,经济增长离不开电力支持。水电枯水、风电覆冰、光伏阴天,火电受制于减排约束和原料煤成本上涨,发电量增加幅度有限,这些导致整体电力保供出现短期困难。也就导致了近两年,煤电装机仍在不断上涨,难以在短期内快速退出[13]。此外,电力电网基础设施投资相对滞后也给煤电装机下降带来压力。近年来,为降低企业用电成本推出的降销售电价政策压缩了电网利润,电网基础设施投资下降,配网建设也相对滞后。事实上,在储能没有实现规模化的前提下,可再生能源的增长对电网快速调度提出了不小的挑战。所以,煤电装机的难以快速下降不利于给新质生产力扩容。

(2)煤电职能转变所面临的技术和消纳问题,将制约煤电装机支撑新质生产力的良性发展。煤电装机无法快速下降,但是又要支撑新质生产力发展扩容,就必要实现其职能的转变,即灵活性改造。技术方面是碳中和进程中煤电职能转换将面对的重要问题。大多数煤电机组的启停、改变参数都是一个复杂、高代价且时间跨度较长的过程。低负荷与变参数运行将会给燃烧室稳定燃烧和汽轮机稳定运转带来挑战,需要从设备硬件改造和控制系统软件改造双管齐下,对技术水平较低的煤电机组进行灵活性改造,使其能够担任备份和辅助服务的角色,用以对冲风电、光伏带来的不稳定性和应对极端气候灾难,保障安全稳定供电。成本消纳是煤电转型需要解决的根本性问题。目前中国的大部分火电机组可以接受60%以上的负荷水平而不会引起较大额外成本,当然收益会因发电量减少而减少。60万至100万等机组能够有更大的承受范围,但继续降低至50%负荷左右将进入深度调峰状态,机组损耗等额外成本出现,更低的负荷水平将大大提高运行成本。因此,利用技术改造煤电能够实现调峰调频等灵活运行方式,但相关成本如果没有比较好的消纳方式,在实际运行中将很难落实。

(3)煤电装机容量和调峰补偿问题将使得煤电装机在支撑新质生产力过程中矛盾突出。在现有的技术水平下,煤电机组的运行成本-负荷曲线大致呈U形,由满负荷开始,一开始的成本下降来自降负荷减少的投煤,此阶段为基本调峰阶段,煤电机组能够保持稳定运行,电量收益也会随发电量减少而减少,但电量收益的减少要大于成本的降低,因此对煤电机组来说,没有完善的调峰补偿和容量电价的前提下,此阶段净收益也在下降;负荷水平到达50%~60%后,煤电机组将进入深度调峰状态,此时运行工况将出现变化,机组将开始产生额外的调控成本和损耗折旧成本;随着负荷进一步下降到20%~30%,机组已经难以维持燃烧室及汽轮机的正常运转,需要进一步通过投油等辅助方式来维持运行,这将进一步产生额外的使用成本及排放成本。所以,如果没有支持煤电装机职能转变的电力市场交易机制,将会使得煤电装机对新质生产力的支撑性作用矛盾突出。

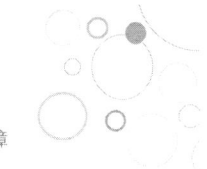

4.3.3 调整煤电装机支撑新质生产力发展的政策建议

不同的经济发展阶段具有不同的发展特征和能源发展目标。在保障新质生产力的过程中,煤电装机的发展将会是"两条腿"走路:煤电装机的清洁发展和煤电装机灵活性改造以支持新能源快速增长。这是因为现阶段发展和形成新质生产力需要兼顾能源成本和能源安全[14],否则难以在实践中兑现。

(1)应该继续加强煤电装机对电力系统安全稳定的"压舱石"地位,通过灵活性改造,使煤电向调峰电源、备用电源进行转变,以充分发挥其对新质生产力的保障作用;但是灵活性改造将会使得煤电利用小时数降低,并影响收益。目前煤电企业已经存在收益困难的问题,进行灵活性改造将进一步增加煤电厂的财务负担。因此,政府应该采取政策手段来降低灵活性改造成本[15]。这需要做好煤电机组整体利用的供需匹配及合理规划,从而在一定程度上缓解成本消纳问题,将深度调峰临界负荷水平进一步降低,从而让煤电机组能够在成本上承受更低的负荷水平。可是低利用小时数带来的不只是电量电价的收益降低,还会带来机组损耗和整体运行成本的提高,这就需要政府、电力部门、煤电企业、消费者多方共同努力。政府需要继续推进电价改革,将单一电量电价营收方式转变为容量电价、辅助服务收益、碳市场收益等多维综合性的营收方式;电力部门和政府应当完善辅助服务补偿方案,建立并优化容量电价机制和全国碳交易市场,为煤电企业实现多维营收提供支持。

(2)政府需要对国内煤电进行详细的整体规划,严格控制新增煤电机组审批为新质生产力发展扩容,同时大力推动煤电装机绿色转型来保障新质生产力良性发展。确定煤电装机的"压舱石"作用不代表对煤电放松管理。虽然煤电装机对新质生产力具有保障作用，但是高比例的煤电装机从中长期看来并不有利于社会新质生产力的良性发展。这就需要，一方面继续稳步推进落后产能的淘汰，关停技术水平差、难以统一管理、改造难度高、总体水平落后的小煤电机组，提高煤电产业整体效率。另一方面碳捕集技术也是煤电行业绿色低碳转型的重要出路之一。特别是煤电体量庞大，如果未来要继续在电力供应中配合以风电光伏为主体的电力系统，势必要依赖碳捕集技术。因此，布局和支持碳捕集技术迫在眉睫。这就需要加强对煤炭清洁高效利用技术的研究开发力度，也需要加大煤炭清洁高效利用技术的推广应用力度，如推广清洁高效的火电技术、加速推广燃煤净化设备等。

(3) 做好煤电装机职能转变和绿色转型过程中的政策支持，减少煤电装机在保障新质生产力过程中产生的矛盾。无论是针对传统煤电装机的化石能源消耗和环境污染问题，还是煤电装机灵活性改造面临的技术和消纳成本问题，抑或是碳捕集技术大范围应用的问题，都需要政策的支持来解决煤电装机与新质生产力之间的矛盾，通过促进煤电装机向更加可持续的方向发展，确保新质生产力的顺利实现。例如，碳捕集产业面临着中国乃至全球都缺少成型的规模产业链和相应的扶持政策，因为产业链不顺畅而产生的自身成本之外的额外成本无法支持CCUS的大规模商业运用。政府可以通过建立激励机制，如补贴、奖励、税收优惠等，鼓励企业投资绿色技术的研发和应用，促进煤电装机灵活性改造和节能减排。此外，政府还可以提供财政支持、技术支持，帮助企业降低转型成本，增强竞争力。总之，不可否认建立清洁能源为主体的电力系统是发展新质生产力的主要路径，这就要求会产生大量

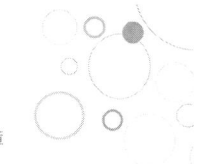

碳排放的煤电必须逐步退出。但是，出于煤电装机对新质生产力的保障作用考虑，煤电装机退出的基本形式不是大规模"退役"，更可能是整体利用小时数逐渐降低[16]，因此需要为此做好相应的政策支持，从而为煤电装机的职能转变和绿色发展铺平道路。

4.4　煤炭保供

今年的政府工作报告将"大力推动现代化产业体系建设，加快发展新质生产力"列为2024年的首项工作目标。政府工作报告为深入推进能源转型，塑造能源新质生产力指明了方向。发展新质生产力需要坚持先立后破，坚持把保障能源安全放在首位，推动能源新质生产力发展，要确保传统能源产业的稳定运行，保障能源相关产业链供应链安全，在发展新技术、新产业的同时，保留和改造现有产业，确保能源供应的稳定性。煤炭作为中国最重要的基础能源供给，保障煤炭供应及维持煤炭价格稳定对中国经济发展和人民生活的重要性不言而喻。特别是在2021年，中国煤炭供应出现危机，国内煤炭价格出现的极端上涨情况对中国相关产业的生产和发展造成较为严重的影响，扰乱了人民群众的正常生活秩序。这也突出了当前煤炭保供对于中国能源安全与新质生产力发展的特殊意义，保障煤炭供应是当前中国能源安全的基础，是中国所有煤炭相关产业发展新质生产力的能源底气。

4.4.1　新质生产力、能源安全与煤炭保供之间的内在逻辑

作为中国最为重要的基础能源，煤炭不仅与中国能源电力系统高度相关，中国的传统工业经济也严重依赖于煤炭。一方面，在新质生产

力发展的关键时期,中国煤炭行业需要保障当前的煤炭供应安全,进一步发挥煤炭在中国能源安全当中的重要作用,为煤炭下游产业的新质生产力发展创造良好稳定的能源环境,支撑相关传统行业向高端化、智能化、绿色化转型;另一方面,煤炭行业同样需要抓住当前机遇,加强煤炭市场与价格的体制机制创新,激发行业技术创新与技术突破,塑造煤炭新质生产力,保障未来能源安全。新质生产力、能源安全与煤炭保供之间的逻辑关系如图4.5所示。

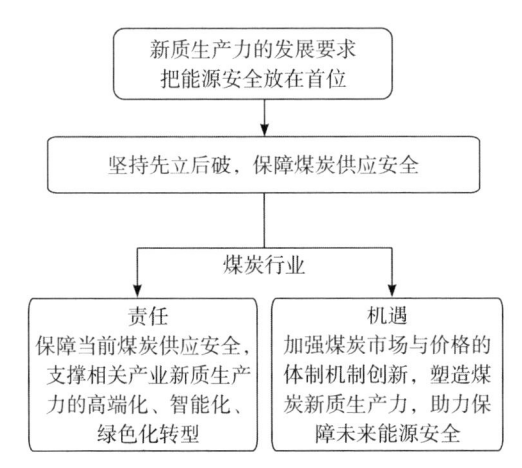

图 4.5 新质生产力、能源安全与煤炭保供之间的逻辑关系

(1)在中国锻造和发展新质生产力的关键时期,能源转型需要先立后破,需要让煤炭充分发挥其在保障能源安全方面的"压舱石"和"稳定器"作用,为中国新质生产力发展过程提供坚实的能源保障。由于中国的特殊国情,当前以及未来一段时间内中国能源结构将仍然以煤炭为主体,同时在"双碳"目标和发展新质生产力的背景下,中国未来需要建立的新型能源系统将转向以大比例的清洁能源为基础。然而,目前风、光发电出力呈现出随机性、间歇性、波动性的特性,整个新型能源电力系统正处于清洁能源转型的关键阶段,距离独立且稳定地保障中国能

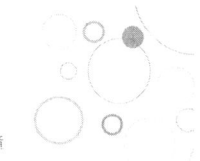

源供应仍有很长的路要走。二十大曾多次提到能源安全保供问题,能源转型需要先立后破,需要充分发挥煤炭在保障能源安全上的支撑作用[15]。尤其是当前新质生产力正处于发展的关键时期,中国需要牢牢把握能源安全。因此,在保障煤炭供应的同时,发展煤炭新质生产力是当前煤炭行业所肩负的重要责任。首先,煤炭新质生产力的发展需要继续夯实煤炭增产安全保供基础[17]。在短期内煤电仍然是中国的基础性电力供给来源,只有保障好当前煤炭供给,才能确保传统能源产业的稳定运行。解决好能源安全这一重要问题,能够有效降低当前新质生产力背景下相关企业所面临的转型风险和发展压力。其次,中长期阶段煤电需要通过结合外部降碳技术(如碳捕集、碳封存及碳利用技术)改造实现近零排放或担任灵活性调节电源,并继续在新型能源电力系统中发挥安全保供作用[18]。持续发展煤炭新质生产力能够促进煤炭行业在供给质量和供给效率方面的合理竞争,激发煤炭企业的体系改革与创新,实现煤-电行业的技术突破,为未来中国特色新型能源电力系统的供给安全提供保障。最后,保障煤炭稳定供给和煤炭行业新质生产力持续发展有助于推进未来一系列煤炭价格长效创新机制的落实,有利于加强中国煤炭能源储备和应急保障能力,持续保障中国能源安全,增强煤炭相关产业链、供应链韧性。

(2)保障煤炭市场稳定,防止煤炭价格波动风险外溢,降低对煤炭依赖度较高的传统工业所面临的转型风险,助力煤炭相关行业的新质生产力高质量发展。受到中国资源禀赋和能源结构的限制,煤炭是中国工业经济重要的优质能源供给,因此中国传统工业具有很强的煤炭依赖性。但是,中国煤炭依赖性工业产业形式多样,其工业发展水平不尽相同,这导致煤炭下游相关企业对煤炭成本和电力价格的承受能力也有所不同。新质生产力发展强调加强产业链供应链韧性,同时传统产业需要进行高端化、智能化、绿色化转型。煤炭价格的大幅跳跃行为或者煤炭市场的频繁波动将严重削弱煤炭相关产业之间产业链供应链的韧性,加大传统产业的高端化、智能化、绿色化转型风险,进而影响到煤炭相关传统产业整体的新质生产力发展。因此,国家发展和改革委员会于2022年2月24日和4月30日分别发布了《关于进一步完善煤炭市场价格形成机制的通知》(简称303号文)和《国家发展和改革委员会公告》(简称4号公告),创新性地在煤炭价格的长效运行机制中加入了区间价格调控机制。本次区间价格调控机制具体明确了煤炭现货交易价格上限、煤炭领域哄抬价格的标准以及重点地区煤炭出矿环节的中长期交易价格合理区间,并在未来为维持煤炭市场稳定、减少煤电价格倒挂提供帮助。作为保障煤炭市场稳定、防止煤炭价格波动风险外溢的重要措施,建立煤炭价格区间调控机制是中国助力传统工业新质生产力发展的必要之举。科学地制定并统筹煤炭价格的合理浮动区间,一方面能够维持煤炭上下游市场稳定,增强煤炭产业链、供应链韧性,保障煤电中长期交易,助力现货市场和辅助服务市场发展与完善;另一方面能够在实现"双碳"目标和发展新质生产力的关键节点,降低煤炭上下游高端化、智能化、绿色化转型的风险,助力煤炭相关行业新型数字化基础设施的系统建设和绿色低碳转型发展。此外,煤炭价格区间调控机制能够进一步丰富煤价的调控与监管措施,帮助企业减少对于能源成本波动风险的担忧,推动煤炭相关中小企业的专精特新发展。与此同时,煤炭价格的相对稳定能够增强煤炭相关产业投资者的市场预期,推动煤炭相关工业、制造业的数字化、智能化、绿色化改造升级,推动煤炭产业链、供应链的进一步优化配置,这对于当前中国煤炭及相关产业的新质生产力持续健康发展具有重要现实意义。

（3）持续健全中国煤炭价格区间调控机制，推进煤-电价格形成机制符合发展能源新质生产力对推动传统能源体制机制创新的要求。当前中国的煤-电价格传导机制和市场体系仍处于探索和完善过程当中，未来仍需要持续健全中国的煤炭价格区间调控机制，并结合中长期协定机制、煤炭市场长效机制和煤炭价格风险管控机制，实现有效市场和有为政府的有机结合，推进完善煤-电价格的形成机制，从供需两端保障煤-电行业上下游的健康运行。首先，健全煤炭价格区间调控机制可以通过设定煤炭价格上下限，有效避免极端价格波动对电力市场造成的负面影响，同时这也有助于建立更加市场化的煤-电价格形成机制，降低政府对煤炭价格的直接干预程度，增强市场对煤炭价格形成的决定性作用；其次，煤炭价格区间调控机制与相关煤炭市场长效机制的有机结合，可以帮助政府充分发挥"有形的手"的作用，根据市场供需情况动态调整价格区间，平衡煤炭供需关系，避免出现供需失衡导致的能源市场混乱，促进煤-电价格传导机制的形成；再次，煤炭价格区间调控机制与价格监控机制的有效实施能够帮助提高煤-电价格形成机制的透明度，使得市场参与者更清楚地了解煤炭价格的形成规则和机制，从而更好地预测煤-电价格的变化趋势，降低电—煤市场波动风险对相关产业新质生产力发展的负面影响，帮助相关企业合理调整生产和采购计划；最后，健全煤炭价格区间调控机制，能够更好规范电—煤市场的价格行为，维护市场秩序的稳定和公平。煤炭价格区间调控机制的建立意在帮助煤、电企业实现"利益共享、风险共担"，旨在助力营造稳定的能源电力市场环境，激发电—煤市场新质生产力构建，为健全多层次统一电力市场体系提供支撑。因此，推动煤炭市场与价格的体制机制创新,健全中国煤炭价格区间调控机制,有助于理顺中国煤-电价格机制,进而推进全国电力市场体系建设,助力煤炭及相关产业的新质生产力塑造。

4.4.2 新质生产力视角下中国煤炭供需现状

党的二十大报告指出,中国的能源转型需要坚持"先立后破",特别是在碳达峰、碳中和目标和新质生产力发展的双重背景下,中国的能源安全更是重中之重。如图4.6所示,从国内能源消费量和一次能源生产总量的角度来看,相较于其他能源,中国煤炭的生产量和消费量均为最高。2022年中国一次能源生产总量达483000万吨标准煤,其中原煤生产量占一次能源生产总量的比重高达67.7%;一次能源消费总量超过572000万吨标准煤,其中煤炭消费占比为55.3%。近几年来,中国一次能源生产总量和能源消费总量逐年上升,煤炭的消费占比呈现下降的趋势,但是煤炭消费占比仍超过55%。煤炭生产近年来有所回升,其占比仍高于67%。目前煤炭仍然是中国基础性的能源保障,中国能源结构以煤炭为主的特征在短时期内还无法改变。因此,当前能源新质生产力的发展不能只关注清洁能源,必须在保障电力供应和能源安全的前提下逐步实现能源结构绿色化转型。

近年来全球经济形势严峻,加之"双碳"目标的约束,中国煤炭消费增速有所放缓。但随着疫情的影响逐步减弱,中国经济有所复苏,宏观经济环境呈现稳中有进的趋势。此外,新能源汽车、人工智能、数字经济等相关高科技先进产业的新质生产力蓬勃发展,这持续刺激了中国电力需求的增长,从而提升了中国对煤炭资源的需求。如图4.7所示,近几年中国煤炭消费正逐步转向波动上升趋势。2017—2022年中国的

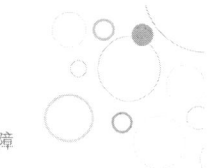

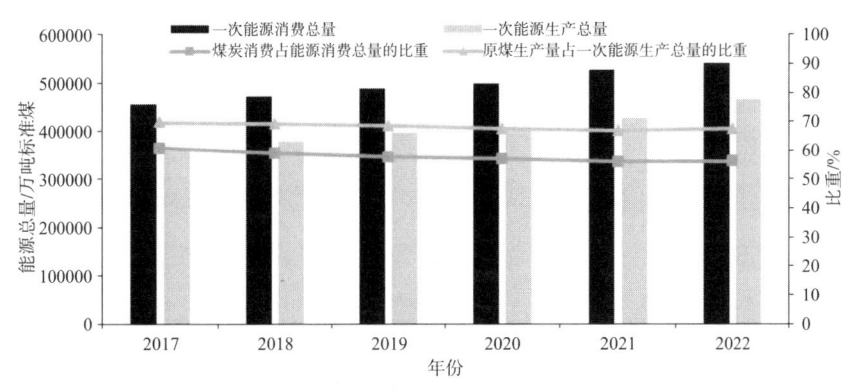

图 4.6　2017—2022 年中国能源生产、消费量及煤炭占比情况一览

数据来源:国家统计局。

煤炭消费量和生产量逐年增长,2020—2021 年煤炭生产增速与消费增速有较大提升。自从 2021 年煤炭供应危机对中国工业经济造成较为严重的影响后,政府和企业对于煤炭供应安全的关注度逐步提升,煤炭的增产保供成为当前中国能源安全的重要抓手。2022 年中国原煤生产量超 47 万吨,中国仍然是世界上煤炭生产量与煤炭消费量最高的国家。煤炭的供需情况在一定程度上反映出中国的经济发展水平,中国必须将能源安全放在心上,特别要保障煤炭供应安全。根据国家统计局数据,中国工业煤炭消费总量占煤炭消费总量的 97.21%,煤炭仍然是中国工业新质生产力发展的基础动能。如图 4.8 所示,电力、钢铁、化工、建材的煤炭消费占比较高,达到煤炭消费总量的 85%,当前煤炭在中国工业中的用途主要为电力生产以及传统工业原材料。一方面,当前煤炭仍然承担着中国能源电力系统中最基础也是最重要的发电任务,是新质生产力增长的关键能源保障。因此,中国短期内需要保证煤炭供应稳定,保障煤电的供应能力。2023 年中国煤电发电量的占比有所提升,达到了 63%。另一方面,煤炭也是中国传统工业的重要原材

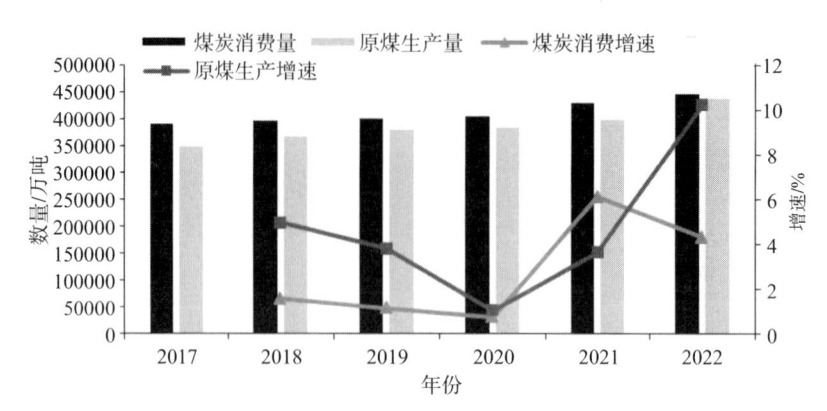

图 4.7　2017—2022 年中国能源生产、消费量及煤炭占比增速情况一览

数据来源：国家统计局。

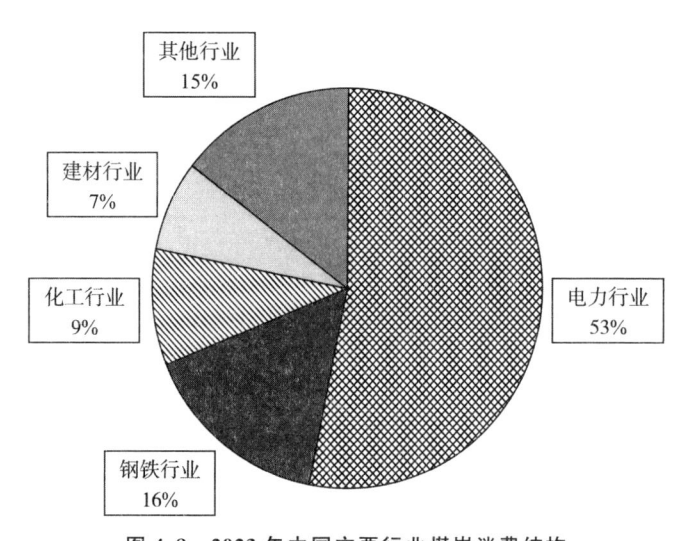

图 4.8　2023 年中国主要行业煤炭消费结构

数据来源：中国煤炭工业协会。

料，支撑着中国的全产业链经济的发展，同时也是未来中国传统工业新质生产力发展和转型升级的重要投入要素。特别是在新质生产力发展的关键时期，中国传统工业的高端化、智能化、绿色化转型和欣欣向荣的高科技产业仍然需要安全且稳定的能源供应。这就需要煤炭在能源

系统逐步转向以新能源为主的过程中能够充分发挥兜底作用,在完成能源绿色转型的同时为新质生产力的发展提供充足保障。

如图4.9所示,近年来中国煤炭价格市场化程度有所提升。自2021年中国煤炭供应危机以来,秦皇岛港动力煤平仓价波动明显加剧,价格从600元左右每吨多次剧烈上涨,幅度超2倍。随着煤炭增产保供政策的集中出台,煤炭行业产能被充分发掘,两年来煤炭的安全保供危机得到一定程度的缓解,煤炭价格有所下降。然而,直至2024年3月,秦皇岛港动力煤平仓价仍在900元/吨的高位持续波动。相比以往,煤炭价格的波动频率和幅度有所加剧,市场化程度有所提升。虽然中国的煤炭价格波动加剧,但是煤炭区间调控机制的推出意味着当前中国政府正在持续深入地在传统煤炭市场和价格体制机制中寻求创新,积极推进有为政府与有效市场的有机结合,从体制机制创新上推动煤炭新质生产力发展并保障能源安全。

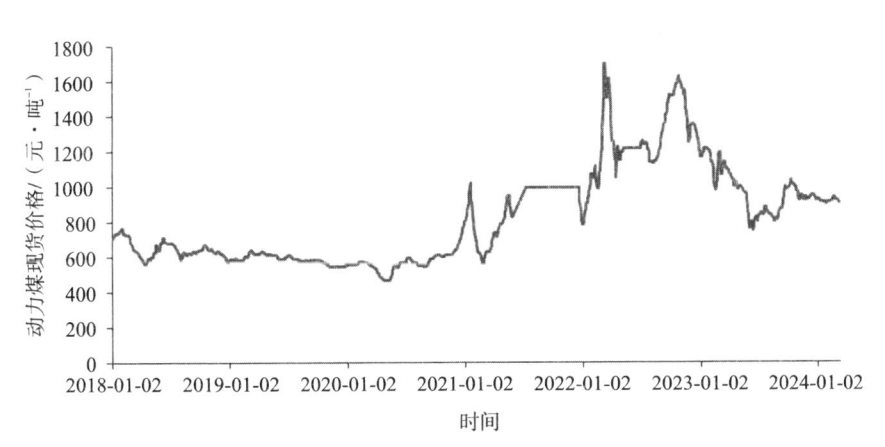

图4.9 中国秦皇岛港动力煤现货价格变动时间序列

来源:Wind数据库。

综上所述,虽然近几年煤炭消费量和原煤生产量的占比有所减少,但是煤炭消费增速和原煤生产增速均有所上升。其中，煤炭生产增速的上升主要是由于2021年以来煤炭增产保供政策的集中出台，而煤炭消费增速提升的主要原因则是中国经济回暖所促使的需求增长。此外，近几年煤炭价格波动风险有所加剧，市场化程度有所提升，煤炭价格与煤炭市场的相关政策与机制也在持续完善。总而言之，煤炭在短期内仍然是中国最重要的基础能源供给，是中国能源安全最后的屏障，煤炭相关行业的新质生产力发展离不开煤炭的保驾护航。与此同时，煤炭行业也需要抓住新质生产力蓬勃发展的机遇，结合高新科技提升自身产业生产效率，激发煤炭技术创新与突破，持续深化煤炭市场和煤-电价格传导机制改革。

4.4.3 新质生产力视角下保障中国煤炭供应安全面临的挑战

新质生产力的发展不仅对煤炭行业提出了更高的能源安全要求，同时也为煤炭行业的未来发展提供了新的环境与机遇。因此，随着新质生产力发展进程逐步推进，中国煤炭行业不仅需要在保障中国煤炭供应和能源安全上下足功夫，同时也需要抓住机遇，在传统能源体制机制上有所创新，在实践检验中持续不断地完善和改进煤炭中长协合同机制、煤炭价格区间调控机制和煤-电价格传导机制，有机结合、充分发挥政府与市场的共同作用，提升煤炭市场和煤炭价格的稳定性，发展煤炭行业新质生产力。目前煤炭中长协合同规范、履约机制、价格监管等方面仍然存在一系列的乱象，同时本次煤炭价格区间调控机制也可能会造成行业内部风险累积等担忧，这些问题将成为未来进一步完善中国煤炭安全保供机制过程中所需要重点思考和解决的问题。

（1）当前中国煤炭价格中长协合同签订的规范和标准仍然缺乏统

一、完善的具体范式,条款漏洞导致的一系列问题可能会降低煤-电供应链效率,延缓煤-电供需双方新质生产力发展进程。当前中国煤炭价格中长协合同签订过程中仍存在部分市场乱象,煤炭-电力市场的有效性无法得到充分发挥。一方面,在合同签订过程中,煤、电企业当前对中长期协定合同的定义仍然存在着一些理解偏差,信息不对称的情况可能导致煤、电双方在合同价格、供应量等条款上缺乏明确的判定标准和依据;另一方面,部分煤炭企业可能在中长协合同当中设置所谓的"灰色地带",特别是每当相关条款涉及煤炭质量、交货时间以及考核责任等重点问题的时候[20]。由于中长协合同的条款不够规范,双方也可能根据市场情况在合同履行过程中为寻租获利行为预留空间,在实际执行过程中发生违约或毁约等行为,最终严重干扰中长期协定市场的平稳运行。此外,一些企业在规范合同范本之外,仍要求签订额外的补充协议,在中长协煤中额外搭售市场煤,变相拉高煤炭价格。这一系列问题导致合同签订双方权责分配不平等,在电力企业间、电企内部不同区域间、不同部门间的煤炭资源分配不均现象持续发生。长此以往,这些问题将对未来能源安全与煤-电市场的新质生产力发展有所危害。

(2)当前中国煤炭中长协合同的履约机制尚不完善,不通顺的履约环节将可能对中国的煤炭供应安全产生一定的负面影响,削弱产业链、供应链韧性,进而对煤炭相关产业的新质生产力发展环境造成一定破坏。目前的中长协合同履约主要依靠企业主体间的道德机制,尚需要"有为政府"的相关介入,需要持续完善法律和行政等强制性手段对合法市场行为的保护,实现对违规行为的监管及惩罚。首先,由于当前煤炭中长协合同定价机制为单卡一致,煤质差、变相涨价、履约率低等"劣币驱逐良币"的市场现象始终存在。煤炭中长协合同中的"优质优价、低质低价"较难体现,导致部分煤炭供应商为了自身利益与满足合同供应量提供低质煤[20]。中国电力企业联合会发布的行业数据表明,自2021年起中国的电煤热值同比下降幅度连续两年超过了100千卡/千克。此外,硫分、灰分等其他煤炭质量参数近年来的下降趋势也较为明显。煤炭质量的严重下滑将对中国电力企业的安全生产与顶峰发电能力造成较大影响,严重影响中国电力部门的新质生产力发展效率,未来电力供应质量可能将达不到新质生产力的标准。若对长期的煤质下降现象置若罔闻,则会给煤电下游企业和居民部门的能源供应带来能源安全的相关风险,或可能加大煤电下游企业的新质生产转型风险。其次,煤炭中长协合同价格相对市场价偏差较大的情况将严重减少煤、电双方按时完成中长期合同的意愿,直接导致中长协合同履约率低下的现象。发电企业为了保障电力供给不得不花费高价收购市场煤,增加了企业的发电成本,进而严重影响经营效益。此外,还有部分煤企试图通过采取增加中转或物流费用以变相提高煤炭销售价格,严重扰乱市场秩序。最后,煤炭市场参与方众多,煤炭价格监管难以实现全覆盖。煤炭交易牵涉多个参与生产和经营的主体,包括国有煤企、中小民营煤矿以及中间贸易商等,这使得对市场价格进行监管变得相当具有挑战性。在煤价暴涨的利益驱使下,一些企业可能采取多种手段拒绝履行中长协机制,规避监管处罚,这将导致相关监管部门价格调控面临更多的困难。

(3)当前煤炭价格波动风险监测机制尚不完善,煤炭价格波动风险在煤炭行业内部的过度累积可能导致相关行业的新质生产力发展进程受到阻碍,进而影响到全产业链与供应链的新质生产力塑造。一方面,煤炭产业是中国电力生产和传统工业的重要源头,其价格波动将直接影响电力行业和传统工业的原材料成本,进而为相关行业的新质生产力发展环境增加了一定的不确定性。若煤炭价格波动风险持续增长,价格波动风险将在整个产业链和供应链中迅速传递,引发原材料价格的通货膨胀风险,进而影响中国整体工业的平稳运行,这将对煤炭下游相关行业的新质生产力发展环境造成严重影响。另一方面,在能源新质生产力发展的过程中,煤炭行业自身也面临着由传统工业转向高端化、智能化、绿色化工业的转型压力。不合理的煤炭价格区间可能会导致煤炭行业同时累积价格波动风险和转型风险,严重影响煤炭行业的新质生产力发展进程,进而降低煤炭全产业链的生产效率。

4.4.4 保障煤炭供应安全和促进煤炭新质生产力发展的政策建议

作为中国重要的能源品种,煤炭是中国能源安全的"稳定器"与"压舱石",是中国未来煤炭相关产业新质生产力发展的基础。随着新质生产力的持续发展,其对未来中国能源安全的要求将不断提升,因此煤炭行业需要加强自身新质生产力的塑造,充分发挥有效市场和有为政府的协同作用,在探索与实践中不断完善与创新,建立健全煤炭供应保障的相关机制。针对目前中国煤炭供应过程中仍存在的一些问题,本小节从未来新质生产力发展的视角下提出以下三点政策建议:

(1)完善煤炭中长期履约的合同模板以及各项条款标准,加大合同各履约过程监管力度,进一步发挥"有为政府"在保障能源安全和发展新质生产力中的重要作用。首先,政府和有关部门应完善煤炭中长协合同模板,严格规范各项合同条款的相关定义和标准,并且加强推广标准合同文本的使用,严格要求合同履约数量和履约价格的准确填写。

其次,强化煤炭中长期合同从签订到完成的各过程监督,确保煤-电供需双方履约过程的高质量、高效率。对于中长期合同违约及毁约行为实施重点监管,严格通报不履约的典型企业,将不履约行为与企业信用体系相联系。再次,政府可以加强煤-电与高端化、智能化企业的合作,通过构建互联网平台定期公开市场信息,宣传普及违约行为危害,鼓励相关企业拒绝签订额外协议等相关条款,并且提供检举通道。此外,结合大数据、人工智能和第三方评价机构的报告,定期对煤-电双方的履约情况进行评估调研,确保各煤-电企业间中长协履约信息的透明公开。最后,政府需要定期评估煤-电中长协合同的供需关系,保障中长协合同机制的稳定运行,避免出现可能会威胁能源安全的相关问题。政府可以进一步结合数字化平台、大数据、区块链等高科技智能化手段,获取高频率的煤、电交易数据,客观全面地评估煤-电企业的供需关系,适时调控,通过政府的"有形的手"保障能源安全,合理引导煤-电企业的产量及需求,从"有为政府"的角度助力煤-电行业及下游相关产业的新质生产力发展。

(2)加强对区域煤炭生产经营企业的反垄断监管,进一步发挥"有效市场"在激发煤炭企业优胜劣汰、自主创新、技术突破方面的作用,构建煤炭相关产业新质生产力发展的良性生态圈。首先,需要扩大和整合监管机构之间的定价监管和监控系统,进一步加强煤炭价格的常态化监测。地方政府应保证本次煤炭价格区间调控政策(4号公告及303号文)的检查常态化,及时干预处理额外搭售、运费加价、阴阳合同等一系列变相涨价行为,避免形成不公平的煤炭市场竞争环境。在大力发展新质生产力的同时,政府也能够加强与高新技术企业的合作与交流,搭建价格监管大数据监测系统与服务平台,力争实现303号文提出的价格监管全覆盖。其次,进一步加强电煤中长期合同履约的监管。监管机构需要制定统一的合同标准和条款要求,明确重点监管范围,综合考虑各项因素,不以单一标准进行简单划分,避免重点合同的监管不到位所产生的市场波动风险。最后,政府应当持续优化电煤中长协履约监管机制,加强对相关违约行为的惩处措施。政府需要持续推进煤、电企业以及其他高新技术产业的深入合作,建立煤、电企业人工智能监管机制和信用管理体系,将中长协合同的履约情况及煤炭质量评价纳入评级标准。对于多次恶意违约、履约率极低的企业,政府监管机构可以通过大数据平台及时发现,并联合信用评级、铁路货运、行业商会等机构部门进行惩戒。同时,政府还可以建立中长协合同履约信息公开平台,鼓励企业积极参与,接受社会各界的联合监督,创造良好的履约环境。

(3)煤炭价格区间调控机制联动煤炭价格风险监测机制,稳步降低煤炭价格波动,预防风险外溢与过度累积,支撑煤炭及相关传统行业持续向高端化、智能化、绿色化方向转型。中国煤炭价格区间调控机制能够有效地帮助减少煤炭价格波动风险的外溢,然而在新质生产力的发展过程中,煤炭行业自身也面临着高端化、智能化、绿色化转型所带来的风险,不合理的价格区间可能造成煤炭价格波动风险在煤炭行业内的持续累积,久而久之可能会对煤炭行业自身的新质生产力发展造成负面影响。因此,一方面,政府应该建立健全煤炭价格风险监测和预警机制,关注特殊事件对于煤炭行业的相关影响,持续监测煤炭价格风险的累积程度。另一方面,煤炭价格区间调控机制需要与煤炭价格风险监测机制形成联动,适时调整煤炭价格区间,疏导相关风险,防止价格和转型风险的过度累积所导致的严重危害,保障支持煤炭及相关传统行业的高端化、智能化、绿色化转型。此外,中国还应继续建立健全煤炭价格区间调控机制,持续完善不同煤种的价格机制。当前中国的工业仍然是经济发展的关键产业,并且多数工业行业对于煤炭的依赖度较高,部分产品对煤炭存在刚性需求。单一行业对煤炭的需求波动可能刺激煤炭价格,连带给其他行业造成不稳定因素,影响各工业企业的生产积极性。另外,民用煤与人民生活直接相关,保障其价格平稳更加重要,需要从维持煤炭价格、保障市场稳定的角度,持续完善不同用途的煤炭价格机制。

4.5 油气资源供应

新质生产力催生的新技术、新产业和新模式将成为中国能源系统高质量发展的重要动力,有助于更好地守牢能源安全底线。油气作为全球最重要的供应能源,占全球能源消费近56%,既是影响力最大的大宗商品,也是影响经济发展的战略性物资。近年来,油气资源的供需以及油气价格的变化充分体现了地缘政治博弈的影响。国际油价在市场供需和国际环境错综复杂的背景下不断升高,加快实现油气资源安全稳定供应对于系统推进能源安全和经济可持续发展具有重要的现实意义。必须注意的是,中国作为世界上最大的发展中国家,也是世界上最大的能源生产国和消费国,油气对外依存度较高使得外部的能源安全存在一定隐患[21]。新时期中国正在加快构建能源发展新格局,缓解对油气资源的外部依赖,在这种背景下,如何推进油气资源安全稳定供应是学术界和决策部门关注的重点。鉴于此,随着新质生产力的发展,有必要梳理和探讨其对油气资源安全供应的影响,分析其中可能存在的问题和挑战,从而总结和归纳推动油气资源高效配置和高质量发展的具体路径。油气资源安全供应与新质生产力的逻辑关系,如图 4.10 所示。

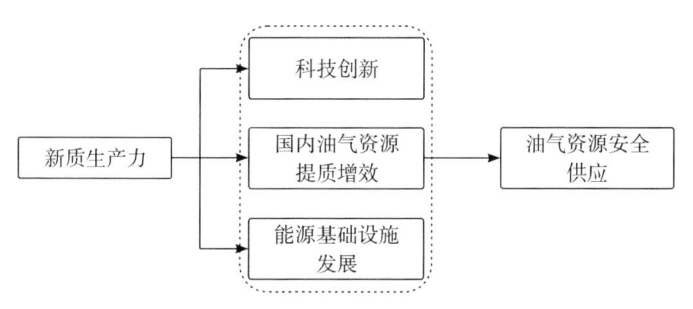

图 4.10　油气资源安全供应与新质生产力的逻辑关系

4.5.1　新质生产力保障油气资源安全供应的实现方式

(1)科技创新能够保障能源系统有效应对油气价格波动和冲击。新质生产力是以科技创新为核心的先进生产力,能够增强中国能源系统的韧性和稳定性,更好地抵御国际油气市场的波动和风险。近年来,在国际油价大幅攀升的背景下,油气价格上涨对中国这样的油气消费和进口国家产生了诸多不利影响。中国作为应对全球气候变化的倡导者,始终坚持经济增长与节能减排同步推进,特别是 2020 年加快实施碳达峰、碳中和战略以来,采取了强有力的减煤降碳的实施方案,一定程度上促进了能源转型,但也导致对油气资源的依赖程度有所上升,过高的油气价格和对外依存度会增加企业生产成本和居民生活负担。在这个过程中,以创新驱动和技术进步来保障能源系统安全稳定供应显得尤为重要。一方面,大力发展电动汽车和新能源汽车能够降低油气资源对外依存度,不断缓解对油气资源的进口需求,减轻国际市场油气价格波动对国内能源市场的冲击,在国际能源市场上掌握更多的主动权;另一方面,新质生产力产生的创新驱动力有助于可再生能源开发利用,缓解国际油气市场价格波动的不利影响。

(2)新质生产力推动中国油气资源提质增效,实现能源保供。中国油气资源勘探开发对于整个油气资源的安全供应和能源系统稳定运行具有重要的现实意义。油气资源开发利用及相关的产业往往是技术密集型的高科技行业,需要较强的科技创新作为保障,而新质生产力能够充分发挥引擎作用,确保油气生产发挥最大效能。中国仍处于经济发展和城镇化的加速阶段,无论是经济增长的规模扩张还是质量提升,都需要能源特别是油气资源提供必要的动力。新质生产力发展为进一步实施和推进创新驱动发展战略提供了难得的契机和活力,从而有助于更好地开发新的油气资源,在相关领域和产业形成新的业态和新的模式。中国仍存在不少深层次、开采难度大的"油气禁区",新质生产力所带来的技术提升有助于探索新的油田,有效提升现有油田的开采规模和效率。总之,可以通过新质生产力来提升新油田的增量、确保老油田的存量,促进能源稳定保供。

(3)新质生产力促进能源基础设施更加健全,实现油气资源供应渠道的多元化。当前,国际油气供应格局已经发生了深刻变化,虽然中国本土的石油和天然气产量逐年增长,但由于中国经济发展和居民生产生活的需要,油气资源的对外依存度在一定时期内可能会持续上升。在此背景下,保证油气资源供应的多元化是确保能源安全的重要基础。无论是油气资源进口还是中国油气资源的日常运输,都需要高质量的能源基础设施作为保障,如特高压、油气管道等。新质生产力发展可以在夯实和提升能源设施方面发挥重要作用,通过科技创新、高素质劳动力以及科技领军人才等激发能源基础设施建设的活力,提升油气资源

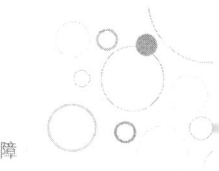

运输通道的安全性和稳定性。新质生产力发展不仅能够实现油气资源供应安全,还能通过技术进步降低油气资源使用的成本,提升油气资源利用效率,并从国际国内两个方面促进油气资源供应多元化。

4.5.2 中国油气资源供应现状

中国在石油和天然气对外依存度方面近年来持续走高。2014年,中国成为全球第二大石油消费国,并在同年第一季度成为全球最大的能源进口国,随后中国的石油进口量持续增长。总体来看,中国的油气资源对外依存度仍然较高,基本上维持在70%以上(见表4.1)。从短期来看,在能源技术没有发生突破性变革的前提下,随着工业化、城镇化的纵深推进以及居民生活水平的不断提高,中国对石油的需求将持续增长,短中期内石油对外依存度将持续走高。在天然气方面,随着城市环境治理力度的加大,在"降煤增气"的空气污染治理背景下,天然气需求呈现快速增长态势。国家能源局统计数据显示,2023年中国天然气表观消费量3945.3亿立方米,而规上工业天然气产量2297亿立方米,供需之间的差额导致天然气消费增量大量依赖进口。因此,当前及未来很长一段时间内油气资源的供需缺口可能还会增大,对外依存度会维持在高位[22]。

表 4.1　中国油气资源的对外依存度　　　　　　单位:%

类　别	对外依存度				
	2019年	2020年	2021年	2022年	2023年
原油	72	73.6	72	71.2	73
天然气	43	43	46	40.2	42.3

数据来源:笔者根据公开资料整理。

除了进口量大、对外依存度高,中国的油气资源进口也存在进口来源单一的问题。国家能源局统计数据显示,中国的石油进口来看,中国的石油进口主要集中在中东国家、非洲国家、俄罗斯以及中南美洲国家,石油进口占比均超过10%。目前来看,中东地区和非洲普遍存在政治不稳定的问题,所以中东地区和非洲国家的地缘政治很大程度上构成了中国石油进口的地缘政治风险。从天然气进口来看,近年来中国的天然气进口来源逐渐多元化,但主要进口国较为集中。中国的天然气进口主要包括液化天然气(liquefied natural gas,LNG)和管道天然气(pipe natural gas,PNG),而液化天然气进口来源以大洋洲为核心、东南亚和中东地区为关键,管道天然气的主要进口国来源为中国的陆上邻国如土库曼斯坦。整体来看,中国天然气进口来源地的地缘政治风险相对较小,主要风险来源为非政府性质的反华行为以及美国的"长臂管辖"。

由于国际油价始终维持在较高水平,推进油气资源供应的多元化和多渠道显得尤为重要。中国的能源进口通道存在较大的安全隐患,虽然现实经济中石油进出口来源通道分为海上运输通道和陆上运输通道,但陆上运输通道(包括铁路运输和管道运输)所占份额较少。海上运输是中国石油进口的主要运输方式,主要包括中东航线、非洲航线、拉丁美洲航线以及东南亚航线等,经过的关键地理单元包括霍尔木兹海峡、马六甲海峡、莫桑比克海峡、巴拿马运河以及太平洋等,其中前两个地理单元是中国海上运输通道的重要风险来源。近年来,随着"一带一路"和对外合作的不断发展,中国的国际能源合作也越来越多,油气资源供应渠道日趋多元化和多样化。例如,中俄两国近年来加强了油气资源的合作,此举既为俄罗斯的经济增长提供了重要的市场潜力,也

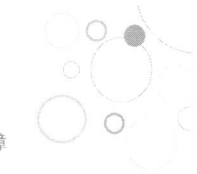

让中国获得低成本且安全稳定的油气资源。同时,中国政府已经在油气资源勘探和开发利用方面做出了诸多改革实践,试图盘活更多的油气资源,缓解国内油气资源供需矛盾。因此,国际能源合作以及国内油气资源产量上升进一步拓展了油气资源的供应渠道和方式。

4.5.3　新质生产力赋能油气资源安全供应的现实挑战

(1)油气资源供应和产业创新成本相对较高,短期内收益不明显。虽然新质生产力能够产生强有力的创新驱动力,有助于降低油气资源的供应成本,但短期而言油气资源勘探开发特别是相关的科技创新和技术进步需要资金保障,尤其是油气勘探和开采对技术水平的要求高,技术研发和创新的初期需要巨大的资金投入,而且在短期内无法获得稳定可靠的收益。因此,新质生产力在推动油气资源开发利用的效益不明显。同时,油气资源稳定供应需要较强的核心技术作为保障,但中国在相关技术的研发和应用上与其他国家相比还存在一定的差距,在一些油气资源开采和利用领域未能掌握核心技术,这使得新质生产力在助推油气资源开发利用上可能存在一定的瓶颈,从而面临较大的技术风险和挑战。因此,在推进能源领域的新质生产力发展方面,技术突破是重要内容。

(2)外部风险错综复杂,国际油气市场环境不稳定。新质生产力发展需要安全可靠的外部环境,但近年来全球经济和环境风险滋生使得油气资源供应的外部风险和挑战不断加剧。一方面,全球极端气候所引发的各种极端天气事件加剧了能源市场供需的矛盾,使得中国对国际市场的天然气、原油等能源的需求不断上涨。在这个过程中,全球油价、天然气价格的定价权掌握在国际市场,使得中国油气资源进口处于被动地位,而全球油价、天然气价格上涨也会直接给中国油价、天然气价格带来影响。另一方面,地缘政治造成的紧张局势会影响到油气资源的供应,并导致能源价格上涨,国际能源市场也可能会出现许多不稳定性因素,这给新质生产力发展和油气资源稳定供应带来巨大的风险。因此,新质生产力发展过程中油气资源的稳定供应可能会面临更加复杂严峻的外部环境。

(3)资源环境风险加剧,生态压力不断加大。在新质生产力助推下,油气资源勘探和利用的效率可能会不断提升,但相应的资源环境风险也会有所加大。油气资源勘探和利用会消耗大量的资源,而油气资源的供给需求上升也会推动相应的石油化工产业发展,从而恶化区域资源环境状况。例如,长期以来,长江经济带形成了典型的"重化工围江"的现象[23],不少石油化工等高耗能、高污染企业布局在长江沿岸,造成了较为严重的水污染和水安全问题。新质生产力在赋能油气资源供给提升的过程中,可能会在短期内提升资源开发的强度,对植被和森林造成破坏,并引发空气污染、水土流失等问题。因此,有必要防范和化解油气资源大规模开发利用所带来的环境风险和污染问题,提升区域资源环境承载力。

4.5.4 新质生产力赋能油气资源安全供应的政策建议

1. 多措并举,以新质生产力稳步推动油气资源开发利用领域自主创新

发展新质生产力的核心在于不断推动科技创新,提升全要素生产率。在这种背景下,油气勘探和开发利用技术应当实现自立自强和高质量发展。一方面,需要通过科技创新及其他技术手段解决油气资源

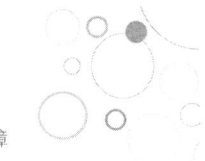

深层次开发问题,不断实现油气资源增产提产,持续增加石油和天然气的生产规模;另一方面,充分发挥高素质专业人才在油气科技创新方面的重要作用,进一步壮大和培育高素质科技人才队伍,不断赋能碳达峰、碳中和目标以及新质生产力发展。为了推动油气资源的科技创新和技术进步,需要形成强大的人才队伍,推动更多的创新人才成为油气资源科技创新的主力军。

2. 重视油气资源稳定供应和能源安全,积极化解外部风险

新质生产力发展过程中需要重点关注油气资源的供应安全问题。中国正积极推进新型能源系统的建设和能源强国的战略构想,能源安全特别是油气资源安全是重点。油气资源安全供应包括多层次和多维度的内涵,而供给短缺是最大的风险。油气资源独立是长期的战略性目标,但油气资源安全供应存在着典型的结构性矛盾,特别是油气资源对外依存度高。因此,短中期而言,提升油气资源供应渠道的多元化和减少油气资源对外依存度是新质生产力赋能油气资源供应的保障,这需要大力发展新型能源系统和电动汽车来替代油气资源,既满足碳中和的目标要求,又可以享受到新能源发展的福利。从中长期来看,充分发挥风电、光伏等可再生能源发电的重要性尤为必要,同时也需要配套先进的煤电系统作为替代。

3. 数智赋能提升油气资源供应效率,不断降低资源环境风险

新质生产力发展过程中将会涌现更多的信息技术和新型基础设施,有助于改善油气资源利用效率。随着大数据、物联网、人工智能等新技术的发展,数字化要素资源能够融入石油和天然气的供应链、产业链全过程,为油气资源保供提供重要动力。同时,更多的数字技术出现也能够更好地监督油气使用过程中的风险。例如,大数据监控可以防止燃气泄漏所造成的资源浪费和安全问题,为天然气利用提供安全稳定的保障。同时,数字基础设施也能赋能能源基础设施,如管道建设、智能电网等,不断提升油气资源利用的韧劲和有效性,增强油气资源相关的产业竞争力。

4.6 全球能源供应

2023年9月,习近平总书记在推动东北振兴座谈会上提出,"积极培育新能源、新材料、先进制造、电子信息等战略性新兴产业,积极培育未来产业,加快形成新质生产力,增强发展新动能。"[24]新质生产力是以科技创新为引领的生产力,适应未来中国经济高质量发展的生产力。能源产业作为支撑经济社会发展的支柱性行业,是形成新质生产力的重点领域。保障能源安全稳定供应是发展能源领域新质生产力的基本前提。在当前逆全球化的时代背景下,地缘政治、碳中和目标与后疫情时代能源需求反弹等因素叠加,引发全球能源供应不稳定性明显提升,可能会增加区域能源供应短缺风险,影响到中国的能源安全,进而对中国经济社会的工业生产与居民生活产生诸多不利影响。因此,在当前时代背景下,中国亟须将形成能源领域新质生产力作为重点任务,以应对全球能源供应不稳定性为重要目标,降低整体能源供应的短缺风险,保障经济社会的高质量发展。全球能源供应与新质生产力的逻辑关系如图4.11所示。

4.6.1 全球能源供应不稳定的原因分析

在中国加快形成能源领域新质生产力的进程中,国际能源供应格

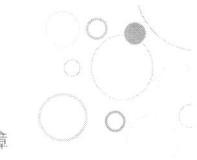

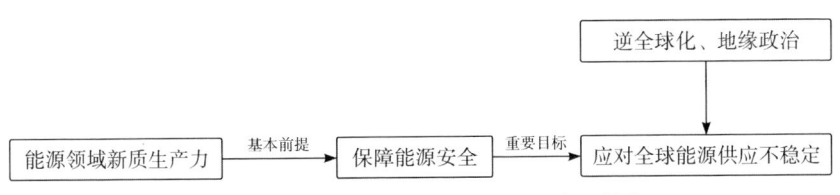

图 4.11 全球能源供应与新质生产力的逻辑关系

局已经发生深刻变化。全球宗教、政治、文化冲突日益严重，多国之间贸易壁垒加剧，以美国主导的逆全球化形势不断升级，碳中和目标倒逼各国能源结构转型，导致全球能源供应的不稳定性显著提升。本小节将从地缘政治风险、碳中和倒逼能源转型等角度分析导致全球能源供应不稳定的两个重要原因。

(1)在中国加速形成能源领域新质生产力的进程中，国际地缘政治、贸易冲突引发全球能源供应中断风险、能源市场价格剧烈波动。目前，反全球化的局势不断升级，如英国脱欧、中美贸易战等事件频繁上演。世界多国之间频繁地出现冲突甚至战争，地缘政治不稳定显著加剧了全球能源供应链的不稳定。以俄乌冲突事件为例，西方国家对俄罗斯施加制裁，美国和欧盟对俄罗斯施加了每桶60美元的石油价格上限，引发俄罗斯的强烈不满。俄罗斯通过采取禁止售油的措施进行反制，导致油气市场切换，对全球油气供应格局产生重大影响[9]。俄乌冲突导致欧盟和俄罗斯均需要寻找新的合作伙伴，造成部分已有油气运输基础设施弃用，并产生对新油气运输基础设施的建设需求。俄罗斯是全球最大的天然气出口国，约占全球天然气出口贸易总量的25%。根据俄罗斯2023年至2025年规划草案，其天然气出口量较2021年将减少近40%。2021年，欧盟进口了1550亿立方米的俄罗斯天然气，占欧盟天然气进口总额的45%左右。根据国际能源署的数据，2022年从俄罗斯到欧盟的管道输送天然气总量约为600亿立方米。欧盟天然气供需缺口大小将受到俄罗斯天然气出口缩减程度的影响。同时,地缘政治也容易引发国际能源市场上石油、天然气价格的剧烈波动[25]。可见,不稳定的国际局势、频繁的地区冲突将明显提升全球能源市场的不稳定性。

(2)在中国加速形成能源领域新质生产力的进程中,各国碳中和目标倒逼能源转型,增加能源供应不稳定性。目前,全球多个国家已经提出碳中和目标,会倒逼各国进行深刻的能源革命。能源转型是旧生产力向新质生产力转变的过程,主要表现为从传统化石能源向可再生能源转变。由于外部性的存在,碳中和工作将主要由政府来主导。政府通常会从能源供给侧制定政策,这就不可避免地导致以下现象:首先,传统化石能源企业受政策规制的转型压力增大;其次,银行等金融机构对于传统化石能源产业的投资持审慎态度;最后,受政策影响,更多投资者会偏向于未来更具有发展前景的可再生能源等清洁低碳产业,并大幅减少对煤炭、石油与天然气等传统化石能源产业的投资。因此,传统化石能源产业链整体投资不足,油气行业的投资可能锐减,导致化石能源的供给侧萎缩。国际能源署的数据显示,全球上游油气领域投资自2015年起持续减少,叠加新冠肺炎疫情影响,在2020年跌至谷底,仅3280亿美元,约为2014年资本开支的40%。根据联合组织数据倡议(Joint Organisations Data Initiative,JODI)公布的数据,2022年11月全球石油需求已恢复至疫情前水平,而石油产量仅为疫情前水平的97%,12月全球石油需求激增,创历史新高,而供应降至5个月来最低水平。油气供给涉及勘探、开采、运输、炼化等整体产业链的协调合作,在产业链投资不足的情形下,供给能力恢复速度较慢,容易引发全球化

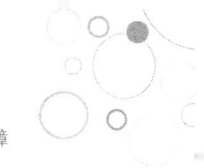

石能源供需失衡,并且可再生能源的随机性、波动性特征也会增加整体能源供应链的不确定性。

4.6.2 全球能源供应不稳定给中国能源领域新质生产力发展带来的挑战

形成能源领域新质生产力的首要任务是保障中国能源安全,这是支撑经济社会高质量发展的重要动力。但是,全球能源供应不稳定性的显著提升,会对中国能源安全带来诸多严峻挑战。

(1)构建能源新质生产力需要面对全球能源供应不稳定对中国石油市场造成的负面冲击。目前,中国石油对外依存度较高,能源安全面临着结构性矛盾。能源新质生产力需要着重解决石油对外依存度高的难题。数据显示,2021年中国石油对外依存度接近73%,石油进出口容易受到国际局势的影响[9]。虽然中国石油供应长期以来比较稳定,但是地缘政治、贸易壁垒对石油供应的威胁仍不可小觑。俄乌冲突给欧洲的能源供应带来了巨大的负面影响,导致欧洲出现严重的能源短缺,而且其短期内难以找到充足的油气能源供应来填补需求缺口。同样,俄乌冲突也导致居高不下的能源价格,严重扰乱了欧洲经济社会的正常秩序。可见,不稳定的国际局势、频繁的地区冲突导致全球能源供应的稳定性明显降低。俄乌冲突也给中国能源安全提出了警示,给中国发展能源领域新质生产力指明了方向。具体到中国而言,目前油气在能源消费中的占比不到30%,油气供应短缺的影响相对可控,但是石油安全供应问题仍然不可忽视,国际局势也会频繁影响中国油气价格,不利于中国经济健康稳定发展。

(2)培育能源领域新质生产力需要面对短期内中国可再生能源难

以满足疫情后经济复苏引起的能源需求上涨。国际能源供应不稳定，中国需要更多地依靠本国资源禀赋满足能源需求。根据中国国家统计局数据，2023年能源消费总量为57.2亿吨标准煤，比上年增长2.9%；煤炭消费量上涨5.6%，原油消费量上涨9.1%，天然气消费量上涨7.2%。造成中国化石能源需求反弹主要包括以下两个原因：首先，疫情得到有效控制后，各国政府开始采取经济刺激政策，各行各业开始加速复工复产。中国国内经济秩序逐渐恢复稳定，叠加外贸也慢慢恢复到疫情前水平，引发能源需求快速上涨。其次，新质生产力的底色是绿色，可再生能源是形成与发展能源新质生产力的重要方面。中国能源结构向清洁低碳方向转变明显。根据国家统计局数据，2023年天然气、水电、核电、风电、太阳能发电等清洁能源消费量占能源消费总量的26.4%，同比增长0.4个百分点。但是，可再生能源具有随机性、波动性与供应不稳定等特征，难以填补能源需求缺口，短期内中国仍将利用化石能源满足快速上涨的能源需求。同时，中国《"十四五"现代能源体系规划》指出，到2025年非化石能源发电占比达39%左右，到2030年非化石能源消费占比在总能源消费中占比达25%。未来中国会以一个越来越不稳定的能源系统来应对越来越不稳定的气候。但是，可再生能源对光照、风速与降水等气象因素更为敏感，更容易受到天气因素的影响，较难以应对突发性、区域性以及季节性用能紧张问题。因此，中国在发展能源领域新质生产力的过程中，会长期面临清洁低碳转型与能源安全相互矛盾的困境[26]。

4.6.3 应对全球能源供应不稳定的政策建议

在当前逆全球化、国际局势不稳定的时代背景下，中国需要将能源安全摆在突出位置,通过发展能源领域新质生产力,应对全球能源供应不稳定,兼顾能源安全与经济绿色低碳转型,保障经济社会高质量增长。因此,本小节提出以下几点政策建议。

(1)立足"先立后破"的发展观,统筹协调好新质生产力与旧生产力间的关系,构建多能互补的能源供应系统。在绿色低碳发展的背景下,新质生产力需要发展绿色生产力,中国能源供应结构向清洁、低碳的可再生能源转变是必然趋势[6]。但是,发展新质生产力并不是抛弃旧生产力,发展可再生能源不是忽视、放弃化石能源。水能、风能与太阳能具备绿色、低碳与可再生的优点,但同时也具备随机性、不稳定性等特征。从中国能源资源禀赋来看,煤炭具备经济性成本低、供应稳定与可靠性强等优点。短期内,煤炭仍是中国能源领域的重要生产力,是中国迎峰度冬、迎峰度夏等特殊时期的重要保障,也是应对全球能源供应不稳定的"压舱石"与"稳定器"。因此,短期内各地应从实际出发,先立后破,因地制宜,统筹协调好可再生能源与化石能源的关系,兼顾绿色低碳转型与保障能源安全,避免因煤炭过快退出导致区域能源供应短缺的局面发生。中长期内,推进煤炭等传统生产力的改造升级赋能新质生产力。利用煤电耦合CCUS技术协同发展,实现煤电的清洁低碳利用,角色从主体电源向备用电源转变,以应对突发事件导致的能源供应短缺。

(2)发展能源领域新质生产力,需要以技术创新为引领,大力推进煤制油、煤制气与电动汽车发展,降低油气对外依存度。应对全球能源供应不稳定,降低中国油气对外依存度,是保障国内能源安全的重要方面。技术革新是发展能源领域新质生产力的关键动力,包括传统产业的改造升级与新兴产业的培育壮大。首先,中国能源安全会受到全球能源供应的制约,主要原因是国内油气自主供应能力不足。中国应该吸取俄乌冲突的经验教训,将能源安全的饭碗掌握在自己手里。短期内,应该立足于丰富的煤炭资源禀赋,利用技术革新赋能旧生产力的改造升级,推进煤炭清洁高效利用,并加快发展煤制油、煤制气等现代煤化工产业,有效提升本国油气供给自主保障能力。其次,交通运输行业是消耗石油的重点行业,电动汽车作为新质生产力的重要方面,给降低石油对外依存度提供了可行的解决方案。大规模发展电动汽车配合以可再生能源为主的新型电力系统,不仅对于实现碳中和目标具有重要作用,而且能够保障中国能源安全并应对全球能源供应短缺风险。

(3)培育能源领域新质生产力,应增加中国能源系统的"含绿量"与"含新量",兼顾能源安全与绿色低碳转型。能源领域新质生产力的底色是绿色。风能、太阳能等可再生能源是培育能源领域新质生产力的主力军,发展前景广阔,同时具备明显的本地特征,不受其他国家能源供应的影响。虽然可再生能源具备清洁低碳与可再生的优点,但也存在随机性、波动性与不稳定性等特征。储能作为一种新技术和新业态,是使得绿色能源生产力成为稳定供应生产力的关键技术。"可再生能源+储能"是满足可再生能源大规模并网,解决弃风、弃光问题以及推进能源新质生产力高质量发展的重要技术路径。然而,目前储能行业存在着经济成本高、市场机制不完善等困境,难以得到规模化应用。为了推进储能等新质生产力的发展,一方面政府有必要以研发补贴的方式,推进各类储能技术突破,补齐关键技术短板;另一方面需要制定相应的容量市场机制,突出储能的市场地位,提供制度保障。利用相关技术突破与理顺市场机制,扩展储能应用场景,推进储能项目落地。可再生能源搭配储能整体推进能源领域新质生产力的高质量发展。

4.7 清洁能源金属供应

能源安全是"国之大者",发展新质生产力,首先就要提升能源产业链供应链韧性和安全水平[27]。在新质生产力发展背景下,中国正朝着清洁化、低碳化和智能化方向进行转型。清洁能源金属作为"新材料",与清洁能源产业密切相关,是中国战略性新兴产业发展的重要支撑。作为战略性新兴产业的基础要素,加快形成与清洁能源金属密切相关的新质生产力,是实现高质量发展、保障国家能源安全的客观需求。

随着"双碳"目标实现进程稳步推进,清洁能源技术迅速发展,中国对清洁能源金属的需求将急剧增长。然而,在世界范围内,清洁能源金属储量分布及生产较为集中,因而极度依赖进口,受到来自地缘政治冲突以及资源民族主义等外部因素的影响,加之中国清洁能源金属相关技术水平较国际先进水平仍有差距,由此引发的清洁能源金属断供风险,不利于清洁能源金属领域新质生产力的形成与发展。在此背景下,有必要深入剖析保障清洁能源金属供应安全与发展新质生产力之间的内在逻辑,明晰中国清洁能源金属供应链各环节当前发展现状,总结中国清洁能源金属供应安全所面临的挑战,结合新质生产力发展的内在要求,针对性地给出保障中国清洁能源金属供应安全的政策建议,以期厚植清洁能源金属相关的新质生产力,保障中国能源中长期安全。

4.7.1 清洁能源金属与新质生产力:协同发展与价值提升

清洁能源作为新质生产力的代表,其开发利用对于推动经济社会发展、实现可持续发展目标具有重要意义。作为清洁能源产业链的重要环节,清洁能源金属供应的稳定性直接关系到新质生产力的发展水平。清洁能源金属与新质生产力之间的内在逻辑如图4.12所示。

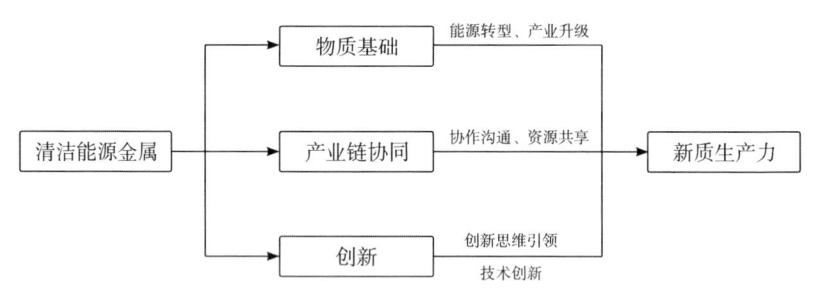

图4.12 清洁能源金属与新质生产力的逻辑关系

首先,清洁能源金属是中国能源绿色转型和产业升级的基础材料,对清洁能源产业的发展起着至关重要的作用。清洁能源金属不仅是制造清洁能源设备的关键材料,而且是提高能源转换效率和降低成本的关键。与传统金属矿物不同,许多清洁能源金属的用途尚未完全开发,清洁能源技术的快速发展为这些金属的创新性利用提供了契机。确保清洁能源金属供应安全,有助于推动清洁能源技术的创新和发展、激发新动能,进而提升新质生产力的技术水平。

其次,从产业链协同的角度来看,清洁能源金属供应链是一个包含采矿、冶炼、加工、贸易等环节的复杂系统,培育新质生产力需要这些环节之间的有效协调,以建立全面的产业链体系。加强产业链上下游企业之间的协作与沟通,可以促进资源共享、优势互补、整体升级发展。这种协同进步不仅提高了清洁能源金属供应的稳定性,而且促进了新质生产力的广泛应用和普及。

最后,清洁能源金属不仅承载着满足清洁能源产业迅猛发展的希望,而且需通过科技创新来引领行业的未来走向。发展新质生产力并不意味着减少对矿产资源的依赖,相反,它需要的种类更多、数量更大[28]。战略性新兴产业的快速崛起已充分证明,传统矿产资源的消耗不减反增,同时,锂、钴、镍、稀土等清洁能源金属的需求量也呈现爆发式增长。随着这些产业的持续发展,对清洁能源金属的需求将持续上升。另外,新质生产力的发展又进一步推动了清洁能源金属技术的进步和创新。新质生产力以科技创新为核心,注重提高生产效率、降低生产成本、优化资源配置。在清洁能源金属领域,新质生产力的发展刺激了采矿、冶炼、加工等方面的技术创新和升级,提高了金属的提取效率和利用率,降低了环境污染和资源浪费。这不仅保障了清洁能源金属的供应安全,也为新质生产力的持续发展提供了有力支撑。因此,确保清洁能源金属的安全供应,是推动新质生产力形成与发展的关键。同样,只有培育发展新质生产力,才能最大程度地发挥清洁能源金属的潜在价值,进而提升国际竞争力。

4.7.2 中国清洁能源金属供应链现状

中国是清洁能源金属生产和消费大国,在全球供应链中占据重要地位。从上游来看,部分清洁能源金属矿产在资源端处于劣势地位。由于地质分布集中且中国国内金属矿产品位不高,中国清洁能源金属人均持有量远低于国际平均水平,极度依赖进口来缓解资源端的短缺问题。新质生产力的发展为中国清洁能源金属领域注入了新的活力,从中游加工精炼环节来看,中国正凭借先进的技术和产能优势,逐步成为全球清洁能源金属矿产加工精炼的领军者。从下游来看,虽然近年来中国在新能源汽车以及光伏领域取得了较大成就,但许多关键技术设备与国际领先水平之间仍有较大差距。

1. 清洁能源金属对外依存度较高

在新质生产力的推动下,清洁能源金属的需求呈现爆发式增长的趋势。然而中国自身清洁能源金属储量有限且品位不高,在满足日益增长需求规模方面自给率较低[29]。因此,中国大量依赖海外进口来满足对清洁能源金属的需求,并且进口主要集中在少数几个国家。

在储量方面,美国地质勘探局数据显示印度尼西亚、巴西和澳大利亚等国家是世界上主要的镍资源集中地,而中国的镍资源仅占全球总储量的3%。智利和澳大利亚拥有超过60%的锂资源储量,相比之下,中国只有全球总储量的7%。至于钴资源,在中国规模较小且开采成本高,并且产量逐年减少,因此对进口依赖不断加剧。在对外依存度方面,中国是全球最大的稀土生产国,因此在稀土方面具有较高的自给能力和完善的产业链。除此之外,其他清洁能源金属如锂、钴和镍则对外依存度较高,分别达到55%、95%和95%。在进口来源方面,如图4.13所示,就进口量而言,中国从菲律宾和新喀里多尼亚进口的镍矿占比接近90%。菲律宾是中国最主要的镍矿进口国家,2022年中国从菲律宾进口了3300.09万吨镍矿砂和精矿,占总进口量的82.9%。同样地,智利和阿根廷是中国碳酸锂两个重要的来源国,分别占总进口量的89.5%和9.4%。至于钴矿,则几乎全部来自刚果(金)。

2. 清洁能源金属具备精炼加工优势

新质生产力的发展正深刻影响着全球清洁能源金属供应链,其中精炼加工环节尤为关键。在这一领域,中国凭借丰富的经验和技术底蕴,已占据国际主导地位。企业和科研机构正积极投入研发,力求提高清洁能源金属的提纯和加工效率,为全球市场提供稳定且高品质的产品。

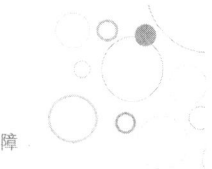

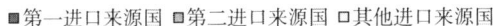

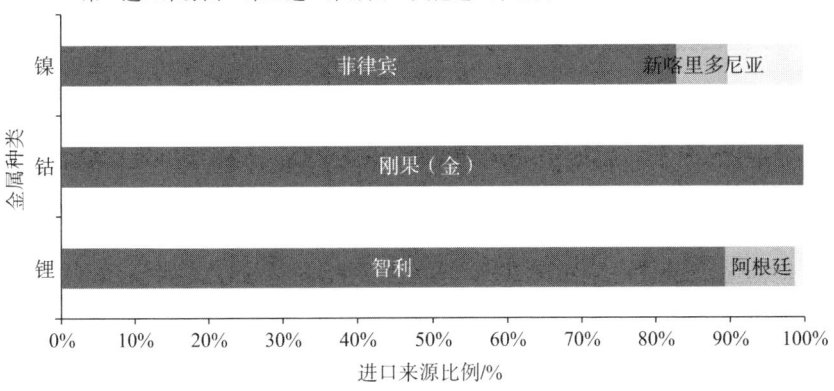

图例：■第一进口来源国　■第二进口来源国　□其他进口来源国

（镍：菲律宾、新喀里多尼亚；钴：刚果（金）；锂：智利、阿根廷）

图 4.13　2022 年主要中国清洁能源金属进口来源

数据来源：中国海关。

首先，中国在金属冶炼和加工技术方面拥有丰富的经验和深厚的技术底蕴。近年来，中国已经建立起了一套完整的冶炼加工体系，能够高效、稳定地处理各种金属原料，并将其转化为高品质的清洁能源金属产品。这种技术优势使得中国在清洁能源金属市场上具有强大的竞争力。其次，随着新质生产力的推动，中国清洁能源金属产业正经历着快速升级。随着国家对清洁能源产业的重视和支持，越来越多的企业开始加大对金属精炼加工技术的研发投入，推动产业向高端化、智能化方向发展。这种产业升级不仅提高了金属产品的质量和性能，还降低了生产成本，增强了产业的盈利能力。

以稀土为例，稀土元素是许多高科技产品和新能源技术所必需的重要原材料。中国不仅拥有丰富的稀土资源，还具备先进的提取和精炼技术，冶炼产能约占 90%，在全球市场上占据主导地位。世界金属统计局数据显示，2019 年中国在多种清洁能源金属的精炼和加工产能占全球产能的份额超过 50%，如锂、钴的加工产量份额分别达 78%、

65%,而铜和镍的精炼产能份额虽较低,但也达到40%和36%。

3. 下游需求旺盛,伴随市场竞争日趋加剧

在新质生产力的推动下,中国清洁能源金属产业链下游呈现蓬勃发展的势头。这一态势不仅源于全球对清洁能源的日益重视,也得益于国家政策的积极引导和市场的强劲需求。

在应用领域方面,清洁能源金属产业链下游的覆盖范围日益广泛。电动汽车市场的迅速崛起成为清洁能源金属需求增长的重要推动力。随着技术的不断进步以及消费者对环保出行方式的青睐,电动汽车的销售量逐年攀升,进而带动了对锂电池等关键材料的需求激增。此外,清洁能源发电领域也呈现强劲的发展势头。随着风电、太阳能等清洁能源的大规模应用,对稀土金属、铜等金属的需求也在稳步提升。这些清洁能源技术的广泛应用,不仅有助于减少温室气体排放,也促进了清洁能源金属产业链下游的快速发展[30]。

然而,随着需求的增长,市场竞争也日趋激烈。国内外众多企业纷纷涌入清洁能源金属市场,争夺市场份额。在锂资源方面,中国虽然拥有丰富的锂矿资源,但开采技术相对落后,成本较高。与此同时,澳大利亚、智利等国家拥有优质的锂矿资源,开采成本较低,成为中国企业的主要竞争对手。在钴资源方面,由于钴资源主要集中在非洲地区,中国企业在钴矿开采、加工等方面也面临着较大的挑战。

4.7.3 中国清洁能源金属供应安全面临的挑战

在新质生产力蓬勃发展的时代背景下,中国清洁能源金属供应正面临着前所未有的挑战。随着全球对清洁能源需求的日益增长,金属资源的供应压力逐渐凸显。尤其在中国,作为世界上最大的清洁能源

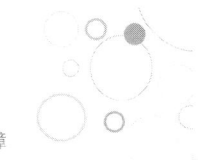

市场之一,对于清洁能源金属的需求日益增长,而资源的有限性和开采难度的不断加大,使得供应链的稳定性受到严重威胁。同时,国际政治经济形势的复杂多变,也给中国清洁能源金属供应带来了不确定性和风险。这不仅考验着中国清洁能源产业的韧性和创新能力,也深刻影响着新质生产力的发展进程。在新质生产力背景下,中国清洁能源金属供应安全所面临的挑战主要包含以下几点。

1. 地缘政治冲突加剧

全球清洁能源金属供应链相互关联,容易受到国际地缘政治事件的影响[31]。地缘政治风险可能导致相关地区的政治动荡和冲突,进而影响到清洁能源金属的开采和运输。一些资源丰富但政治局势不稳定的国家,如果发生政治冲突或战乱,可能导致当地的矿山关闭、运输受阻,从而影响到中国从这些国家进口清洁能源金属的稳定性。以俄乌冲突为例,俄罗斯和乌克兰都是重要的能源和矿产资源国家,拥有丰富的清洁能源金属资源,如稀土、锂等。冲突导致相关地区的政治动荡和冲突升级,进而影响到这些资源的开采和生产。受战争影响,市场情绪助推了低库存、紧供应的镍的价格暴涨。

地缘政治风险还可能引发贸易保护主义和制裁措施,限制或禁止清洁能源金属的出口。中美贸易战不仅加剧了全球贸易紧张局势,也对清洁能源金属的供应链产生了深远影响。中美贸易战期间,美国针对中国实施了一系列贸易保护主义和制裁措施,其中包括对清洁能源技术及其关键原材料的出口限制。这些限制措施直接影响了中国从美国进口清洁能源金属的数量和价格,对中国的清洁能源产业发展造成了一定压力。

新质生产力的发展强调技术进步和资源配置效率的提升,而非单纯依赖自然资源的丰富程度。然而,清洁能源金属如锂、钴、镍等储量有限,且分布不均,这导致了供应的不稳定性和高成本。这种对自然资源的过度依赖不符合新质生产力的发展理念,因为它限制了产业的可持续发展和创新能力。另外,新质生产力的发展应更加注重国际合作和共赢,而地缘政治冲突往往导致贸易壁垒和供应链中断,不利于清洁能源产业的国际合作和技术交流,也限制了新质生产力的发展空间。这与新质生产力的发展目标相悖。

2. 精炼加工核心地位受到冲击

在清洁能源金属精炼加工领域,技术壁垒和知识产权问题日益突出。一些发达国家通过设置技术标准和专利保护等手段,限制中国企业在关键技术和设备方面的获取和使用。这使得中国企业在技术创新和产业升级方面面临一定的困难,难以在全球市场中保持领先地位。以稀土金属为例,中国长期是全球稀土的主要供应国,拥有完整的稀土产业链,特别是在精炼加工环节具有明显优势。然而,近年来,随着其他国家稀土资源开发技术的进步和产业链完善,中国稀土供应的优势地位受到挑战。例如,澳大利亚、美国等国家开始加大稀土资源的开发和加工力度,逐渐形成了与中国竞争的态势。这些国家通过提高开采效率、优化加工技术,使得稀土金属的供应逐渐多元化,从而减少了对中国稀土供应的依赖。

新质生产力发展的内在要求强调科技创新和产业升级,而精炼加工环节是清洁能源金属产业链中的关键环节,对于提升产品附加值和产业链竞争力至关重要。如果中国的精炼加工核心地位受到冲击,将导致该环节的技术创新和产业升级受阻,进而影响到整个产业链的升级和发展。另外,精炼加工环节也是推动产业智能化升级的重要领域。

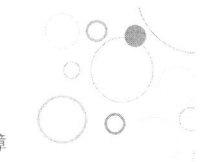

新质生产力强调以信息技术、人工智能等为手段推动产业升级,提升自动化、智能化水平。中国在清洁能源金属精炼加工环节的核心地位意味着具备推动智能化升级的基础和条件,如果这一地位受到冲击,则将影响智能化升级的进程,限制新质生产力在清洁能源金属产业中的应用和发展。

3. 技术和装备落后

新质生产力的发展强调技术创新和装备升级,以提高生产效率和产品质量。然而,一些地区在清洁能源金属的开采、加工和利用方面技术水平相对较低,缺乏先进的设备和技术支持,这导致了生产效率低下和产品质量不稳定。这种技术和装备的落后状态不符合新质生产力的发展要求,因为它限制了产业的创新能力和竞争力。

在开采锂、钴、镍等关键金属时,一些地区仍沿用传统的采矿方法,这些方法效率低下,不仅导致了大量资源的浪费,还引发了严重的环境污染问题。这不仅影响了金属矿产的开采效率,更制约了新质生产力的释放与发展。在金属冶炼和提纯领域,中国同样面临技术短板。随着清洁能源产业的蓬勃发展,对金属纯度和质量的要求也越来越高。然而,当前中国在这方面的技术水平相对不足,导致部分金属产品质量波动较大,难以满足高端市场的严苛需求。这不仅影响了中国在全球清洁能源产业链中的竞争力,也对国家的能源安全构成了潜在威胁。更为严峻的是,金属资源的循环利用技术在中国尚处于起步阶段。随着清洁能源产业的快速发展,金属需求量急剧上升,而金属资源的有限性使得循环利用成为解决这一问题的关键。然而,由于技术水平和装备能力的限制,中国在金属循环利用方面的发展相对滞后,这加剧了金属资源的紧张局势,对能源安全构成了长期挑战。

4.7.4 保障中国清洁能源金属供应安全的政策建议

随着全球清洁能源需求的不断增长,中国作为世界上最大的清洁能源金属消费国之一,面临着保障供应安全的挑战。地缘政治冲突加剧以及资源民族主义抬头等因素使得国际资源竞争日趋激烈,供应链的脆弱性和不稳定性对中国的清洁能源金属供应构成了重大威胁。然而,为了厚植新质生产力,保障中国能源中长期安全,清洁能源金属供应的稳定性至关重要。为了应对这一挑战,中国需要制定一系列策略与措施来确保清洁能源金属的供应安全。结合外国相关政策以及中国自身国情,提出以下几点政策建议。

1. 加强中国国内产业发展

在新质生产力发展的背景下,持续加大对清洁能源金属的勘探、开采和冶炼等环节的投资,致力于提高生产效率。清洁能源金属是新能源产业的重要基石,其稳定供应直接关系到国家能源安全和经济发展。因此,需要加大对产业链上游的投资力度,不断提升资源保障能力。积极鼓励企业扩大规模、引进先进设备和技术,通过规模化生产,不仅能够有效降低成本,提高经济效益,还能进一步提高资源利用效率,减少对环境的影响。深化与国际先进企业的合作与交流,积极引进前沿技术和先进管理经验,推动本土企业的技术升级和产业升级。在支持本土企业发展方面,利用政策扶持、技术支持和市场准入等方式,为本土企业创造良好的发展环境。政府制定一系列优惠政策,涵盖税收减免和贷款优惠等多个方面,旨在降低企业的经营成本,为其稳健发展创造更加有利的环境。同时,加强技术指导和培训,帮助企业提升技术水平和管理能力。积极推动市场开放,为本土企业提供更多的市场机会和发展空间,培育本土企业的核心竞争力。建立健全产业链和价值链,构建完整的国内供应体系。优化产业结构,加强上下游企业之间的合作与协调,形成紧密的产业链关系。另外,推动价值链的高端化延伸,通过优化产业结构和提升技术含量,使产品更具竞争力。提升技术创新和生产效率,增加本土产出,减少对进口的依赖,确保国内供应的稳定性,为中国清洁能源金属产业的健康发展注入强大动力,为新质生产力的厚植提供有力保障。

2. 多元化供应渠道

秉持开放合作的态度,积极与多个国家建立合作伙伴关系,共同开展清洁能源金属资源的勘探、开采和开发。中国通过与不同国家的合作,降低对单一供应来源的依赖,有效分散潜在风险,并拓宽供应渠道,减少对特定国家或地区的依赖。积极引入来自世界各地的清洁能源金属产品,确保供应链的多样性和灵活性。与此同时,与各个供应商建立长期稳固的合作伙伴关系,通过深化合作、互信互利,共同应对市场波动和挑战,保证供应的可靠性。在国际矿产资源市场的竞争中,积极参与谈判,争取有利的贸易条件,为中国清洁能源产业的发展提供有力支撑。全球局势的演变对能源安全和新质生产力的发展具有深远影响,因此需要密切关注国际形势变化,灵活调整合作策略,以应对可能的风险和挑战。在当前全球积极推动绿色转型的大背景下,各国都在寻求替代传统化石燃料资源的途径。中国作为清洁能源金属产业的重要参与者,应继续深化国际合作,推动多元化合作机制的发展,促进稳定可持续发展路径下相关领域共同利益的最大化。在新质生产力的引领下,加强与国际伙伴的沟通与协作,共同应对全球能源挑战,推动清洁能源产业的繁荣与发展。

3. 建立完善的风险评估和监测系统

在构建清洁能源金属供应链的过程中，必须精准识别并确定其关键环节，包括矿产资源开发、加工和生产、运输、贸易等，了解每个环节的重要性和潜在风险。矿产资源的开发是供应链的起点，其储量、开采难度及可持续性直接影响整个供应链的稳定性和成本。同时，加工和生产环节的技术水平和生产效率决定了清洁能源金属的产出质量和市场竞争力。运输环节则关系到产品的及时送达和成本控制，是确保供应链高效运作的关键。最后，贸易环节受到国际政治经济环境、贸易政策等多重因素影响，其稳定性直接影响到清洁能源金属的供应安全。在此基础上，借助新质生产力的力量，运用大数据、云计算、物联网等先进技术，建立全面、实时、高效的风险评估和监测系统，收集并分析清洁能源金属供应链各个环节的数据和信息，包括矿产资源储量、开采情况、国内外市场需求、价格波动、政策变化等。制定有效的监测指标和预警机制，以实时跟踪供应链中的关键指标和风险信号，包括市场价格、供需平衡、政策法规变化、地缘政治局势等。建立与相关机构和行业协会的合作，共享信息和数据。定期评估和审查风险评估和监测系统的有效性，并根据评估结果进行改进和优化。根据预警信号和风险评估结果，制定相应的应对措施和紧急预案，以应对潜在的供应链中断或不稳定性等问题。

4. 加强技术创新

技术创新在清洁能源金属产业链的各个环节均展现出显著的影响力[32]，塑造了产业链的新质生产力。在矿产资源开发环节，技术创新带来了勘探技术的革新，提高了开采的效率和准确性。同时，新型的无公害采矿技术和遥控采矿技术等的应用，不仅提高了开采过程的安全性，还降低了对环境的破坏,推动了矿业向更加环保和可持续的方向发展。在加工和生产环节,技术创新则主要体现在选矿技术和设备的进步上。例如,浮选技术、重选技术等选矿方法的优化,以及新型破碎设备、磨矿设备等先进设备的引入,都大大提高了矿产资源的利用率和加工效率。在运输环节,技术创新主要体现在物流技术的优化和智能化。引入物联网、大数据等技术,可以实现对运输过程的实时监控和智能调度,提高了运输效率和安全性。在贸易环节,技术创新则推动了电子商务和数字化平台的发展,使得清洁能源金属的贸易更加便捷和高效。在线交易和数据分析可以更准确地把握市场动态和价格趋势,优化贸易策略,降低贸易风险。在金属回收和循环利用环节,引进和自主研发先进方法,实现对废旧金属的高效回收和精准分类。这不仅能提高金属的回收率,还为后续的冶炼和提纯过程提供了高质量的原料。同时,一些智能化的金属循环利用设备的应用,也能提高整个循环利用过程的自动化和智能化水平。总的来说,技术创新对清洁能源金属资源产业链的各个环节都产生了深远的影响,推动了产业链的升级和优化,提高了整个产业链的效率。在新质生产力背景下,技术创新是推动中国新能源战略的关键步骤,也是保障国家能源安全的重要一环。政府应继续深化产业改革,提升技术水平,为清洁能源金属的可持续发展贡献力量。

参考文献

[1] 张志鑫,郑晓明,钱晨."四链"融合赋能新质生产力:内在逻辑和实践路径[J].山东大学学报(哲学社会科学版),2024:1-12.

[2] 陈海山,张耀存,张文君,等.中国极端天气气候研究——"地球系统与全球变化"重点专项项目简介及最新进展[J].大气科学学报,2024,47(1):23-45.

[3] 黄丹青.极端天气气候事件频发:基本规律与科学应对[J].国家治理,2023(17):

46-52.

[4] 钟海旺,张广伦,程通,等.美国得州 2021 年极寒天气停电事故分析及启示[J].电力系统自动化,2022,46(6):1-9.

[5] 高红均,郭明浩,刘俊勇,等.从四川高温干旱限电事件看新型电力系统保供挑战与应对展望[J].中国电机工程学报,2023,43(12):4517-4538.

[6] 林伯强."十三五"时期中国电力发展成就及"十四五"展望[J].中国电业,2020(12):22-23.

[7] 李可昕,郭鸿业,陈启鑫.从加州限电事故与美国 WEIM 机制看电力市场的融合协同[J].电力系统自动化,2021,45(10):1-8.

[8] 林伯强,杨梦琦.碳中和背景下中国电力系统研究现状、挑战与发展方向[J].西安交通大学学报(社会科学版),2022,42(5):1-10.

[9] 林伯强.欧洲能源危机的可能影响及启示[J].人民论坛,2022(23):106-110.

[10] 林伯强,蒋竺均.中国二氧化碳的环境库兹涅茨曲线预测及影响因素分析[J].管理世界,2009(4):27-36.

[11] 林伯强.如何理解中国的短期煤电装机增长[J].煤炭经济研究,2023,43(3):1.

[12] 林伯强,魏巍贤,李丕东.中国长期煤炭需求:影响与政策选择[J].经济研究,2007(2):48-58.

[13] 林伯强,李江龙.环境治理约束下的中国能源结构转变——基于煤炭和二氧化碳峰值的分析[J].中国社会科学,2015(9):84-107,205.

[14] 林伯强.碳中和进程中的中国经济高质量增长[J].经济研究,2022,57(1):56-71.

[15] 林伯强.清洁低碳转型需要兼顾能源成本[J].环境经济研究,2018,3(3):1-5.

[16] 林伯强.中国煤电转型:困境与破局[J].煤炭经济研究,2021,41(12):1.

[17] 袁家海.发展煤炭新质生产力,赋能源高质量发展[J].煤炭经济研究,2023,43(11).

[18] 林伯强.优化电力体制机制,保障电力供应安全[J].煤炭经济研究,2024,44(2):1.

[19] 刘五星,庄婧媛,巫成方,等.区间调控机制对我国煤炭市场价格的影响研究——兼析政府对煤炭价格调控政策的发展与创新[J].价格理论与实践,2022(5):10-14,117.

[20] 王强,刘海英.煤炭中长期合同"压舱石"作用的机制研究——兼析煤炭中长期合同签订与履约及其影响因素[J].价格理论与实践,2022(11):84-87.

[21] 李冰.国家石油对外依存下的战略选择:能源独立与相互依赖[J].当代亚太,

2018(2):37-67,157.

[22]郭焦锋,任世华.如何保障新时代中国能源供给安全[J].人民论坛(学术前沿),2023(19):46-55.

[23]于忠华,孙瑞玲,秦海旭,等.长江经济带生态环境高质量实现路径研究——以南京为例[J].长江流域资源与环境,2022,31(2):379-386.

[24]高帆."新质生产力"的提出逻辑、多维内涵及时代意义[J].政治经济学评论,2023,14(6):127-145.

[25]林伯强.国际油价或维持高位[J].国企管理,2022(14):17.

[26]林伯强.新形势下我国能源安全保障与发展路径展望[J].煤炭经济研究,2022,42(9):1.

[27]钱兴坤.以能源转型为动力加快发展新质生产力[EB/OL].(2024-03-12)[2024-04-30].https://www.rmzxb.com.cn/c/2024-03-12/3508802.shtml.

[28]王登红.试论稀散金属矿产与新质生产力[J].中国矿业,2024(1):1-11.

[29]王永中,万军,陈震.能源转型背景下关键矿产博弈与中国供应安全[J].国际经济评论,2023(6):147-176,8.

[30]朱学红,李双美,曾安琪.清洁能源转型下关键金属产业链碳排放研究综述与展望[J].资源科学,2023,45(1):1-17.

[31]黄健柏,孙芳,宋益.清洁能源技术关键金属供应风险评估[J].资源科学,2020,42(8):1477-1488.

[32]宋益,白文博,成金华,等.技术创新对清洁能源金属可持续供应影响的研究综述与展望[J].中南大学学报(社会科学版),2024,30(1):112-125.